跟一丁老师学平法

平法钢筋看图、下料与施工排布一本通

唐才均　编著

中国建筑工业出版社

图书在版编目(CIP)数据

平法钢筋看图、下料与施工排布一本通/唐才均编
著. —北京：中国建筑工业出版社，2014.6
跟一丁老师学平法
ISBN 978-7-112-16670-1

Ⅰ.①平… Ⅱ.①唐… Ⅲ.①建筑工程-钢筋-工
程施工②钢筋混凝土结构-结构计算 Ⅳ.①TU755.3
②TU375.01

中国版本图书馆 CIP 数据核字(2014)第 064646 号

　　本书分专题对平法施工图识读、各类钢筋混凝土基本构件的构造要求
和单构件钢筋的非软件施工下料进行讲解，同时非重点地介绍各该构
(部)件的平法制图规则，结合典型工程实例介绍如何看懂按照平法制图
规则绘制的钢筋混凝土结构图，阐述钢筋混凝土基本构件的构造要求，还
给出了一些构件钢筋的规格、形状、长度、数量和排布构造。本书采用图
文结合，尽量以图代文，深入浅出，以便于施工、监理、造价等非结构专
业人员掌握。

　　本书旨在帮助读者正确理解和执行新平法图集的钢筋混凝土结构构
造，可供施工、监理、造价人员在工作中参阅，也可供大中专院校建筑工
程、工程监理、工程造价等专业师生学习。

　　　　责任编辑：范业庶　张　磊
　　　　责任设计：张　虹
　　　　责任校对：陈晶晶　党　蕾

跟一丁老师学平法
平法钢筋看图、下料与施工排布一本通
唐才均　编著
*
中国建筑工业出版社出版、发行 (北京西郊百万庄)
各地新华书店、建筑书店经销
北京科地亚盟排版公司制版
北京中科印刷有限公司印刷
*
开本：787×1092毫米　1/16　印张：15¼　字数：365千字
2014 年 10 月第一版　　2015 年 4 月第二次印刷
定价：38.00 元
ISBN 978 - 7 - 112 - 16670 - 1
(25479)

前　　言

平法是混凝土结构施工图平面整体表示方法制图规则的简称，它与传统的结构平面布置图加构件详图的表示方法不同，平法制图规则是把混凝土结构构件的截面尺寸和配筋等，按照平法制图规则，直接标注在结构平面布置图上。一些简单的通用构造节点由标准详图提供，特殊构造依然由具体结构设计人员给出，是已经沿用了 18 年的混凝土结构施工图设计文件表达方法。

截至 2013 年 9 月，住房和城乡建设部批准施行的平法图集有：11G101-1《混凝土结构施工图平面整体表示方法制图规则和构造详图》（现浇混凝土框架、剪力墙、梁板）、11G101-2《混凝土结构施工图平面整体表示方法制图规则和构造详图》（现浇混凝土板式楼梯）、11G101-3《混凝土结构施工图平面整体表示方法制图规则和构造详图》（独立基础、条形基础、筏型基础、桩基承台）、12G101-4《混凝土结构施工图平面整体表示方法制图规则和构造详图》（剪力墙边缘构件）和 13G101-11《G101 系列图集施工常见问题答疑图解》等五本。

中国建筑标准设计研究院为了普及 101 系列图集的设计与施工运用，还组织编制了设计与施工深化图集 11G902-1《G101 系列图集常用构造三维节点详图》（框架结构、剪力墙结构、框架-剪力墙结构）、12G901-1《混凝土结构施工钢筋排布规则与构造详图》（现浇混凝土框架、剪力墙、梁板）、12G901-2《混凝土结构施工钢筋排布规则与构造详图》（现浇混凝土板式楼梯）和 12G901-3《混凝土结构施工钢筋排布规则与构造详图》（独立基础、条形基础、筏型基础、桩基承台）等 4 本国家建筑标准设计图集，这 4 本图集不讲平法制图规则，只讲钢筋混凝土结构构造详图，与 G101 系列图集的构造详图具有同等级技术标准设计效力。

每本平法图集第一部分是平法制图规则，第二部分是钢筋混凝土结构构造详图，两者用并列连词"和"串接，前者不等于后者，前者不同于后者。制图规则具有制图技术法规的效力，是设计人员绘制混凝土结构平法施工图和其他人员阅读混凝土结构平法施工图的共同准则，技术法规就得遵循。钢筋混凝土结构构造详图是技术文件，用图集自己的话讲，是"编入了""目前国内常用且较为成熟的构造做法"，成熟度尚没有评价系统，被"编入了"未必是成熟度较高的构造，没有被编入的还有许许多多成熟度较高的构造，也仅仅是限于篇幅等原因没有编入，除了墙、梁、板、柱，在 100 多年的混凝土结构构造实践中还有许多其他构件的构造也非常成熟。

标准构造详图则给出了钢筋保护层、钢筋连接、钢筋锚固、各类构件的构造、节点连接构造等。所有这些都以《混凝土结构设计规范》（GB 50010—2010）、《建筑抗震设计规范》（GB 50011—2010）和《高层建筑混凝土结构技术规程》（JGJ 3—2010）等设计规范（规程）为依据。

平法图集汇集了规范和许多专业著作中的普通钢筋混凝土结构的常用构造做法，为结构工程师、建造师、造价工程师、监理工程师、钢筋工长直到钢筋工人提供了一条龙的通用服务，凡是涉及钢筋混凝土结构的各类人员，没有理由不学习、不钻研、不精通它。初学者面对平法表现出的茫然无助往往并不是因为平法制图规则的深奥，而是混凝土结构构造涉及的是结构专业知识且内容非常广泛所致。

我们分专题对平法施工图识读、各类钢筋混凝土基本构件的构造要求和单构件钢筋的非软件施工下料进行讲解。为了讨论的方便，我们也非重点地介绍一下各构（部）件的平法制图规则，结合典型工程实例介绍如何看懂按照平法制图规则绘制的钢筋混凝土结构图，阐述钢筋混凝土基本构件的构造要求，还给出了一些构件钢筋的规格、形状、长度、数量和如何排布构造，期盼本书的出版有助于广大对平法有兴趣的人员的入门和升华。

本书采用图文结合，尽量以图代文，深入浅出，目的是便于施工、监理、造价等非结构专业人员掌握。

本书旨在帮助有需要的建筑工程专业和非建筑工程专业读者正确理解和执行新一版平法图集的钢筋混凝土结构构造，可供施工、监理、造价人员在工作中参阅，也可供大专院校和高职高专学校施工、监理、造价等非结构专业师生参阅。

欢迎读者对书中的错漏提出批评，读者可以将意见和建议发至邮箱 597240656@qq.com。

编　者

2013 年 11 月于句容

目　录

1 基础平法看图钢筋构造与下料

1.1 普通独立基础平法看图钢筋构造与下料

按照平法规则绘制的普通独立基础设计施工图如图 1.1-1 所示。在 11G101-3《混凝土

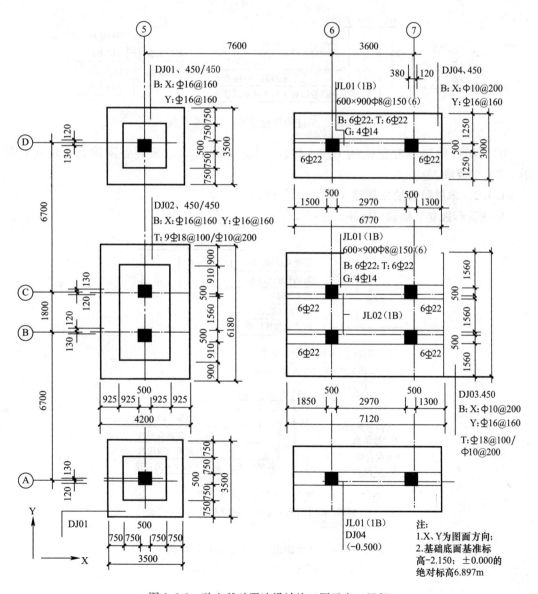

图 1.1-1 独立基础平法设计施工图示意（局部）

结构施工图平面整体表示方法制图规则和构造详图》（独立基础、条形基础、筏型基础、桩基承台）条款中，独立基础用汉语普通话拼音字头 DJ 做代号。独立基础分为普通独立基础和杯口独立基础两个大类，见图 1.1-1。普通独立基础又分为单柱独立基础（⑤/Ⓐ轴基础、⑤/Ⓓ轴基础），和多柱无梁广义独立基础（⑤/ⒷⒸ轴基础），多柱有梁广义独立基础（⑥Ⓐ⑦Ⓐ轴基础、⑥Ⓓ⑦Ⓓ轴基础）和多柱双梁广义独立基础（⑥⑦ⒷⒸ轴基础）等 4 种类型，每种类型又分阶形和坡形两个亚类。

下面分别介绍各类独立基础的平法标注、识读、钢筋下料与排布，本节所有基础和基础梁的混凝土强度等级均为 C30。

1.1.1 单柱阶形独立基础（平面注写方法）

单柱阶形独立基础平面标注法见图 1.1-2。

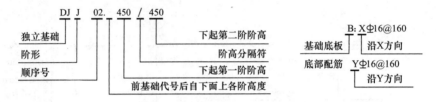

图 1.1-2 单柱阶形独立基础平面标注法

01 号单柱阶形独立基础用 DJ₍J₎01 标注，DJ₍J₎01 的底面边长和各阶阶宽，则直接从图 1.1-1 中读取。

1.1.2 单柱阶形独立基础（截面注写方法）

单柱阶形独立基础截面标注法见图 1.1-3。

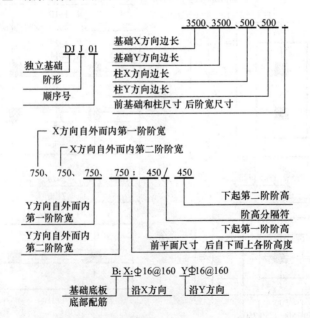

图 1.1-3 单柱阶形独立基础截面标注法

注：阶形独立基础 DJ₍J₎、坡形独立基础 DJ₍P₎

以上标注，依据《建筑结构制图标准》的规定，可以表示为图 1.1-4。

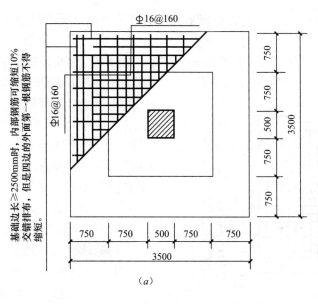

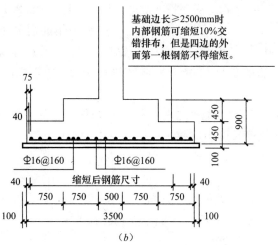

图 1.1-4　单柱阶形独立基础布置图

(a) 独立基础详图平面；(b) 独立基础剖面图

独立基础底板钢筋的排布范围是底板边长－2min(75, $s/2$)，此处 s 代表底板钢筋间距，本例 $s=160$mm，所以 DJ$_J$01 的底板钢筋排布范围就是 $3500-2\min(75, 160/2)=3500-2\times75=3350$mm。

独立基础底板钢筋的下料长度＝底板边长－$2\times40=3500-80=3420$mm；因为基础底板的 X 和 Y 方向的尺寸都大于 2500mm，所以除了基础边缘的钢筋按照 3420mm 之外，内部钢筋长度可以按照基础边长的 0.9 倍交错排布，见图 1.1-4。

每个方向钢筋道数＝排布范围长度/钢筋间距＝(3350/160)＋1＝21.9 道，取整为 22 道，其中两边 2 道钢筋长度按照 3420mm；中间 20 道钢筋长度＝$3500\times0.9=3150$mm。

这个基础钢筋总量是：

$$4\times3.42+40\times3.15=13.68+126=139.68\text{m}$$

合计　　　　　　　　　　$139.68\times1.58=220.694\text{kg}$

其中 1.58 是直径 16mm 的钢筋每米长度的理论重量，不同直径钢筋每米的理论重量可以到本书附录 1 附表 1 查阅。

图 1.1-5 是独立基础 DJ_J01 的底板钢筋排布图，计算钢筋长度时，按照《混凝土结构设计规范》GB 50010—2010 第 8.2.1 条表 8.2.1 注 2 的规定取定钢筋端部保护层为 40mm。

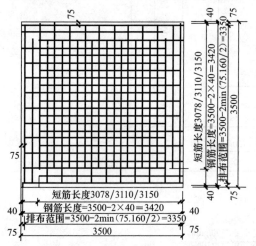

图 1.1-5 　DJ_J01 底板钢筋排布图

说明：这个内部钢筋当基础底板的 X 方向或 Y 方向尺寸 ≥2500mm 时可以缩短，11G101-3《混凝土结构施工图平面整体表示方法制图规则和构造详图》（独立基础、条形基础、筏型基础、桩基承台）第 63 页注 1，除外侧（基础 4 周）钢筋外，底板配筋长度可取相应方向底板长度的 0.9 倍。

本例基础底板各内部钢筋长度＝3500×90％＝3500×0.9＝3150mm。

我国现行《建筑地基基础设计规范》（GB 50007—2011）第 8.2.1 第 5 款规定：

"当柱下钢筋混凝土独立基础的边长和墙下钢筋混凝土条形基础的宽度大于或等于 2.5m 时，底板受力钢筋的长度可取边长或宽度的 0.9 倍"，即：3500×0.9＝3150mm 一致。

柱与基础偏心或条形基础与墙偏心时，柱中心到独立基础边缘或墙中心到条形基础边缘＜1250mm 时，该侧钢筋长度不应减短。

1.1.3　双柱无梁阶形独立基础

DJ_J02，450/450

B：X⌀18@120——底板配筋，X 方向 ⌀16@150

　　Y⌀18@120——底板配筋，Y 方向 ⌀16@150

T：9⌀18@100/⌀10@200

其中 T：9⌀18@100/⌀10@200 与单柱独立基础相比多一项基础顶面配筋，它表示沿两柱中心连线方向配置 9 道⌀18@100，分布筋为⌀10@200。这 9 道⌀18 钢筋的长度是两柱内皮间净尺寸＋$2l_a$＝1560＋2×29×18＝1560＋1044＝2604mm（实际取 2600mm 下料，当该基础混凝土强度等级为 C30 时，l_a＝29d），这个 2600mm 也是分布筋的理论排布长度；分布钢筋的长度是 100×（9－1）＋2×35＝870mm。

分布钢筋道数＝[（2600－2×50）/200]＋1＝13.5 道，取整为 14 道。分布钢筋直径 10mm，图集上放在受力筋上面，实际施工也可以放在受力筋下面。

1.1.4　双柱有梁阶形独立基础（截面注写方法）

基础底板部分与单柱阶形独立基础的标注相同；基础梁的标注分集中标注和原位标注，集中标注：

JL01（1B）

600×900 ⌀8@150（6）

B：6⌀22　T：6⌀22　G：4⌀14

01 号基础梁, 1 跨, 两端带外伸;

基础梁截面 600mm (宽)×900mm (高), 箍筋 Φ8@150, 6 肢箍;

基础梁底部纵向钢筋 6Φ22, 顶部纵向钢筋也是 6Φ22; 侧向构造钢筋两侧各 2Φ14。

另外从原位标注中我们看到, 该基础梁下部 6Φ22 通长钢筋, 顶部跨内 6Φ22, 外伸 6Φ22。所以这个基础梁的下部纵向钢筋水平段长度是

$$6770-50=6720mm$$

两端各上弯　　　　　$2×12d=2×12×22=528mm$

总长度 7248mm

实际下料长度是 $6720+2×9.07×22=7119.08mm$, 关于 $90°$ 直钩 $12d$ 增加 $9.07d$ 的演绎可参照笔者《基于中心线长度的钢筋下料计算方法》一文。

顶部 6 根纵向钢筋与底部筋的长度一样, 只是弯钩朝下。

这个基础底板部分的钢筋是 Y 方向在最下面, 单根长度是 $3000-2×40=2920mm$

因为基础宽度 >2500mm, 所以内部钢筋可以取 $0.9×3000=2700mm$ 交错排布。

这些钢筋的排布区域 $6770-2min(75, 160/2)=6770-150=6620mm$

该短钢筋的数量 $=(6620/160)-1=40.3$ 道, 取 41 道。

(注意, 在这种情况下, 因为两端 2 根长度不减少的钢筋是 2920mm, 减少 10% 长度的钢筋是 2700mm, 这个内部短钢筋算出来是奇数, 就要下调 1 根, 两端的长钢筋则需要增加 1 根, 因此, 2920mm 的钢筋为 3 根, 2700mm 的钢筋为 40 根。)

复核一下, 用钢筋排布区域 $6620/(3+40-1)=157.62mm<160mm$。

这些钢筋排布好之后, 在其上排布基础梁底部 6Φ22 纵向钢筋, 排布的宽度是 $600-2×40=520mm$。

然后, 在基础梁纵向钢筋两侧分别排布 X 方向 Φ10@200 分布钢筋, 每侧的排布区间是: 取整 $[(3000-150-520)/200/2]=6($档$)=6$ 根。

(注意, 尽管这个基础的长度 $=6770mm>2500mm$, 可是, 这个 Φ10@200 是分布钢筋, 所以不应缩短长度 10%, 而是取 $6770-2×40=6690mm$, 可以不带 $180°$ 弯钩。)

基础梁箍筋的数量 $=$取整 $[(6770-2×40-2×50)/150]+1=45$ 道;

外箍长度 $=2×600+2×900-8×40+26.5×8=2892mm$ (45 道);

内箍 $=2892-2×2×520/3=2892-693=2199mm$ ($2×45$ 道)。

1.1.5 多柱双梁阶形独立基础 (截面注写方法)

多柱双梁阶形独立基础的标注, 比双柱有梁阶形独立基础多出基础底板上部梁间配筋。

从图 1.1-1 的 DJ_J03 中我们看到, 基础底板顶部梁间配筋的标注是:

T: Φ18@100/Φ10@200

这个标注的意思是, 底板顶部垂直于基础梁的受力钢筋在上, 直径大小是 Φ18, 间距是 @100mm, 其下的分布筋是 Φ10@200mm。

单根受力筋的长度:

$$1460+2l_a=1460+2×30×18=2540mm$$

钢筋的排布范围:

$$7120-2min(75, 100/2)=7120-100=7020mm$$

钢筋的道数：

$$(7020/100)+1=71.2（道），取整为72道。$$

单根分布筋的长度：

$$7020+2×35=7090mm$$

（注意，保证分布筋在受力筋外面有≥35mm的最小尺寸是绑扎牢固的基本需要，小于这个尺寸，就不易扎牢。）

分布筋的排布范围：

$$1460+2×(25-8)=1494mm$$

分布筋的根数：

$$[1460+2×(25-8-2×8/2)]/200+1=8.39（道），取整为9道。$$

这个分布钢筋放在长度为2540mm的受力钢筋的下面，保证受力钢筋上表面距离板顶面有40mm保护层，需要紧贴基础梁箍筋并且与基础梁箍筋绑扎，相邻绑丝应相向扣扎，就可以有效阻止这些钢筋的下滑。

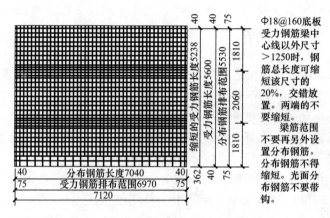

图1.1-6　双梁广义独立基础（底板单向受力）

梁的情况与"1.1.4双柱有梁阶形独立基础"中一样，不再赘述。下面说一下基础底板下部钢筋的下料计算。

基础底板下部的受力钢筋与梁垂直，放在最下面，其长度是 $5680-2×40=5600mm$，排布范围 $7120-2min(75，160/2)=6970mm$，道数$=(6970/160)+1=44.6$道，取整为45道，最外面两道按照5600mm，内部其他受力钢筋可缩短。

可缩短的基础宽度不等于双梁基础的实际宽度，而是用基础梁中心到底板外伸自由端尺寸的2倍作为考虑基础钢筋缩短的基础宽度。

这里是减少 $1560×2+500=3620mm$ 的10%，也就是362mm，而不是5680mm的10%（568mm），所以内部缩短后的钢筋长度是 $5600-362=5238mm$，这种尺寸的钢筋需要43道，交错排布。5600mm的长钢筋需要2道，所以基础底板受力钢筋的长度是：$2×5.6+43×5.238=236.434m$，合计 $236.434×1.58=373.566kg$。

基础梁外面区域分布钢筋排布范围为：

$$1560-50+25=1535mm$$

分布钢筋数量：

$$1535/200 = 7.6\ \text{道，取整为 8 道。}$$

两梁之间区域的分布钢筋排布范围为：

$$1460 + 25 = 1485\text{mm}$$

分布钢筋数量：

$$\text{取整}\ (1600/200) - 1 = 7\ \text{道}$$

分布钢筋总数量为 $2 \times 8 + 7 = 23$ 道

分布筋长度：

$$7120 - 2 \times 40 = 7040\text{mm}$$

分布筋端部可以不带弯钩。这种广义独立基础（图 1.1-6）分布筋的长度即使大于 2500mm 也不得将长度减少 10%。

1.2 杯口独立基础平法看图钢筋构造与下料

杯口独立基础平法注写（图 1.2-1）：

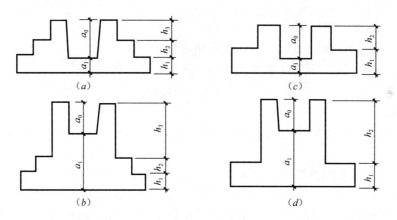

图 1.2-1 阶形杯口独立基础与阶形高杯口独立基础的注写与图示

（a）三阶阶形截面杯口独立基础竖向尺寸；（b）三阶阶形截面高杯口独立基础竖向尺寸；

（c）二阶阶形截面杯口独立基础竖向尺寸；（d）二阶阶形截面高杯口独立基础竖向尺寸

二阶杯口基础的竖向尺寸 $h_2 > a_0$、三阶杯口基础的竖向尺寸 $h_3 > a_0$ 时，称之为高杯口独立基础。一栋建筑当中，高杯口基础只占少数，普通非高杯口基础占大多数。高杯口基础往往由于地基的局部不良需要将基底落低或需要配合生产工艺将柱基础局部落低等情形而出现在结构设计中。譬如，某厂房地基局部有小河沟，需要比周边好土地基下挖 1500mm，就可采用高杯口基础；又譬如，某热处理车间，靠厂房一侧，工艺需要设置一5m 的"盐浴炉"，紧临这个一5m "盐浴炉"的厂房排架柱基础也需要将埋深落低到"盐浴炉"底部标高，这就可以通过设置高杯口基础来解决问题。

杯口基础和高杯口基础的定位和平面尺寸直接在平面图上的标注读取，其他信息需要对按平法规则有序注写的内容进行解读获取。

结合图 1.2-2 来阐述钢筋标注含义：

O：4Φ20/Φ16@220/Φ16@200＝短柱 4 根角部钢筋/短柱长边中间钢筋/短柱短边中间钢筋；

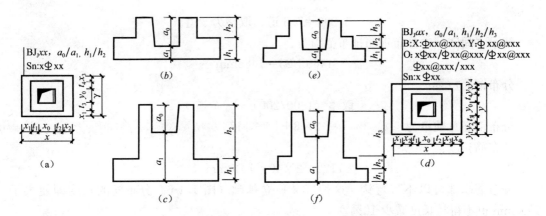

图 1.2-2　阶形杯口独立基础与阶形高杯口独立基础的平法注写与图示

(a) 二阶阶形截面杯口独立基础的平法注写；(b) 二阶阶形截面杯口独立基础竖向尺寸；(c) 二阶阶形截面高杯口独立基础竖向尺寸；(d) 三阶阶形截面杯口独立基础的平法注写；(e) 三阶阶形截面杯口独立基础竖向尺寸；(f) 三阶阶形截面高杯口独立基础竖向尺寸

$\Phi 10@150/200＝$短柱箍筋；

s_n: $2\Phi 14＝$杯口钢筋网。

O 表示杯壁外侧和短柱配筋，具体意义如下：

$4\Phi 20$ 表示短柱角部配置 4 根直径 20mm 的 HRB400 级钢筋；

$\Phi 16@220$ 表示短柱长边单侧中部配置的竖向钢筋为直径 16mm 的 HRB400 级钢筋，其间距为 220mm；

$\Phi 16@200$ 表示短柱短边单侧中部竖向钢筋为直径 16mm 的 HRB400 级钢筋，其间距为 200mm；

$\Phi 10@150/200$ 表示箍筋配置，这里采用直径 10mm 的 HPB300 级钢筋做箍筋，箍筋的间距在杯口范围间距为 150mm，短柱范围间距为 200mm。

短柱的外箍也要按照设计要求设置拉筋。拉筋在短柱范围内的规格、竖向间距同外箍间距，两个方向相对于短柱纵向钢筋隔一拉一。短柱部分的拉筋应紧靠竖向钢筋，拉住外箍，通过拉住外箍间接拉住竖向钢筋。

s_n: $2\Phi 14$ 表示杯口上部焊接钢筋网，每边由 2 根直径 14mm 的 HRB335 级钢筋组成。

还有双高杯口独立基础杯壁配筋，同样可以像上面说的这样来解读（图 1.2-3）：

O: $4\Phi 22/\Phi 16@220/\Phi 16@200$

$\Phi 10@150/200$

s_n: $2\Phi 14$

其中 O 表示杯壁外侧和短柱配筋；

$4\Phi 22$ 表示角部竖向钢筋配置 4 根直径 22mm 的 HRB400 级钢筋；

$\Phi 16@220$ 表示长边单侧中部筋配置直径 16mm 的 HRB400 级钢筋，间距为 220mm；

$\Phi 16@200$ 表示短边单侧中部筋配置直径 16mm 的 HRB400 级钢筋，间距为 200mm；

$\Phi 10@150/200$ 表示箍筋配置，这里采用直径 10mm 的 HPB300 级钢筋做箍筋，箍筋的间距在杯口范围间距为 150mm，短柱范围间距为 200mm。

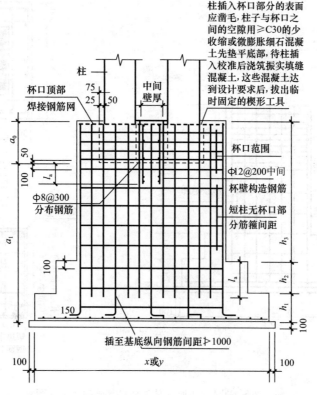

图 1.2-3　双高杯口独立基础的构造要求

短柱的外箍也要按照设计要求设置拉筋。

除此之外，双杯口和双高杯口独立基础的两个杯口之间的最小厚度小于 400mm 时，需要在间隔肋设置构造钢筋，竖向门形、直径 12mm、间距 200mm 的 HPB300 级钢筋，端部带 180°收头钩，插入杯底以下 l_a。

沿高度设置直径 8mm、间距 300mm 的 HPB300 级钢筋，如图 1.2-4 所示。

平法高杯口独立基础钢筋下料，见图 1.2-5。

我们将这个高杯口基础的平法注写和标注"图译"成非平法，得到：

我们设定该基础二级抗震，混凝土强度等级为 C30，自下而上进行基础的钢筋下料计算。

基础底板钢筋的下料：

B：X $\underline{\Phi}$ 16＠160 表示底板配筋，X 方向 $\underline{\Phi}$ 16＠160；

Y $\underline{\Phi}$ 16＠200 表示底板配筋，Y 方向 $\underline{\Phi}$ 16＠200。

基础底板保护层厚度按有垫层取 40mm，底板筋端部保护层厚度取 25mm，X 方向钢筋下料长度＝2650－2×25＝2600mm，X 方向的钢筋排

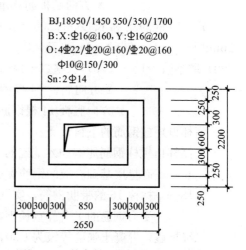

BJ₁18950/1450 350/350/1700
B：X：$\underline{\Phi}$16＠160, Y：$\underline{\Phi}$16＠200
O：4$\underline{\Phi}$22/$\underline{\Phi}$20＠160/$\underline{\Phi}$20＠160
$\underline{\Phi}$10＠150/300
Sn：2$\underline{\Phi}$14

图 1.2-4　某高杯口基础的平法注写与标注

9

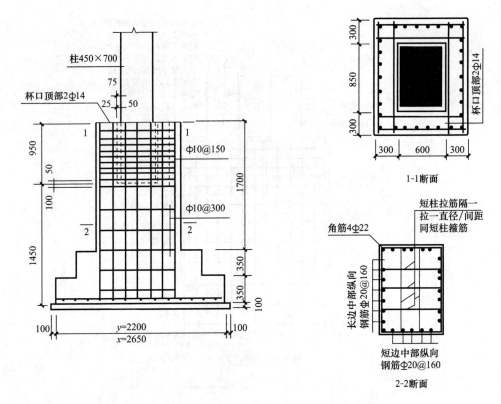

图 1.2-5 图 1.2-4 所示某高杯口基础的非平法图解

布范围＝$y-2\min(75，s/2)=2200-2\min(75，160/2)=2050$mm，所以 X 方向的底板筋道数＝$(2050/160)$ 取整数＋1＝(12.8125) 取整数＋1＝13＋1＝14 道，两边 2 道钢筋的长度为 2600mm，中间的按照《混凝土结构施工图平面整体表示方法制图规则和构造详图》(06G101-6)（独立基础、条形基础、桩基承台）图集第 2.5.1 条的阐述可减短 10%，即按长度 2600 的 0.9 倍＝$2600\times0.9=2340$mm 下料。

X 方向底板筋总长度＝$2\times2.6+12\times2.34=33.28$m

X 方向底板筋总重量＝$33.28\times1.58=52.58$kg

Y 方向钢筋下料长度＝$2200-2\times25=2150$mm，Y 方向的钢筋排布范围＝$x-2\min(75，s/2)=2650-2\min(75，200/2)=2500$mm，所以 Y 方向的底板筋道数＝$(2500/200)$ 取整数＋1＝(12.3) 取整数＋1＝13＋1＝14 道。

Y 方向底板 14 根钢筋总长度＝$14\times2.15=30.1$m

Y 方向底板 14 根钢筋总重量＝$30.1\times1.58=47.56$kg

高杯口短柱钢筋的下料计算：

高杯口短柱钢筋能够插入基础的实际深度＝$350+350-40-18-18=624$mm

式中　40——有垫层基础底板的钢筋保护层；

18——标称 16 的带肋钢筋，实际外径约为 18mm，所以这里要扣除底板 X 方向的受力钢筋的 1 个外直径 18mm 和 Y 方向受力钢筋的 1 个外直径 18mm。

二级抗震，混凝土强度等级为 C30，HRB400 级钢筋，从 06G101-6 图集（独立基础、条形基础、桩基承台）查得抗震锚固长度 $l_{aE}=41d$。

直径22mm的带肋钢筋在C30构造本体混凝土中的二级抗震锚固长度 $l_{aE}=41\times22=$ 902mm，短柱钢筋实际可以插入的深度为624mm＝624/902l_{aE}＝0.692l_{aE}，按照06G101-6图集（独立基础、条形基础、桩基承台）的"柱、墙插筋锚固竖直长度与弯钩长度对照表"的要求，当竖直实际插入长度大于或等于0.6l_{aE}时，竖向钢筋的水平段投影长度要求是10d且大于150mm，我们取10d＝10×22＝220mm，短柱上端面保护层厚度取25mm，1700－25＝1675mm，短柱上口收头考虑12d水平段＝12×22＝264mm，因此，单根角筋的总长度＝264＋1675＋624＋220＝2783mm，这是未考虑弯曲影响的直线投影长度之和，按照笔者倡导的"钢筋基于中心线的下料计算方法"计算，计算有（图1.2-6）：

187＋2145＋143＋2×（2×66×π/4）

式中前3项分别为上直线段、竖直直线段和底部水平直线段，最后一项是2个半径为（55mm＋22/2）的（圆弧/4），所以，它应该＝2475＋66×π＝2475＋208＝2683mm＝2.683m

4根总长 4×2.683＝10.732m

重量为 2.98×10.732＝31.98kg。

短柱长边中部每侧竖向钢筋直径20mm，间距@160mm，1450－2×30＝1390mm，1390/160向上取整数后－1＝8根，两侧共16根。

短柱短边中部每侧竖向钢筋直径20mm，间距@160mm，1200－2×30＝1140mm，1140/160向上取整数－1＝7根，两侧共14根。

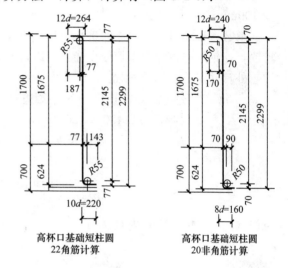

图1.2-6 基于中心线的短柱基础钢筋下料长度计算

短柱4边中间共排布16＋14＝30根直径20mm的HRB400级热轧带肋钢筋。

直径20mm的HRB400级热轧带肋钢筋在C30构件中的二级抗震锚固长度 $l_{aE}=41\times20=820$mm，实际可插入的深度为624mm，实际插入深度比抗震锚固长度＝624/820＝0.761。也就是说，实际插入深度占到0.761l_{aE}，按照老图集06G101-6（独立基础、条形基础、桩基承台）的"柱、墙插筋锚固竖直长度与弯钩长度对照表"的要求，当竖直可插入深度大于或等于0.7l_{aE}时，底部水平段投影长度＝max（8d，150）＝max（8×20＝160，150）＝160mm，短柱上端面保护层厚度取25mm，1700－25＝1675mm，短柱上口收头考虑12d，水平段＝12×20＝240mm，因此，单根非角部钢筋的总长度＝240＋1675＋624＋160＝2699mm，这也是未考虑弯曲影响的直线投影长度之和，按照中心线的下料计算方法计算，我们有170＋2159＋90＋60×3.1415927＝2608mm＝2.608m。30根的长度为30×2.608＝78.24m，重量为2.47×78.24＝193.25kg。

短柱箍筋的下料计算：

短柱下截（无杯口区段）：

直径10mm间距每@300mm的HPB300级箍筋的排布区域＝1450－100－40－18－18＝1274mm。

道数＝1274/300，向上取整数±0＝5道。

因为靠底部水平外弯处不设箍筋，所以向上取整数后不再加减。

此外，请注意，高杯口短柱基础在阶形基础内的高度范围，箍筋不能够像某些其他基础那样取 500mm 的间距，而是需要遵循具体设计要求；具体设计没有要求时，按照 11G101-3《混凝土结构施工图平面整体表示方法制图规则和构造详图》（独立基础、条形基础、筏型基础、桩基承台）取 300mm。

短柱上截（有杯口区段）：s_n

直径 10mm 间距@150mm 的箍筋排布区域＝950＋100－25＝1025mm。

注意，上面在"短柱下截（无杯口区段）"减掉的 100mm，在这里加上了，要不然会少 100mm。

道数＝1025/150，向上取整数－1＝6 道，因为口上有 s_n 钢筋网，所以不再需要设置箍筋，s_n 钢筋的直径大于箍筋直径，所以，不需要重复设置直径相对来说比较小的箍筋。

外箍共需要 5＋6＝11 道。

$$每道长度＝2（短柱长边＋短柱短边）－8×短柱保护层＋26.5d$$
$$＝2×（1450＋1200）－8×30＋26.5×10＝5325mm＝5.325m$$
$$8 道长度＝8×5.325＝42.6m$$
$$重量＝42.6×0.617＝26.28kg$$
$$沿长边拉筋道数＝5×3＝15 道$$
$$沿短边拉筋道数＝5×4＝20 道$$

拉筋（图 1.2-7）弯弧内径为 40mm，中心直径为 50mm，中心线圆周长度＝50×π＝157.1mm，2 个 135° 周长＝157.1×2×135/360＝117.825mm，取 118mm，所以

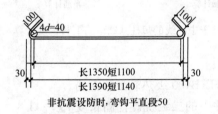

图 1.2-7 短柱拉筋的计算

长钩长度＝1350＋200＋118＝1350＋318＝1668mm＝1.668m，15 根长度＝15×1.668＝25.02m

短钩长度＝1100＋318＝1418mm＝1.418m，20 根长度＝20×1.418＝28.36m

拉钩总长度＝25.02＋28.36＝53.38m

拉钩总重量＝53.38×0.617＝32.94kg。

s_n 顶部钢筋网的计算

短边每根长度＝1200－2×15＝1170mm＝1.17m，4 根长度＝4×1.17＝4.68m。

长边长度＝1450－2×15＝1420mm＝1.42m，4 根长度＝4×1.42＝5.68m。

$$顶部钢筋网所需全部钢筋的长度＝4.68＋5.68＝10.36m。$$
$$顶部钢筋网所需全部钢筋的重量＝1.21×10.36＝12.54kg。$$

阶形截面杯口独立基础如果搞明白了，坡形截面杯口独立基础的套路也是相同的。

1.3 条形基础平法看图钢筋构造与下料

11G101-3《混凝土结构施工图平面整体表示方法制图规则和构造详图》（独立基础、条形基础、筏型基础、桩基承台）图集将条形基础分为两类：梁板式条形基础和平板式条形基础（图 1.3-1）。

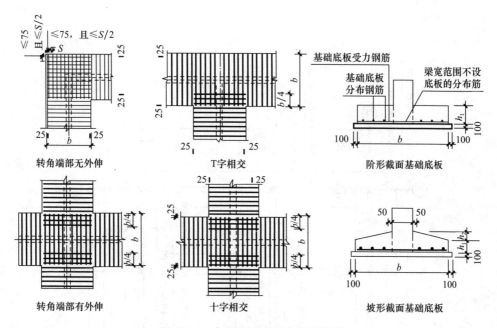

图 1.3-1 条形基础底板的配筋构造

梁板式条形基础一般用于钢筋混凝土框架结构、框架-剪力墙结构、框支结构和各类其他房屋。图集把这类条形基础分割为基础梁和条形基础底板分别表述。

平板式条形基础主要用于墙承重结构，如剪力墙结构、砌体混合结构等房屋。平法施工图仅注写条形基础底板。当砌体结构设有圈梁时，需要加注圈梁的截面和配筋。

本节只阐述梁板式条形基础的底板和板式条形基础。

条形基础底板的宽度≥2.5m时，除条形基础端部第一根钢筋和交接部位的钢筋外，底板受力钢筋的长度可减少10%，按照长度的0.9倍交错排布。

条形基础钢筋可按下列要求排布：

（1）外墙转角两个方向均应布置受力钢筋，不设置分布钢筋；

（2）外墙基础底板受力钢筋应拉通，分布钢筋应与角部另一方向的受力钢筋连接150mm，光面钢筋可不做180°弯钩；

（3）内墙基础底板受力钢筋伸入外墙基础底板的范围是外墙基础底板宽度的1/4，如果外墙是不对称基础，就伸到外墙基础中心到内侧边缘宽度的1/2；

（4）内墙十字相交的条形基础，较宽的基础连通设置，较窄的基础受力钢筋伸入较宽基础的范围是较宽基础宽度的1/4；如果较宽基础是双墙条形基础，则较窄的基础受力钢筋伸入双墙基础的范围是双墙基础一侧墙中线到该侧基础边缘的宽度的1/2。

根据条形基础底板的受力特征，底板短向是受力钢筋，先铺在下；长向是不受力的分布钢筋，后铺在受力钢筋的上面。

在实际工程中会有少数双墙条形基础，双墙条形基础往往在顶部两墙之间也会配置受力钢筋和分布钢筋。垂直于两道墙的方向是受力钢筋，应当在最上层，分布筋与墙长方向平行，放在上部受力筋的下方。双墙条形基础的上部受力钢筋，可以做成门形，站立在基础垫层上；也可以做成一字筋，与分布筋绑扎后用马凳筋或采取其他措施将其架起。

按照平法规则绘制的普通条形基础设计施工图如图1.3-2所示。

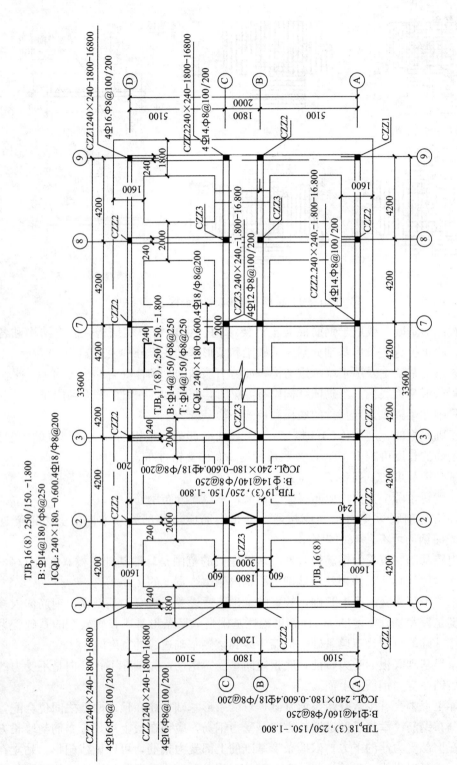

图 1.3-2　条形基础的钢筋计算

14

通过读图 1.3-2，我们看到纵向Ⓐ轴和Ⓓ轴都是 TJB$_P$16（8），这是一种型号；Ⓑ、Ⓒ轴双墙基础 TJB$_P$17（8）又是一种型号，①轴和⑨轴各有一道 TJB$_P$18（3），②～⑧轴有 7 道 TJB$_P$19（3）。总共 4 个型号 12 道条形基础。

1. Ⓐ、Ⓓ轴 TJB$_P$16（8）的钢筋计算

底板受力钢筋长度：

$$1600-2\times25=1550mm=1.55m$$

排布范围：

$$33600+2\times1800/2-2\times75=35250mm=35.25m$$

根数：

$$seiling(35.25/0.18，1)+1=197 根$$

（注：seiling 语句的意思是将运算结果按照设定要求取整，seiling（35.25/0.18，1）＋1 表示将 35.25/0.18 的运算结果向上取整＋1，下同。）

总长度： $197\times1.55=305.35m$

直径 14mm 的 HRB335 级热轧带肋受力钢筋的重量：

$$305.35\times1.21=369.474kg$$

Ⓐ、Ⓓ轴各有一道 TJBP16（8），所以总重量：

$$2\times369.474=738.948kg$$

贯通布置的分布钢筋长度：

$$33600-2\times1800/2+2\times25+2\times150=32150mm=32.15m$$

按照定额，每超过 8m，超过部分每 8m 增加一个绑扎搭接连接长度，超过部分不足 8m，也增加一个绑扎搭接连接长度，所以应增加的接头数量：

$$seiling(32.15/8，1)-1=4 组$$

增加的接头后的钢筋用料长度：

$$32.15+4\times0.15=32.75m$$

分布钢筋根数：

$$seiling[(1600-150)/250,1]+1=7 道 （均匀排布）$$

$$分布钢筋实际间距=(1600-150)/(7-1)=241.67mm$$

正交方向 TJBP19（3）底板受力钢筋伸入 TJBP16（8）的范围：1600/4＝400mm，与正交方向 TJBP19（3）底板受力钢筋搭接 150mm 的 TJBP16（8）分布钢筋根数为：

$$seiling[(400-75)/241.67,1]=2 道$$

分布钢筋总长度：

$$7\times32.75-2\times7\times(1.95-0.3)=206.15m$$

分布钢筋重量：

$$206.15\times0.395=81.429kg$$

Ⓐ、Ⓓ轴各有一道 TJBp16（8），所以总重量＝$2\times81.429=162.858kg$

2. ①、⑨轴 TJBp18（3）的钢筋计算底板受力钢筋长度

$$1800-2\times25=1750mm=1.75m$$

排布范围：

$$12000+2\times1600/2-2\times75=13450mm=13.45m$$

根数：
$$seiling(13.45/0.16，1)+1=86 根$$

总长度：
$$86×1.75=150.5m$$

直径 14mm 热轧带肋 HRB335 级受力钢筋重量：$150.5×1.21=182.105kg$

①、⑨轴各有一道 TJBP18（3），所以总重量：
$$2×182.105=364.21kg$$

贯通布置的分布钢筋长度：
$$12000-2×1600/2+2×25+2×150=10750mm=10.75m$$

按照定额，每超过 8m，超过部分每 8m 增加一个绑扎搭接连接长度，超过部分不足 8m 也增加一个绑扎搭接连接长度，所以应增加的接头数量：
$$seiling(10.75/8，1)-1=1 组$$

增加接头后的钢筋用料长度：
$$10.75+0.15=10.90m$$

分布钢筋根数：
$$seiling[(1800-150)/250,1]+1=8 道（均匀排布）$$

分布钢筋实际间距$=(1800-150)/(8-1)=235.71mm$，正交方向 TJBP17（8）底板受力钢筋伸入 TJBP18（3）的范围：$1800/4=450mm$

与正交方向 TJBP17（8）底板受力钢筋搭接 150mm 的 TJBP18（3）分布钢筋根数为：
$$seiling[(450-75)/235.71,1]=2 道$$

分布钢筋总长度： $8×10.90-2×(2.95-0.3)=81.90m$

分布钢筋重量： $81.90×0.395=32.351kg$

①、⑨轴各有一道 TJBP18（3），所以总重量为 $2×32.351=64.702kg$。

3．Ⓑ、Ⓒ轴双墙基础 TJBp17（8）的钢筋计算

底板下部受力钢筋长度：
$$3000-2×25=2950mm=2.95m$$

排布范围：
$$33600-2×1800/2+2×1800/4=33600-2×1800/4=32700mm=32.70m$$

根数：
$$seiling(32.70/0.15,1)+1=219 根$$

总长度：
$$219×2.95=646.05m$$

直径 14mm 热轧带肋 HRB335 级受力钢筋重量：
$$646.05×1.21=781.721kg$$

底板贯通布置的分布钢筋长度：
$$33600-2×1800/2+2×25+2×150=32150mm=32.15m$$

按照定额，每超过 8m，超过部分每 8m 增加一个绑扎搭接连接长度，超过部分不足 8m 也增加一个绑扎搭接连接长度，所以应增加的接头数量：
$$seiling(32.15/8,1)-1=4 组$$

增加接头后的钢筋用料长度：

$$32.15+4\times0.15=32.75m$$

分布钢筋根数：

$$seiling(2850/250,1)+1=13 道（均匀排布）$$

$$分布钢筋实际间距=2850/(13-1)=237.50mm$$

正交方向 TJBP19（3）底板受力钢筋伸入 TJBP17（8）的范围：$600/2=300mm$

与正交方向 TJBP19（3）底板受力钢筋搭接 150mm 的 TJBP17（8）分布钢筋根数为 $2\times seiling[(300-75)/237.50,1]=2 道$

分布钢筋总长度：$13\times32.75-2\times7\times(1.95-0.3)=402.65m$

分布钢筋重量：

$$402.65\times0.395=159.047kg$$

双墙基础底板上部受力钢筋长度：

底板上部受力钢筋呈门形站立，腿高为 $400-25=375mm$

水平投影长度为 $1800+2\times240/2+2\times50=2140mm$

单根总展开长度（本例未扣除弯曲延伸值）为 $2140+2\times375=2890mm=2.89m$

排布范围、根数同上部钢筋，219 根。

总长度：$219\times2.89=632.91m$

直径 14mm 热轧带肋 HRB335 级受力钢筋重量：$632.91\times1.21=765.821kg$

双墙基础顶部分布钢筋长度同底贯通布置的分布钢筋：

$$33600-2\times1800/2+2\times25+2\times150=32150mm=32.15m$$

按照定额，每超过 8m，超过部分每 8m 增加一个绑扎搭接连接长度，超过部分不足 8m 也增加一个绑扎搭接连接长度，所以应增加的接头数量：

$$seiling(32.15/8,1)-1=4 组$$

增加接头后的钢筋用料长度：

$$32.15+4\times0.15=32.75m$$

分布钢筋根数：$seiling[(2140-2\times14)/250,1]+1=10 道（均匀排布）$

分布钢筋总长度：$10\times32.75=327.50m$

分布钢筋重量：$327.50\times0.395=129.363kg$

4. ②～⑧轴 TJBp19（3）

底板受力钢筋长度：

$$2000-2\times25=1950mm=1.95m$$

ⓒ～ⓓ轴之间排布范围：

$$5100-100/2-600+1600/4+600/2=4450mm=4.40m$$

ⓒ～ⓓ轴之间底板受力钢筋根数：

$$seiling(4.40/0.14,1)+1=33 根$$

ⓐ～ⓓ轴之间底板受力钢筋总根数：$2\times33=66 根$

总长度：$66\times1.95=128.70m$

直径 14mm 热轧带肋 HRB335 级受力钢筋重量：$128.70\times1.21=155.727kg$

②～⑧轴 7 根轴线，7 道 TJBp19（3）的受力钢筋重量：$7\times155.727=1090.089kg$

单根分布钢筋长度：$5100-1600/2-600/2+2\times25+2\times150=4050mm=4.05m$

这里分布钢筋的下料长度与该条形基础受力钢筋的排布范围长度不同,因为受力钢筋排布是要伸入另一方向的条形基础(被伸入基础宽度的1/4),而分布钢筋只要与被伸入基础的受力钢筋连接150mm,所以两者的长度是不相同的。

ⓒ～ⓓ轴之间分布钢筋根数:

$$seiling[(2000-150)/250,1]+1=9 道(均匀排布)$$

Ⓐ～ⓓ轴之间底板分布钢筋总根数:$2×9=18 道$

分布钢筋总长度:$\qquad 18×4.05=72.90m$

分布钢筋重量:$\qquad 72.90×0.395=28.796kg$

②～⑧轴 7 根轴线,7 道 TJBp19(3)的分布钢筋重量:$7×28.796=201.572kg$

外墙的 4 道条形基础只有一个计算方法,内墙的 8 道条形基础可以有两种不同的计算方法,上面我们拉通了Ⓑ、ⓒ轴的双墙基础,打断了②～⑧轴的条形基础,这种方案得到的内墙基础钢筋用量为 3127.613kg,下面我们拉通②～⑧轴的基础,打断Ⓑ、ⓒ轴的双墙基础,看看钢筋用量有什么区别。

5.②～⑧轴 TJBp19(3)拉通计算

底板受力钢筋长度:$\qquad 2000-2×25=1950mm=1.95m$

排布范围:$\qquad 12000-2×1600/2+2×1800/4=11200mm=11.20m$

根数:$\qquad seiling(11.10/0.14,1)+1=81 根$

总长度:$\qquad 81×1.95=157.95m$

直径 14mm 热轧带肋 HRB335 级受力钢筋重量:$157.95×1.21=191.1195kg$

7 根轴线,7 段 TJBp19(3)的受力钢筋重量:$7×191.1195=1337.8365kg$

贯通布置的分布钢筋长度:$12000-2×1600/2+2×25+2×150=10750mm=10.75m$

分布钢筋根数:$seiling[(2000-150)/250,1]+1=9 道(均匀排布)$

$$分布钢筋实际间距=1850/(9-1)=231.25mm$$

正交方向 TJBp17(8)底板受力钢筋伸入 TJBp19(3)的范围:$2000/4=500mm$

与正交方向 TJBp17(8)底板受力钢筋搭接150mm 的 TJBp19(3)分布钢筋根数为:

$$2×seiling[(500-75)/231.25,1]=4 道$$

分布钢筋总长度:

$$9×10.75-4×(2.95-0.3)=86.15m$$

分布钢筋重量:$\qquad 86.15×0.395=34.029kg$

7 根轴线,7 段 TJBp19(3)的分布钢筋重量:$7×34.029=238.203kg$

6.Ⓑ、ⓒ轴双墙基础 TJBp17(8)断开计算

①～②轴间和⑧～⑨轴间各一截

底板下部受力钢筋长度:$3000-2×25=2950mm=2.95m$

排布范围:$4200-1800/2-2000/2+2000/4+1800/4=3250mm=3.25m$

根数:$seiling(3.25/0.15,1)+1=23 根$

①～②轴间和⑧～⑨轴间各有一截,所以是 46 根。

$$46×2.95=135.7m$$

直径 14mm 热轧带肋 HRB335 级受力钢筋重量:$135.7×1.21=164.197kg$

底板底部分布钢筋长度:$4200-1800/2-2000/2+2×25+2×150=2650mm=2.65m$

分布钢筋根数：seiling(2850/250,1)＋1＝13 道（均匀排布）

①～②轴间和⑧～⑨轴间各有一截，所以是 26 根。

分布钢筋总长度：　　　　　　26×2.65＝68.9m

分布钢筋重量：　　　　　　68.9×0.395＝27.216kg

双墙基础底板上部受力钢筋长度：

底板上部受力钢筋呈门形站立，腿高为 400－25＝375mm

水平投影长度：　　　　1800＋2×240/2＋2×50＝2140mm

单根总展开长度（本例未扣除弯曲延伸值）：2140＋2×375＝2890mm＝2.89m

排布范围 3.25m，每节 23 根，2 节共 46 根。

总长度：　　　　　　　　46×2.89＝132.94m

直径 14mm 热轧带肋 HRB335 级受力钢筋重量：132.94×1.21＝160.857kg

双墙基础顶部分布钢筋长度同底部分布钢筋：长度＝3.25＋2×0.05＝3.35m

分布钢筋根数：

　　　　　　seiling[(2140－2×14)/250,1]＋1＝10 道（均匀排布）

分布钢筋总长度：　　　　　　10×3.35＝33.50m

2 节共 67.00m。

分布钢筋重量：　　　　　67.00×0.395＝26.465kg

②～⑧轴间共 6 节底板下部受力钢筋长度：3000－2×25＝2950mm＝2.95m

排布范围：　　　4200－2×2000/2＋2×2000/4＝3200mm＝3.20m

根数：　　　　　seiling(3.20/0.15,1)＋1＝23 根

共有 6 节，所以是 6×23＝138 根，总长度：

　　　　　　　　138×2.95＝407.1m

直径 14mm 热轧带肋 HRB335 级受力钢筋重量：407.1×1.21＝492.591kg

底板底部分布钢筋长度：4200－2×2000/2＋2×25＋2×150＝2550mm＝2.55m

分布钢筋根数：　　seiling(2850/250,1)＋1＝13 道（均匀排布）

分布钢筋总长度：　　　　　13×2.55＝33.15m

分布钢筋重量：　　　　33.15×0.395＝13.094kg

　　　　　　　6 节的钢筋重量：6×13.094＝78.564kg

双墙基础底板上部受力钢筋长度：

底板上部受力钢筋呈门形站立，腿高为 400－25＝375mm

水平投影长度：　　　　1800＋2×240/2＋2×50＝2140mm

单根总展开长度（本例未扣除弯曲延伸值）：2140＋2×375＝2890mm＝2.89m

排布范围 3.20m，每节 23 根，6 节共 138 根，总长度：138×2.89＝398.82m

直径 14mm 热轧带肋 HRB335 级受力钢筋重量：398.82×1.21＝482.5722kg

双墙基础顶部分布钢筋长度 3200＋100＝3300mm＝3.3m

　　　　　　　　长度＝3.20＋2×0.05＝3.3m

分布钢筋根数：seiling[(2140－2×14)/250,1]＋1＝10 道（均匀排布）

分布钢筋总长度：　　　　　10×3.3＝33.00m

6 节总长度 198m。

分布钢筋重量：   198×0.395＝78.21kg

后一种计算方案得到的内墙基础钢筋用量是3086.7117kg

两相比较，节约钢材1.31％，可见计算也可以出效益。

用数量少的施工，用数量大的计量，就可以"合理地"利用量差。

1.4 基础梁平法看图钢筋构造与下料

11G101-3《混凝土结构施工图平面整体表示方法制图规则和构造详图》（独立基础、条形基础、筏形基础、桩基承台）基础梁，按照业界习惯和接触到的平法图集，基础梁分为基础主梁、基础次梁、基础梁、承台梁、基础联系梁、地下框架梁等多种，它们的代号和定义见表1.4。

基础梁的类别、代号和定义   表1.4

类 别	代号	定 义	图 集
基础主梁	JL	梁板式筏形基础主梁	(11G101-3)
基础次梁	JCL	梁板式筏形基础次梁	(11G101-3)
基础梁	JL	条形基础的基础梁，也可以是两柱广义独立基础的梁和多柱广义独立基础（局部小筏板）的梁	
承台梁	CTL	桩基承台分两种：柱下承台和梁下承台梁，承台梁又分为单排桩承台梁和双排承台梁两类。承台梁不是结构意义上的受弯构件，它是多个承台的条状结合构件，并不以弯曲变形为主，仅仅为了表述的方便，借用了"梁"这样一个称谓	
基础联系梁（又名基础拉梁）	JLL	基础联系梁系指连接独立基础、条形基础或桩基承台的梁，也可以是连接桩基承台和条形基础，连接条形基础与桩基承台梁等，总而言之，是各种基础之间的拉结构件，都可以是基础连梁	
地下框架梁	DKL	地下框架梁是设置在基础顶面～±0.000m之间以框架柱为支座的梁，除代号不同外，集中标注、原位标注和构造均与（11G10-1）中的KL相同，它是因为在结构设计时，侧移超过规范规定而为了控制侧移在±0.000m以下的柱体之间设置的框架梁，DKL拉结的是柱子，不拉结基础	11G101-3《混凝土结构施工图平面整体表示方法制图规则和构造详图》（独立基础、条形基础、筏形基础、桩基承台）将DKL归入基础联系梁是不当的，具体设计还会出现DKL
基础圈梁	JQL	砌体结构在基础顶面以上，±0.000m以下设置在砌体上周围封闭，每隔一定距离在内横墙和内纵墙有可靠拉结的"梁"，注明了圈梁标高，也可以用QL代号表示	

本节介绍各类基础梁，首先介绍梁板式筏形基础主梁和次梁的看图、钢筋构造与计算。

1.4.1 梁板式筏形基础主梁JL的标注与钢筋构造

梁板式筏形基础主梁JL的平面注写方式，分集中标注和原为标注两部分。

集中标注的内容为：编号、截面尺寸、配筋等3项必注内容和梁底面标高与基础底面标高的高差和必要的文字说明，具体内容如下：

（1）注写梁的编号，JZL 特指梁板式筏形柱下基础主梁，JCL 指梁板式筏形基础次梁。

（2）注写基础梁的截面尺寸，以 b×h 表示梁截面宽度与高度；当为加腋时，用 b×h Yc1×c2 表示，其中 c1 为腋长，c2 为腋高。

譬如，JZL16（6B）350×800，Y750×250 表示一架 6 跨、两端带外伸、带加腋的梁板式筏形柱下基础主梁。加腋的意义可用图 1.4-1 来说明。

譬如，JZL18（6A）350×800，表示一架 6 跨、一端带外伸的梁板式筏形柱下基础主梁。梁宽为 350mm，梁高为 800mm。

（3）注写基础梁的箍筋

1）一种间距（图 1.4-2），只写钢筋级别、直径、间距和肢数。譬如 Φ14@200（4），表示箍筋采用 HRB335 级钢筋，直径为 14mm，全跨间距每 200mm 设 1 道，均为 4 肢箍。

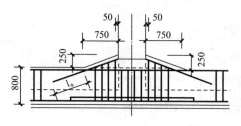

图 1.4-1　基础主梁加腋示意

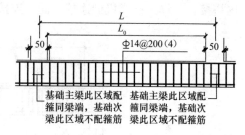

图 1.4-2　基础主梁一种箍筋间距注写的图解

2）两种间距（图 1.4-3），先写梁两端第一种箍筋，再在其后跟写第二种箍筋，不同配置箍筋之间用"/"斜线相分隔。

譬如 11Φ14@125/250（6），表示箍筋采用 HRB335 级钢筋，直径 14mm，在梁两端先各布置 11 道 [即排布后距梁端的距离为 50＋125×（11－1）＝1300mm]，其余区段箍筋间距为每 250mm，均为 6 肢箍。

3）三种间距（图 1.4-4），先写梁两端第一种箍筋，再在其后跟写第二种和第三种箍筋，不同配置之间用"/"斜线相分隔。

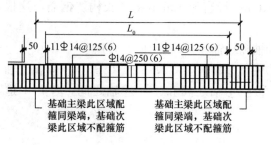

图 1.4-3　基础主梁两种箍筋间距注写的图解

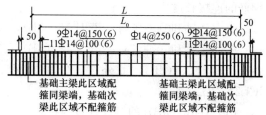

图 1.4-4　基础主梁三种箍筋间距注写的图解

譬如 11Φ14@100/9Φ14@150/250（6），表示箍筋采用 HRB335 级钢筋，直径 14mm，在梁的两端先各布置 11 道间距 100mm 的箍筋 [即排布后距梁端的距离为 50＋100×（11－1）＝1050mm]，再布置 9 道间距 150mm 的箍筋（其排布范围为 9×150mm＝1350mm，此时第一种、第二种箍筋在一端的排布区段长度是 1050mm＋1350mm＝

2400mm），其余箍筋间距为每250mm，均为6肢箍。

（4）注写基础梁的底部与顶部贯通纵筋。具体内容如下：

1）以B开头注写梁底部贯通筋规格与根数。当跨中根数少于箍筋肢数时，在"＋"后面的（ ）中写的是架立筋。

2）以T开头注写顶部贯通筋的配筋值。例如：B5Φ25；T7Φ25表示梁的底部配置5根HRB400级直径25mm的贯通纵筋，梁的顶部配置7根HRB400级直径25mm的贯通纵筋。

3）当梁底部或顶部贯通纵筋多余一排时，用斜线"/"将各排纵向钢筋从上而下分开。

例如：B8Φ25 3/5；T9Φ25 6/3表示梁的底部配置8根HRB400级直径25mm的贯通纵筋，上排3根，下排5根；梁的顶部配置9根HRB400级直径25mm的贯通纵筋，上排6根，下排3根。

筏板基础梁JZL贯通纵筋的连接区域，如图1.4-5所示。顶部贯通钢筋在其可连接区内搭接、对焊连接或机械连接。同一连接区域内接头面积为50%。

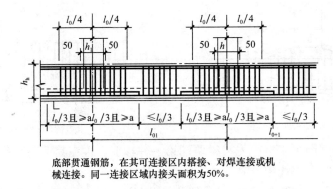

底部贯通钢筋，在其可连接区内搭接、对焊连接或机械连接。同一连接区域内接头面积为50%。

图1.4-5　筏板基础主梁JZL贯通纵筋的可连接区域

1.4.2　梁板式筏形基础工程实例

图1.4-6是一张按照混凝土结构平面整体表示方法制图规则绘制的梁板式筏形基础设计施工图实例。通过读图可以看到，该工程室内外高差0.45m，基础筏板埋深需要连接100mm，此外，还明确筏板侧边设置一道HRB300级直径12mm的通长构造钢筋，这根钢筋的连接长度为150mm。

纵向Ⓐ轴和Ⓓ轴各有一道JL16（5B），Ⓑ轴和Ⓒ轴各有一道JL17（5B）。

横向①轴和⑥轴各有一道JL18（3B），②轴和⑤轴各有一道JL19（3B），③轴和④轴各有1道JL20（3B），此外②～③轴之间、③～④轴之间和④～⑤轴之间，各有1道JCL21（3）。

（1）JL16（5B）的钢筋计算与排布

JL16（5B）是一根400mm（宽）×800mm（高）的基础主梁，它有5跨，两端带外伸，见图1.4-7。

1）箍筋

先计算箍筋，各跨箍筋是自支座边缘起先布置9道直径10mm的HRB335级钢筋的4肢箍。其间距为每150mm，9道密箍有8个空档，密箍占8×150mm＝1200mm。

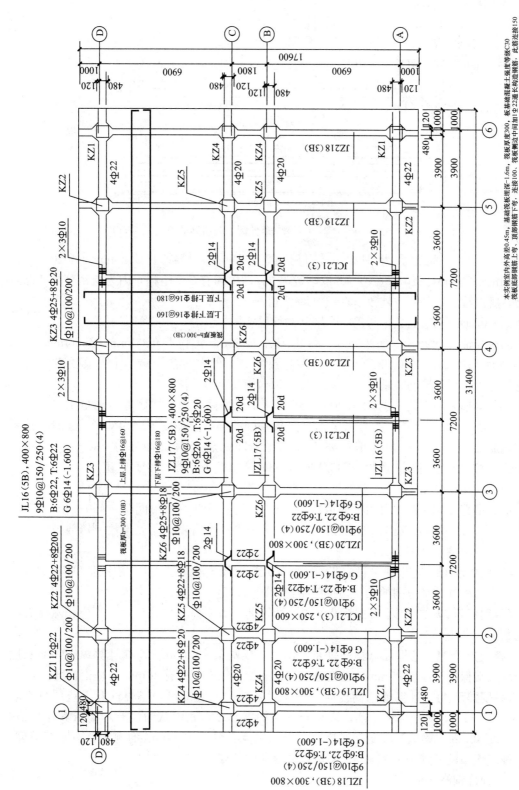

图 1.4-6 梁板式筏形基础设计施工图图实例

23

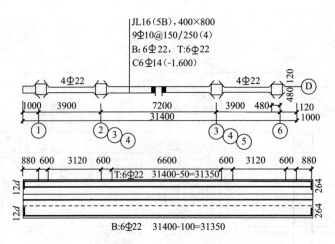

图 1.4-7 JL16（5B）条件图与纵向钢筋图

①～②轴柱间距离为 3120mm，每边闪开 50mm，就剩下 3020mm，3020－2×1200mm＝620mm，620/250＝2.48 取整数为 3，即中间有 3 个空档，因为疏密分界处已经有箍，所以箍筋数量＝空档数－1＝3－1＝2 道。

⑤～⑥轴间的箍筋数量与①～②轴间的梁段相同。

②～③轴柱间距离为 6600mm，每边闪开 50mm，就剩下 6500mm，6500mm－2×1200mm＝4100mm，4100/250＝16.4，取整数为 17，即中间有 17 个空档，因为疏密分界处已经有箍，所以箍筋数量＝空档数－1＝17－1＝16 道。

③～④轴之间、④～⑤轴之间的箍筋，与②～③轴间的一样，每跨也是 18 道密箍，16 道疏－1.600m，筏板厚度为 300mm，筏板基础的混凝土强度等级为 C30。还看到筏板底部钢筋要上弯、筏板顶部钢筋要下弯，在中间两者再看外伸部分 880－50－35＝795mm，按照密箍间距，道数＝795/150＝5.3，取整数为 6 档，需要 7 道。

两端一共需要 14 道。

最后来看柱对应范围内的箍筋道数＝（50＋柱边长＋50)/密箍间距＝（50＋600＋50)/150＝4.67，取整数为 5 档，因为在距柱边 50mm 处已经有箍，所以道数＝档数－1＝5－1＝4 道，6 根柱子共需 24 道。

【特别提示 1】 每根柱子对应范围内的这几道箍筋，不在平法 JL 集中标注密箍数量之内，是需要根据这个范围的大小，按照密箍间距另外进行计算的。

【特别提示 2】 3 组因 JCL 而设置的附加箍筋，需要另外单独计算，不应扣除原有箍筋的数量。

【特别提示 3】 这里计算箍筋排布范围时，梁端头－35mm，而在计算纵向钢筋长度时应取梁端保护层厚度 25mm，也就是说，箍筋套入纵向钢筋有 10mm 的理论长度。

【特别提示 4】 计算箍筋高度时，仅仅对基础梁的底部保护层根据有无垫层分别取 40mm 和 70mm，对顶部和端部，取 25mm 保护层厚度，我们认为没有理由取其他数值。譬如说取 40mm，梁顶不可能存在垫层，套用规范有垫层的 40mm 的规定，不太有道理；套用规范无垫层的规定为 70mm，事情就变得非常荒谬。

2）顶部钢筋

顶部钢筋为 6 根直径 22mm 的 HRB335 级钢筋，布筋长度＝梁长－2×25＝31400－

50＝31350mm。两端部各带 12d 长 90°钩，单钩竖直投影长度＝12×22＝264mm。

按照 9m 定尺计算，1 根 9m 定尺钢筋打弯减去 264mm 之后，剩余 8736mm，

$$8736-600-3120-600-880+25=3561mm，$$

而 $l_0/4＝7200/4＝1800mm$，所以需要截去 3561－1800＝1761mm。

再看③～④轴，用 1 根 9000mm 的定尺钢筋居中设置后，向②～③轴跨和④～⑤轴跨分别冒出（9000－7200－600）/2＝600mm，最后再来补②～③轴跨和④～⑤轴跨缺的那一节＝6600－1800－600＝4200mm。

根据以上分析，可以这样来配置这根梁的上部钢筋，分 2 组：一组首先用 1 根 9000mm 的钢筋居中设置，再将 1 根 9000mm 的钢筋一分为二，分别放在②～③轴间和④～⑤轴间，两头再配 6675mm＋264mm 的钢筋，这组有 6 节余料，每节余料的长度＝9000－6675－264＝2061mm＝2.061m。

另外一组如图 1.4-8 所示，也有余料。

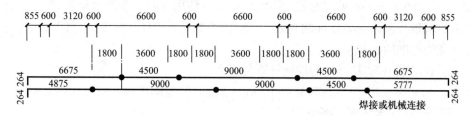

图 1.4-8　JL16（5B）上部钢筋配置示意图

3）梁底部的钢筋

如法炮制，可得梁底部的钢筋配置，不过梁底部的纵向钢筋要在跨中 1/3 范围实施连接，同样接头必须错开。

4）梁的侧向构造钢筋

梁的侧向构造钢筋为 6 根直径 14mm 的 HRB335 级钢筋，单根总长度为 31350mm，按照 150mm 的绑扎搭接连接要求，每道需要 31.35/9＝3.484 根 9m 的钢筋外加 150×3＝450mm，0.484×9000＝4356mm，总共需要 3×9000＋900＋4356＝32256mm＝32.26m。

5）JL16（5B）与柱结合部侧腋构造钢筋的计算

图 1.4-9 为柱子截面 600mm×600mm，左右梁宽 400mm，上下梁宽 300mm，侧腋距柱角 50mm，每边侧腋净长度为 454mm，自侧腋八字倒角起锚入梁内 l_a，C30 混凝土，HRB335 级钢筋，$l_a＝30d＝30×12＝420mm$，单根侧腋水平筋长度＝454＋2×420＝1294mm，取 1300mm，筏板内不设，（800－25－300）/100＝475/100＝4.75 道，需要 5 道，有 4 条边，就需要 4×5＝20 根，6 根柱子就需要 120 根，竖向钢筋道数＝454/200，取整数＋1＝4 根，4 条边 16 根，6 根柱子需要 96 根。高度需要 800－25＋80（下面的水平段）＋60（顶部的 180°钩）＝915mm。

【特别提示】图 1.4-9（a）中，11G101-3 图集要求 50mm，浙江省《建筑地基基础设计规范》要求 150mm。图 1.4-9（b）中数值是按 50mm 计算的。在有国标又有地标的情况下，国标是参考标准，省建设厅发布的地标的强制性长度远高于国标，因为工程项目是在某个具体的地点建设，受地方政府建设行政主管部门管辖，地方规范是他们手里的"尚方宝剑"，国标图集与他们手里的"尚方宝剑"相左时，就不再具有法效。因此 13G101-

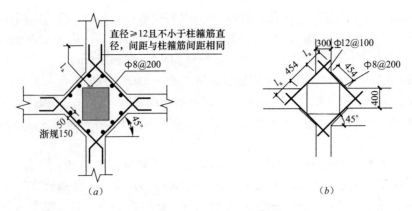

图 1.4-9　基础梁与柱结合部侧腋构造

(a) 11G101-3 要求 50mm 浙江规范要求 150mm；(b) 典型工程按 11G101-3 要求的 50mm 计算

11《G101 系列图集施工常见问题答疑图解》第 3 页使用说明 5.3 严肃地告知："使用本图集应严格执行现行国家有关标准的规定"，这个"现行国家有关标准"我们理解是包括地方政府批准的标准的。

（2）基础次梁 JCL21（3）的钢筋计算与排布

JCL21（3）是一根 250mm（宽）×600mm（高）的基础次梁，它有 3 跨，中间跨跨度小于两侧跨许多，不能按照等跨来处理。

1）箍筋

先算箍筋，两侧两跨每跨的箍筋是距支座边缘 50mm 起，先布置 9 道直径 10mm 的 HRB335 级钢筋的 4 肢箍，其间距为 150mm，9 道密箍有 8 个空档，密箍占 8×150mm＝1200mm，加上闪开支座 50mm 共计 1250mm，两个梁端就是 2500mm。

Ⓐ～Ⓑ轴和Ⓒ～Ⓓ轴主梁之间的净距离为 6140mm，减去 2500mm，就剩下 3640mm，3640/250＝14.56，取整数为 15，即中间有 15 个空档，因为疏密分界处已经有箍筋，所以箍筋数量＝空档数－1＝15－1＝14 道。

Ⓑ～Ⓒ主梁间净尺寸 1760mm＜2500mm，所以全部配置密箍，所需箍筋道数＝（1760－100）/150＝11.07，取 11 档，箍筋道数＝档数＋1＝11＋1＝12 道。

JCL21（3）的全部箍筋＝4×9＋2×14＋12＝76 道。

【特别提示 1】　当多跨连续基础梁的最大跨度和最小跨度相差 20% 及 20% 以上时，不能再按等跨看待。

【特别提示 2】　当中间跨净尺寸≤100＋2 倍密箍排布长度又无原位标注专门说明时，该跨按集中标注的密箍直径和间距布置箍筋。

2）顶部钢筋

顶部钢筋进入主梁（支座）中心线且≥12d，锚固取值＝max($b_{JZL}/2$，12d)＝max(400/2,12×22)＝264mm。

集中标注的顶部钢筋为 4 根直径 22mm 的 HRB335 级钢筋，在中间的小跨有 2 根直径 22mm 的 HRB335 级钢筋的原位标注。全长拉通的方案是：2 根 3 跨拉通的单根钢筋长度＝12d＋6140＋400＋1760＋400＋6140＋12d＝24×22＋14840＝15368mm，再在两侧两跨设置 2 根直径 22mm 的 HRB335 级钢筋，单跨单根钢筋长度＝12d＋6140＋12d＝6668mm。

还可以用2根直径22mm的HRB335级钢筋，跨越Ⓐ～Ⓑ～Ⓒ轴跨和Ⓑ～Ⓒ～Ⓓ轴跨交错布置，再在两个端跨各设置3根单跨单根钢筋长度＝$12d+6140+12d=6668$mm。

【特别提示】 具体下料，尚需结合工地的实际综合考虑在JL16（5B）配料中剩余了2.061m的余料，就可以用闪光对焊连接的方式在顶部钢筋中利用。

3）底部钢筋

基础次梁底部钢筋的锚固长度是从基础主梁侧表面到纵深的水平段＋竖直段$\geqslant l_a$，本例取$30d=30\times22=660$mm。

外角2根通长，单根长度＝$660+6140+400+1760+400+6140+660=16160$mm。

两个侧跨再各排布2根短筋，单根长度＝$660+6140+660=7460$mm。

4）梁的侧向构造钢筋

梁的侧向构造钢筋为6根直径14mm的HRB335级钢筋，锚固长度取150mm。

单根总长度＝$150+6140+400+1760+400+6140+150=15140$mm。

5）梁中间跨的架立筋

这个例图中间，集中标注为4肢箍，中间跨原位标注为上下各2根直径22mm的HRB335级钢筋，纵向钢筋根数少于箍筋肢数，这需要向设计人员询问，并且将要求写进"图纸会审纪要"。如果图纸会审时，还没有看得这么细，还没发现这个设计遗漏的问题，就得在施工的过程中，用"技术核定单"或"技术洽商记录"补办设计认可手续。这里，按照"图纸会审纪要"某条："当梁的集中标注为4肢箍，某跨原位标注的单排纵向钢筋根数少于4根时，不足部分采用直径14mm的HRB335级钢筋作为架立筋，锚固长度和绑扎搭接的连接长度均取150mm。"

上下各2根直径14mm的HRB335级的架立筋，单根长度＝$150+1760+150=2060$mm。图1.4-10是这根梁的配筋排布图，初学的人员在进行钢筋排布和计算时，通过

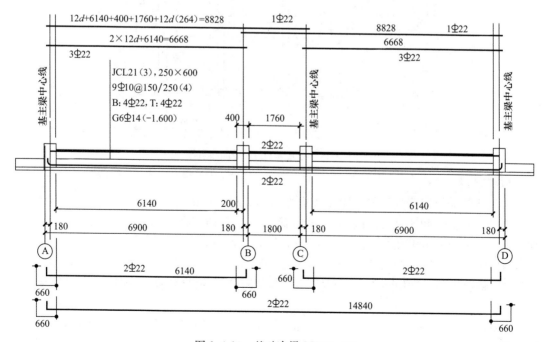

图1.4-10　基础次梁JCL21（3）

画这样的图来帮助计算，是比较好的一种做法。

1.4.3 条形基础基础梁 JL 标注与钢筋构造

（1）条形基础基础梁 JL 自上而下标注

JL3（5A）基础梁编号，3 号基础梁，5 跨，A 为一端有外伸，B 为两端有外伸，如果没外伸，就只写 5。

b×h Yc1×c2 基础梁截面尺寸，b×h 表示基础梁截面宽度与高度，当为加腋时，c1 表示加腋长度，c2 表示加腋高度。

箍筋标注，一种间距，只写钢筋级别、直径、间距和肢数。

B 起头注写基础梁底部纵向钢筋，多于一排时，用斜线"/"将各排钢筋自上而下分开。

T 起头注写基础梁顶部纵向钢筋，多于一排时，用斜线"/"将各排钢筋自上而下分开。

G 起头注写基础梁两侧纵向构造钢筋总配筋根数、级别和直径。

（2）条形基础基础梁 JL 配筋构造

图 1.4-11 是某 JL15（4B）的平法标注，图 1.4-12 为钢筋构造。从图中看到，该基础梁是一根 4 跨两端带外伸的基础梁。截面尺寸为 250mm 宽、800mm 高。

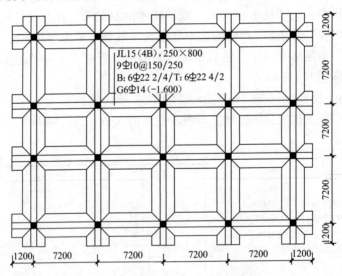

图 1.4-11 条形基础 JL 平面布置图

1）箍筋

首先看箍筋，每跨的箍筋是距支座边缘 50mm 起，先布置 9 道直径 10mm 的 HRB335 级钢筋的 4 肢箍，间距为 150mm，9 道密箍有 8 个空档，密箍占 8×150mm＝1200mm，加上闪开支座 50mm 共 1250mm，两个梁端就是 2500mm。

每净距离为 7200mm－600mm＝6600mm，减去 2500mm，就剩下 4100mm，4100/250＝16.4，取整数为 17，即中间有 17 个空档，因为疏密分界处已经有箍，所以箍筋数量＝空档数－1＝17－1＝16 道。

柱对应位置 600mm＋100mm＝700mm，700/150＝4.67，取 5 档，端点已经布置密箍，所以只要 4 道箍筋。

顶部贯通纵向钢筋在连接区内采用搭接、机械连接或对焊连接。同一连接区段内接头百分率不应大于50%。当钢筋长度可穿过一连接区到下一连接区并满足连接要求时，宜穿越设置。

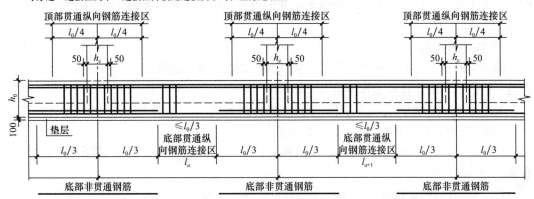

图 1.4-12　基础梁 JL 纵向钢筋与箍筋构造示意

底部贯通纵向钢筋在连接区内采用搭接、机械连接或对焊连接。同一连接区段内接头百分率不应大于50%。当钢筋长度可穿过一连接区到下一连接区并满足连接要求时，宜穿越设置。

外伸部分长度为 1200mm，自由端扣减 35mm，再扣半个柱边长，再扣 50mm，剩下 $1200-35-600/2-50=815$mm，$815/150=5.43$，取整数 5，即两个外伸的部分各需要设置 5 道箍筋。

某 JL15（4B）的全部箍筋 $=2×4×9+4×16+5×4+2×5=166$ 道。

【特别提示】　外伸部分箍筋当设计有详细要求时，按照设计要求配箍，当设计未予专门明确时，应按集中标注的密箍要求配筋。

2）顶部钢筋

顶部钢筋先看外伸基础梁的端部钢筋构造，JL15（4B）未标注外伸部分变截面，就按照等截面的要求进行钢筋布置（图 1.4-13）。

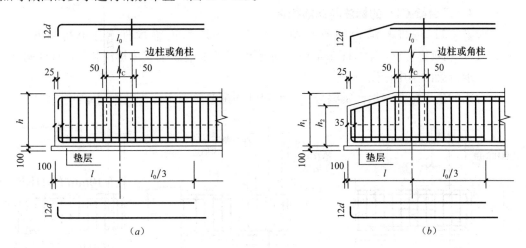

（a）　　　　　　　　　　　　　　　　　　　（b）

图 1.4-13　端部等截面外伸构造示意

（a）等截面；（b）变截面

顶部上排配置 4 根直径 22mm 的 HRB335 级钢筋，水平段全长为 $2×1200+4×7200-2×25=31150$mm，两端各有 $12d=12×22=264$mm 的竖直段。

顶部二排钢筋为 2 根直径 22mm 的 HRB335 级钢筋，在端部只要自柱内侧起满一个 l_a 即可。如果取 $l_a=30d=30×22=660$mm，我们得到：顶部二排钢筋的单根长度$=4×7200-2×600/2+2×660=29520$mm。

3）底部的钢筋

基础梁底部下排钢筋的收头长度是从基础梁端部～端部的尺寸，与顶部上排钢筋的算法是一样的，端部竖直段的长度也是 $12d$。

基础梁底部二排钢筋，分端柱和中柱两种情况考虑：端柱处，外伸到自由端长度－25mm，跨内，端跨轴跨的 1/3，所以得到：

$1200-25+7200/3=3575$mm，各内柱处，取左右两轴跨较大值的 2/3，对于本 JL，有 $2×7200/3=4800$mm。

4）梁的侧向构造钢筋

梁的侧向构造钢筋为 6 根直径 14mm 的 HRB335 级钢筋，锚固长度取 150mm。

单根总长度$=2×(1200-25)+4×7200=31150$mm。

应当考虑定尺钢筋不够长的连接长度，每个连接接头可考虑 150mm。

5）关于基础梁在端部没有外伸时的合理收头的讨论

11G101-3《混凝土结构施工图平面整体表示方法制图规则和构造详图》（独立基础、条形基础、筏形基础、桩基承台）给出了基础主梁和基础梁端部无外伸时的构造，如图 1.4-14 所示，我们看到这些构造，如果一不小心被没有工程实践经验的工程师所选用，就有可能给结构造成隐患，这种钢筋的上下连接并没有对柱纵向钢筋形成围套，柱外侧钢筋处于没有有效围套约束的状态，所以是不安全的。将基础梁顶部上排角筋水平相向弯折，并上下叠放后焊接 $6d$，这样组成一个封闭的围套，就将柱筋套起来。对这个构造的修改意见，许多结构工程师都认为比图集的要求更合理，与老图集主编交换过意见，也给予了肯定。

1.4.4 承台梁 CTL 的标注与钢筋构造

承台梁 CTL 是桩基承台的条状组合构件，不是真正梁构件。有单排桩承台梁（图 1.4-15）和双排桩承台梁（图 1.4-16），承台梁 CTL 的标注有集中标注和原位标注两种。

（1）承台梁的集中标注

承台梁的集中标注有承台梁编号、截面尺寸与配筋等项内容，具体顺序约定如下：

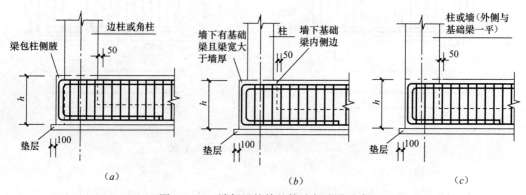

图 1.4-14 端部无外伸的构造与改进示意

（a）端部无外伸构造（一）；（b）端部无外伸构造（二）；（c）端部无外伸构造（三）

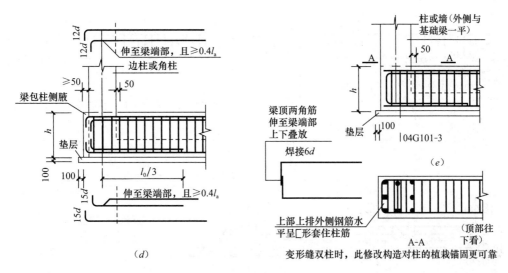

图 1.4-14 端部无外伸的构造与改进示意（续）

（d）端部无外伸构造；（e）端部无外伸构造（改）

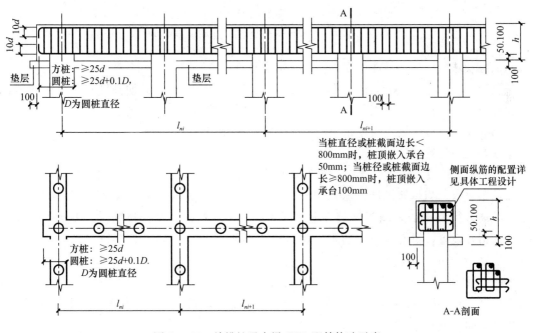

图 1.4-15 单排桩承台梁 CTL 配筋构造示意

1）CTLxx（yy）、CTLxx（yyA）、CTLxx（yyB），yy 表示 yy 跨，yyA 表示 yy 跨一端带外伸，yyB 表示 yy 跨两端带外伸。

2）b×h 无加腋，b×h Yc1×c2 有加腋，腋长数字写在前面，腋高数字写在后面。

3）承台梁箍筋（必注内容）

① 当具体设计箍筋在全梁只采用一种通间距时，注写钢筋级别、直径、间距与肢数。

② 当具体设计箍筋在梁跨内采用两种间距时，用斜线"/"分隔不同箍筋的间距及肢数，按照从承台梁两端向跨中的顺序依次标注，先标注第一种箍筋（在前面加写箍筋道

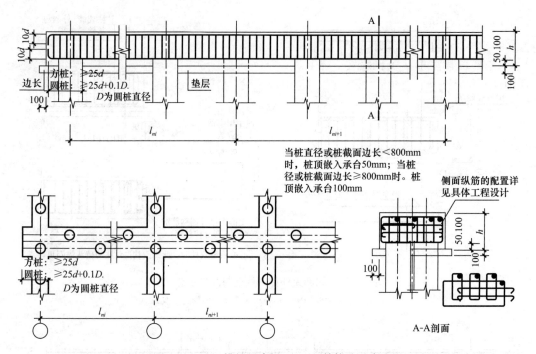

当桩直径或桩截面边长<800mm
时，桩顶嵌入承台50mm；当桩
径或桩截面边长≥800mm时。桩
顶嵌入承台100mm

图1.4-16 双排桩承台梁CTL配筋构造示意

数），在斜线"/"后面标注第二种箍筋（不需写钢筋道数）。

【特别提示1】 在双向承台梁相交的"节点"区域，承台梁截面高度较大方向的承台梁箍筋应贯通节点排布；当两个方向承台梁一样时，截面宽度较宽的承台梁的钢筋。

箍筋应在节点区域贯通排布；当高度、宽度全都相同时，可以任意选取一个方向的承台梁箍筋贯通设置。

【特别提示2】 具体设计在对箍筋做出标注的同时，应对承台梁拉筋的直径、间距、排布给出要求。当具体设计未给出要求时，视作设计人员授权施工人员直接采用图集要求：拉筋直径为8mm，间距为较大箍筋间距的2倍，当设有多排拉筋时，上、下两排拉筋竖向错开设置，拉筋可采用直形，也可采用S形，拉筋一端可为直钩，采用一端直钩时，应交错排布。

4）标注承台梁底部钢筋。以大写字母B开头，写承台梁底部贯通钢筋，同排架立筋写在该排"+"后面的"（ ）"内，当承台梁底部贯通钢筋多于一排时，用斜线"/"将各排自上而下隔开。

5）标注承台梁顶部钢筋。以大写字母T开头，写承台梁顶部贯通筋，同排架立筋写在该排"+"后面的"（ ）"出箍内，当承台梁顶部贯通钢筋多于一排时，用斜线"/"将各排自上而下隔开。

6）标注承台梁侧向构造钢筋。以大写字母G开头，写承台梁侧面纵向截面高度，譬如：G8⏀12，表示承台梁每个侧面各配置4⏀12，两侧共配置8⏀12纵向构造钢筋。

7）标注承台梁底面相对标高的高差。当一栋建筑物中个别承台梁底面标高与大多数承台梁不同时，将该承台梁的底面标高写在"（ ）"内。

8）当承台梁的设计有特殊要求时，需加写必要的文字注解。

（2）承台梁的原位标注

承台梁的原位标注通常有 4 项内容。

1）原位标注承台梁端部或在柱下区域的底部全部纵向钢筋（包括底部已经在集中标注中注写的底部贯通钢筋和未在集中标注中体现的非贯通钢筋）。

2）原位标注承台梁的附加箍筋和反扣吊筋。

承台梁的附加箍筋和反扣吊筋直接在需要设置的地方注写，附加箍筋的肢数写在"（ ）"内。

【特别提示】 承台梁需设置附加箍筋或反扣吊筋的情况极少，当具体设计采用附加箍筋或反扣吊筋时，其几何尺寸应满足具体设计要求；具体设计未给出要求时，可按照构造详图要求，结合其所在位置的承台梁截面而定。

3）原位标注承台梁外伸部分的变截面高度尺寸 $b \times h_1/h_2$，h_1 为根部截面高度，h_2 为自由端（尽端）截面高度。

4）原位注写修正内容。

当集中标注的截面尺寸、箍筋、底部贯通钢筋、顶部贯通钢筋、架立筋、梁侧面构造钢筋、梁底部标高高差等某项内容不适用于某跨或某外伸部位时，应将其修正内容写出，施工时以原位标注为准。多跨承台梁在集中标注中写明加腋，某跨如不需要加腋，则在该跨原位标注 $b \times h$，以修正集中标注中的加腋要求。

（3）承台梁 CTL 的构造

承台梁纵向钢筋的连接位置因为桩的距离比较小，所以一般控制接头率≤50％就可以在任意位置连接。

【特别提示】 桩顶钢筋是否需要破桩头将桩顶钢筋锚入承台梁，由具体设计决定。

1.4.5 基础联系梁（基础连梁）JLL 的标注与钢筋构造

基础联系梁（基础连梁）是指连接（拉结）独立基础、条形基础或桩基承台的"梁"。这种梁，一般不承受地基反力的作用。基础联系梁（基础连梁）的平法施工图设计标注直接在基础平面图上注写。

（1）基础联系梁（基础连梁）JLL 的标注

基础联系梁（基础连梁）的直接标注内容、具体顺序约定如下：

1）编号：JLLxx（yy）、JLLxx（yyA）、JLLxx（yyB），yy 表示 yy 跨，yyA 表示 yy 跨一端带外伸，yyB 表示 yy 跨两端带外伸。

2）截面尺寸：$b \times h$ 无加腋，$b \times h$ Yc1×c2 有加腋，腋长数字写在前面，腋高数字写在后面。

3）注写基础联系梁（基础连梁）的箍筋（必注内容）。

① 当具体设计箍筋在全梁只采用一种间距时，注写钢筋级别、直径、间距与肢数，例如 Φ 12@160（4）。

② 当具体设计箍筋在梁跨内采用两种间距时，用斜线"/"分隔不同箍筋的间距及肢数，按照从承台梁两端向跨中的顺序依次标注，先标注第一种箍筋（在前面加写箍筋道数），在斜线"/"后面标注第二种箍筋（不需写出箍筋道数）；例如 13Φ 12@160/250（4）。

4）标注基础联系梁（基础连梁）底部钢筋。以大写字母 B 开头，写承台梁底部贯通钢筋，同排架立筋写在该排"＋"后面的"（ ）"内，当承台梁底部贯通钢筋多于一排时，用斜线"/"将各排自上而下隔开。

5）标注基础联系梁（基础连梁）顶部钢筋。以大写字母 T 开头，写承台梁顶部贯通钢筋，同排架立筋写在该排"＋"后面的"（ ）"内，当承台梁顶部贯通钢筋多于一排时，用斜线"/"将各排自上而下隔开。

6）标注基础联系梁（基础连梁）侧向构造钢筋。以大写字母 G 开头，写在承台梁侧面纵向。譬如：G6Φ10，表示承台梁每个侧面各配置 3Φ10，两侧共配置 6Φ10 纵向构造钢筋。

7）当基础连梁支座上部需要设置非贯通钢筋时，用原位标注支座上部包括贯通筋和非贯通筋在内的全部纵向钢筋。

8）标注承台梁底面相对标高的高差。当一栋建筑物中个别基础联系梁（基础连梁）底面标高与大多数基础联系梁（基础连梁）底面标高不同时，将该基础联系梁（基础连梁）的底面标高写在"（ ）"内。

9）当个别基础联系梁（基础连梁）的设计有特殊要求时，需加写必要的文字注解。

（2）基础联系梁（基础连梁）JLL 的构造

1）图 1.4-17 是基础联系梁（基础连梁）JLL 纵向钢筋在基础内锚固的构造。

不要把图 1.4-17 的 JLL 纵向钢筋在基础内的锚固理解为"锚入柱内 l_a"，因为基础和 JLL 共同构建成一个完整的基础部件（体系），由这个基础部件（体系）来承载柱，柱的纵向钢筋植栽（锚固）在这个基础部件（体系）中。事实上，从施工的工艺逻辑关系上，也可以加深对这一概念的理解：在基础顶面以下，只有柱的插筋和基础本体部件，在基础顶面以下部分工程施工时，还不存在柱子，基础顶面以上才是柱子。

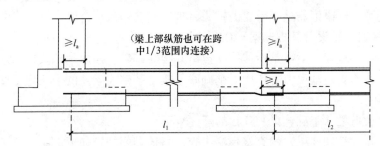

图 1.4-17 基础联系梁 JLL 纵向钢筋构造示意
（光面钢筋端部应带 180°弯钩）

2）图 1.4-18 为基础联系梁（基础连梁）JLL 箍筋的构造。

【特别提示】 刚性地坪的界定，宜由具体设计人员确定。

结构抗震业界对是不是刚性地坪把握的原则一般为：某地坪在地震中，由于其刚度过大，加剧混凝土柱在地坪上下的震害，对柱子产生地坪原因引起的附加震害，这种地坪相对这些混凝土柱而言，就是刚性地坪；反之，如果混凝土地坪对柱的约束在地震中不会加剧柱子的震害，就不是抗震意义上的"刚性地坪"。

有震害表明，在同一烈度、同一场地条件下，120mm 厚的 C20 混凝土地坪，对 300mm×300mm 的混凝土柱，就有加剧该批柱震害的实例；也有 150mm 厚的 C20 混凝土地坪，对 600mm×900mm 的柱，未造成地震震害的实例。所以，在工程抗震设防实践中，"刚性地坪"是一个相对概念，不是一个绝对的概念。

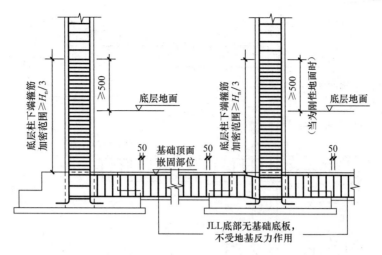

图 1.4-18　基础联系梁 JLL 与基础以上框架柱箍筋构造示意

（梁上部纵筋也可在跨中 1/3 范围内连接）

3）图 1.4-19 为基础连梁 JLL 上部纵向钢筋搭接连接位置和箍筋在搭接连接区域必须加密的构造。

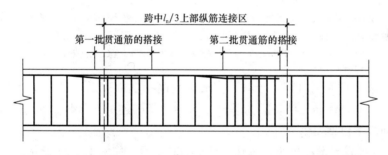

图 1.4-19　基础联系梁 JLL 上部纵筋搭接连接位置和箍筋加密构造示意

4）图 1.4-20 是单跨基础联系梁（基础连梁）JLL 纵向钢筋在基础内锚固的锚固构造。

【特别提示 1】　当 JLL 顶部到基础顶部的距离小于 $5d$（d 指 JLL 顶部较粗纵向钢筋的直径）时，还是要按照图 1.4-20（b）所示，在 l_a 的基础区域内设置 JLL 的箍筋。

【特别提示 2】　当某 JLL 连接的两个基础，JLL 顶部到两个基础顶部的距离一个是大于或等于 $5d$，另外一个是小于 $5d$（d 系指 JLL 顶部较粗纵向钢筋的直径）时，该 JLL 的两端就要分别按照图 1.4-20（b）和图 1.4-20（c）区别对待。

【特别提示 3】　当某 JLL 的混凝土强度等级与基础的混凝土强度等级不同时，要用基础联系梁（基础连梁）的钢筋等级和直径、基础的混凝土强度等级（有抗震设防要求时，还要注意基础的抗震等级）查表计算 l_a（或 l_{aE}）。

【特别提示 4】　基础联系梁（基础连梁）JLL 的混凝土保护层厚度，上下左右均可取 25mm。

【特别提示 5】　当基础联系梁（基础连梁）距离这个基础所承载的柱外边缘大于或等

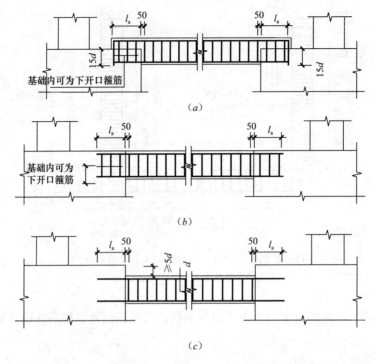

图 1.4-20　从基础边缘开始进行锚固的单跨基础联系梁 JLLxx（1）钢筋构造示意

（a）联系梁顶面高于基础但联系梁底面低于基础顶面；（b）联系梁顶面与基础顶面一平或联系梁顶面低
于基础顶面小于 5d；（c）基础联系梁顶面低于基础顶面大于或等于 5d

于 l_a 时，即使基础联系梁（基础连梁）底面标高高于基础顶面，也可以将 JLL 竖直拐弯就近锚入基础，不与柱筋拉结，因为基础联系梁（基础连梁）JLL 只是基础部件的拉结。拉到柱上就使力学模型发生混乱。

3 种基本基础联系梁经过组合得到 6 种基础联系梁，如图 1.4-21 所示。

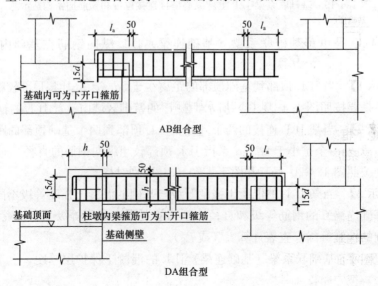

图 1.4-21　6 种基础联系梁

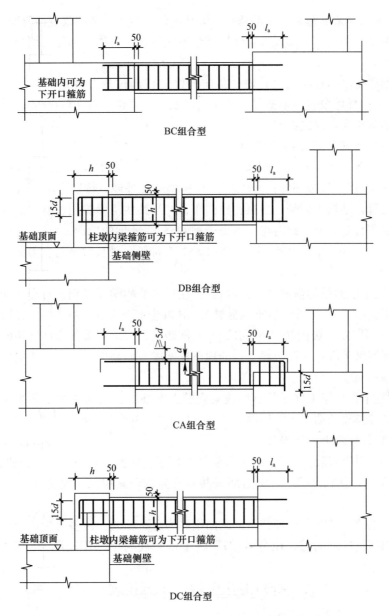

图 1.4-21　6种基础联系梁（续）

1.4.6　地下框架梁 DKL 的表示方法与钢筋构造

地下框架梁系指设置在基础顶面以上且低于房屋建筑标高±0.000m（室内地面）并以框架柱为支座的梁。

设置地下框架梁的结构目的意义与设置基础联系梁结构目的意义有相同的作用，就是拉结基础部件，调剂各基础之间的差异沉降；不同的是，地下框架梁可以缓解上部框架结构的侧移，这是在基础顶面以下的基础联系梁不能做到的。从这个角度讲，11G101-3《混凝土结构施工图平面整体表示方法制图规则和构造详图》（独立基础、条形基础、筏形基础、桩基承台）把它叫做基础联系梁是值得商榷的，它的地下框架梁的结构力学属性和在结构中的作用，不会随11G101-3《混凝土结构施工图平面整体表示方法制图规则和构造详图》（独立基础、条形基础、筏形基础、桩基承台）对其叫法的改变而改变。

地下框架梁的平法施工图设计，除梁编号不同以外，其集中标注与原位标注的内容与楼层框架梁相同。

地下框架梁是因为在结构设计时，竖向构件侧移超过规范规定，为了减小侧移而在±0.000m以下的柱体设置的框架梁。从这点出发，高度越接近±0.000m，对减小竖向构件侧移的贡献就越大，反之亦然。

（1）地下框架梁 DKL 的表示方法

1）编号：DKLxx（yy）、DKLxx（yyA）、DKLxx（yyB），yy 表示 yy 跨，端部无外伸；yyA 表示 yy 跨一端带外伸；yyB 表示 yy 跨两端带外伸。特别提示：DKL 是为了减小柱的侧移而设置，结构工程师一般仅在柱间布置，当某些房屋首层设有"结构板"时，因为建筑物底层阳台等需要，此时也会考虑个别 DKL 带外伸的情形。

2）截面尺寸：b×h 无加腋，b×h Yc1×c2 有加腋，腋长数字写在前面，腋高数字写在后面。

3）注写地下框架梁的箍筋（必注内容）。注写箍筋的钢筋级别、直径、加密区与非加密区间距，用斜线"/"分开，箍筋（肢数）。例如 ⏀12@100/200（4），表示该地下框架梁加密区采用 HRB335 级钢筋，直径12mm，间距@100mm，非加密区间距@200mm，全是 4 肢箍，加密区范围：一级抗震 2 倍的地下框架梁截面高度，二级～四级抗震 1.5 倍的地下框架梁截面高度。

4）标注地下框架梁上部通长钢筋或架立筋。上部通长钢筋或架立筋为必注内容，同排架立筋写在该排通长筋"+"后面的"（ ）"内，当承台梁底部贯通钢筋多于一排时，用斜线"/"将各排自上而下隔开。

例：2⏀22 用于双肢箍，2⏀22+（4⏀12）用于 6 肢箍，其中 2⏀22 为通长钢筋，4⏀12 为架立钢筋；6⏀22 4/2，表示上部一共有 6⏀22，其中第一排为 4⏀22，第二排为2⏀22。

当地下框架梁上部纵向钢筋与下部纵向钢筋为全跨相同，且多跨配筋相同时，此处可加注下部纵向钢筋的配筋值，用分号"；"将上部配筋与下部配筋隔开，少数跨不同者，通过原位标注来解决。

例：4⏀25；4⏀22 表示梁的上部配置 4⏀25 的通长钢筋，梁的下部配置 4⏀22 的通长钢筋。

还有，当同排有 2 种规格的钢筋时，11G101-1《混凝土结构施工图平面整体表示方法制图规则和构造详图》（现浇混凝土框架、剪力墙、梁板）目前还没有给出统一的注写规则，在此我们给出一个注写建议：同排不同规格钢筋用"&"并列。

例：2⏀25&2⏀22；2⏀22&2⏀20 表示梁的上部配置 2⏀25 的通长角部钢筋和 2⏀22 的内部钢筋；梁的下部配置 2⏀22 的通长角部钢筋和 2⏀20 的通长内部钢筋。

这种标注也是平法看图问世以来，不少设计机构的积极创举。

5）地下框架梁下部钢筋由原位标注写明。

6）标注地下框架梁侧面构造钢筋或受扭钢筋。

构造钢筋以大写字母 G 开头，排布于地下框架梁侧面纵向。

例：G6⏀10，表示地下框架梁每个侧面各配置 3⏀10，两侧共配置 6⏀10 纵向构造钢筋。

受扭钢筋以大写字母 N 开头，排布于地下框架梁的侧面，用于抗扭。

例：N8Φ16，表示地下框架梁每个侧面各配置 4Φ16，两侧共配置 8Φ16 纵向受扭钢筋。

7）标注地下框架梁底面相对标高的高差。

当一栋建筑物中个别地下框架梁底面标高与大多数基础联系梁（基础连梁）的标高不同时，将该基础联系梁（基础连梁）的底面标高写在"（ ）"内，无相对标高的高差时不注。

8）当个别地下框架梁的设计有特殊要求时，需加写必要的文字注解。

（2）地下框架梁 DKL 的构造

地下框架梁 DKL 上部贯通钢筋与上部框架梁的构造一样，如果是等直径的钢筋，可以在全跨拉通设置或在跨中 1/3 区域一次连接；如果是贯通钢筋直径小于支座上部纵向钢筋，可以在跨中 1/3 区域内两处连接，连接长度为 l_{aE}（有抗震设防要求时）或 l_a（非抗震时）。图 1.4-22 给出了纵向钢筋构造示意。

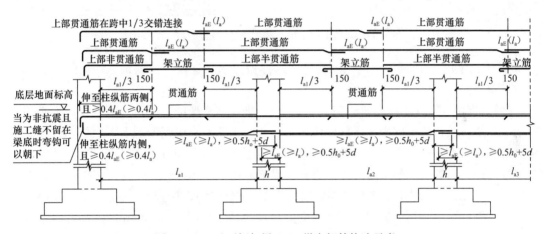

图 1.4-22　地下框架梁 DKL 纵向钢筋构造示意

地下框架梁 DKL 上部支座受力钢筋与上部跨中架立钢筋的连接长度取 150mm 就可以了。为防止端点绑丝脱漏，宜在光面架立钢筋的端部，设置 180°弯钩。

地下框架梁 DKL 上部支座受力如配有两排钢筋，其断点可取各跨自身跨度的 1/4。

【特别提示 1】　地下框架梁 DKL 上部一排钢筋的截断点跨度 1/3 的取值是该跨实际长度的 1/3，这与上部结构 KL 在支座两侧均取左右两跨较大值的 1/3 是不同的。

地下框架梁 DKL 下部钢筋，在端支座伸至柱纵向钢筋的内侧，且$\geqslant 0.4 l_{aE}$（$\geqslant 0.4 l_a$）+15d 锚入柱内。在中间支座，能连续通过就连续通过，不能连续通过时必须满足$\geqslant l_{aE}$（$\geqslant l_a$），且$\geqslant 0.5 h_c + 5d$。

地下框架梁 DKL 的箍筋，不需要在柱内设置，可以在离开柱边缘 50mm 处开始设置，如图 1.4-23 所示。

【特别提示 2】　地下框架梁顶面以下开始到基础顶面以上范围的柱箍筋，同地下框架梁顶面以上首层柱下端的加密箍规格。

【特别提示 3】　地下框架梁顶面如果不承载首层结构板，即首层不做板，在回填土上做地坪，地下框架梁在两个正交方向的梁中某一个方向的梁底和梁顶可以各下降 25～

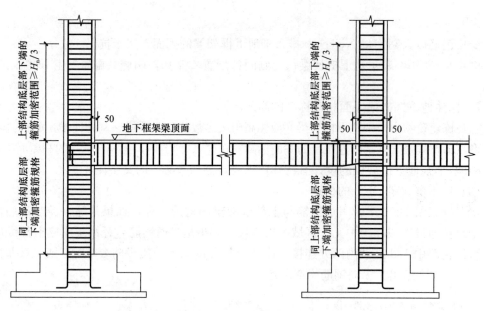

图 1.4-23　地下框架梁与相关连柱的箍筋构造示意

50mm，便于两个方向梁的纵向钢筋排布。这样做，木工支模可能复杂一些，但钢筋工做活就简单一些。

【特别提示4】　对图1.4-23还有一项解读，即深入支座的钢筋，上下叠合，不必刻意打弯，只是自然弯曲，图中上下间隙仅仅是让我们看清楚两根钢筋的上下叠放，叠放后要可靠绑扎，只有对每两根上下叠合的钢筋可靠绑扎，方可以在节点或DKL其他纵向钢筋连接部位创造出混凝土的下行通道。譬如某梁节点用直径25mm的钢筋，同排钢筋的横向净尺寸为50mm，如果上下叠合排布，同排钢筋的横向净尺寸理论上还是50mm，如果水平插空排布，同排钢筋的横向净尺寸理论上只有（50－25)/2＝12.5mm，就是人们常讲的"形成了钢板——混凝土没有下行通道"。在设计施工中，开动脑筋，事先想办法进行控制，在细节上求精，还是有许多提升的空间。

1.4.7　基础圈梁 JCQL 的表示方法与钢筋构造

（1）基础圈梁 JCQL 的表示方法

砌体结构在基础顶面以上、±0.000m以下沿砌体墙水平方向设置的封闭状的梁式构件，注明了圈梁标高，也可以用代号QL表示。

基础圈梁JCQL的标注在G101系列图集中还没有给出，11G101-3《混凝土结构施工图平面整体表示方法制图规则和构造详图》（独立基础、条形基础、筏形基础、桩基承台）将设置在条形基础顶面以下的纵向钢筋加强带称为基础圈梁，与《砌体结构设计规范》（GB 50003—2010）的圈梁是没有任何相通之处的，11G101-3《混凝土结构施工图平面整体表示方法制图规则和构造详图》（独立基础、条形基础、筏形基础、桩基承台）的JQL不是圈砌体的。在墙中设置现浇钢筋混凝土圈梁的目的是为增强房屋的整体刚度，防止由于地基的不均匀沉降或较大振动荷载等对房屋引起的不利影响。建筑在软弱地基或不均匀地基上的砌体房屋，就需要设置基础圈梁，这也是现行国家标准《建筑地基基础设计规范》（GB 50007—2010）的一项规定。

这里讨论的是砌体结构中基础圈梁 JCQL 的平法拓展标注，例如 JCQL：240×180，
-0.600，6 Φ 14/Φ 8@200，表示某基础圈梁，宽 240mm，高 180mm，顶面标高为
-0.600m，纵向钢筋上下各 3 Φ 14，总共 6 Φ 14，箍筋为 Φ8@200mm。

（2）基础圈梁 JCQL 的钢筋构造

图 1.4-24 中给出了某 7 度抗震设防地区房屋的基础圈梁构造。更多的构造要求，请
读者阅读国家建筑标准设计图集 11G329-2《建筑物抗震构造详图》（多层砌体房屋和底部
框架砌体房屋）。

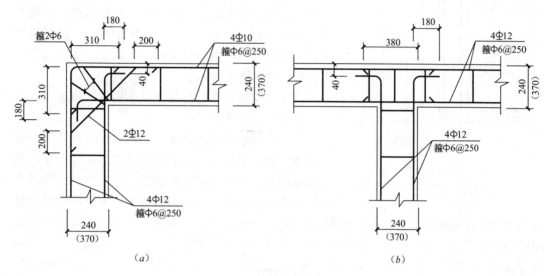

图 1.4-24　某 7 度设防的基础圈梁示意
（a）墙转角连接；（b）纵横墙连接

1.5　基础插筋

1.5.1　柱插筋

柱插筋在基础顶面以上的长度，要依据基础顶面以上结构的抗震等级、基础顶面到上
层梁底面以下的最大值 $H_{n,max}$、柱混凝土强度等级、钢筋强度等级和直径、设计指定或施
工组织设计明确的钢筋连接方式与接头百分率等项因素计算确定。这里的 $H_{n,max}$ 在某柱北
东南西 4 个方向梁底标高相同时，就是 H_n；当某柱北东南西 4 个方向梁底标高各不相同
时，就要对 4 个方向的 H_n 进行比较，取最大值 $H_{n,max}$，如图 1.5-1 所示。

柱插筋在基础顶面以下的长度，要依据首层柱抗震等级、基础顶面到基础底板上层钢
筋以上的最大插入深度值 $l_{c,max}$、基础的混凝土强度等级、钢筋强度等级和直径、同一连接
区域接头面积百分率等项因素计算确定。

从基础顶面以上插筋长度示意图（图 1.5-2），我们看到，不同的接头面积百分率，有
不同的连接高度，在进行基础插筋规划时，必须考虑这个不同高度。

当基础顶面以上的层高不高时，通常不要在基础顶面以上的底部连接区这个高度截
断。这里我们所说的基础顶面以上层高不高是指，从基础底板钢筋上方到基础顶面以上的
上一层的底部连接区长度不大于定尺钢筋的长度。

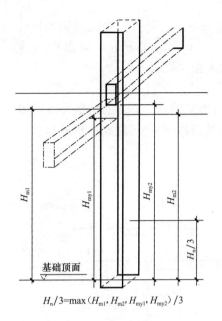

$H_n/3 = \max(H_{m1}, H_{m2}, H_{my1}, H_{my2})/3$

图 1.5-1　柱插筋长度最大
$H_{n,max}$ 示意图

发达国家的设计与施工采用定尺钢筋 n 层直通的方式，一般住宅类工程，每 3 层才设置一组竖向钢筋连接接头。

基础顶面以下的插筋长度，当基础高度较小时，柱全部钢筋应伸到基础底板钢筋的上方（图 1.5-3）。插筋的下端宜做成直钩，放在基础底板钢筋网上。当柱为轴心受压或小偏心受压时，基础高度大于或等于 1200mm 或者柱为大偏心受压时，基础高度大于或等于 1400mm 时，可仅将 4 角的插筋伸至底板钢筋网上，其余插筋锚固在基础顶面下 l_a 或 l_{aE}（有抗震设防要求时）处（图 1.5-4）。

这里的基础高度泛指独立基础高度、桩基承台高度和基础梁高度等。

当 1200mm≤基础高度<1400mm 时，具体的柱子究竟是轴心受压或小偏心受压还是大偏心受压，只有具体项目的设计计算人员知道，施工人员、监理人员因为没有参与设计计算而不知道，如果结构设计总说明中已经有明确的要求，就遵循设计要求。如果设计人员没有在结构设计总说明中提出明确的要求，现给出两种对待这个问题的解决方法：第一种方法是，在设计交底时，询问设计人员，请设计人员予以明确；第二种方法是，当 1200mm≤基础高度<1400mm 时，全部插筋均伸至底板钢筋网上，这样做偏于安全。

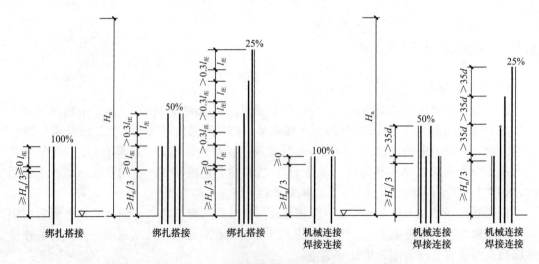

图 1.5-2　基础顶面以上插筋长度示意图

图 1.5-3 和图 1.5-4 中 90°弯钩的水平投影长度 a 值是由插筋竖直段的高度相当于抗震锚固长度 l_{aE}（锚固长度 l_a）的百分率依据表 1.5 来确定的。竖直段越小，水平段越长。

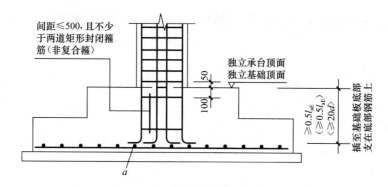

图 1.5-3 柱插筋在独立基础或独立承台的锚固构造（一）

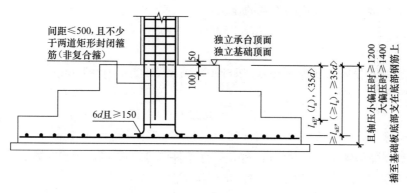

图 1.5-4 柱插筋在独立基础或独立承台的锚固构造（二）

（"〈 〉"中的第三个锚长控制条件仅适用于独立承台）

柱、墙插筋锚固竖直长度与弯钩长度对照（mm）　　　　　表 1.5

竖直长度	弯钩长度
$\geqslant 0.5l_{aE}$（$\geqslant 0.5l_a$）	$12d$ 且 $\geqslant 150$
$\geqslant 0.6l_{aE}$（$\geqslant 0.6l_a$）	$12d$ 且 $\geqslant 150$
$\geqslant 0.7l_{aE}$（$\geqslant 0.7l_a$）	$12d$ 且 $\geqslant 150$
$\geqslant 0.8l_{aE}$（$\geqslant 0.8l_a$）	$12d$ 且 $\geqslant 150$

注：11G101-3《混凝土结构施工图平面整体表示方法制图规则和构造详图》（独立基础、条形基础、筏形基础、桩基承台）不再保留本表。

【算例 1】 已知：某柱抗震等级为二级，基础顶面到首层梁底面以下的最大值 $H_{n,max}=$ 6510mm，柱混凝土强度等级为 C40，钢筋强度等级为 HRB400，钢筋直径为 20mm，已经明确采用绑扎搭接方式进行钢筋连接，接头面积百分率按照 50% 控制。独立基础抗震等级为三级，独立基础高度为 750mm，基础混凝土强度等级为 C30，有垫层，基础底板钢筋直径双层均为 16mm 带肋钢筋。

求：基础插筋长度。

解：

1）基础顶面以上长度

$$H_n/3=6510/3=2170\text{mm}$$

二级抗震，C40 混凝土，HRB400 级钢筋，直径为 20mm 时的抗震锚固长度为 $34d=$

680mm，接头面积百分率为 50%，纵向受拉钢筋的抗震绑扎搭接长度 $l_{lE}=1.4\times680=952mm$。

所以基础顶面以上两种长度分别为：

较低处：$\qquad H_n/3+l_{lE}=2170+952=3122mm$

较高处：$\qquad H_n/3+2.3l_{lE}=2170+2.3\times952=4360mm$

2）基础顶面以下长度

独立基础三级抗震，C30 混凝土，HRB400 级钢筋，直径为 20mm 时的抗震锚固长度为 $37d=740mm$。

伸入到基础底板钢筋网上表面的竖直段高度

$$750-40-2\times(16+2)=674mm$$

竖直段高度相对于抗震锚固长度的比例：

$$674\div740=0.9108$$

表明竖直段高度 $>0.8l_{aE}$，

此时，水平段投影长度可取 $\max(6d,150)=\max(120,150)=150mm$

3）插筋长度

较低处：$\qquad H_n/3+l_{lE}+674+150=3122+674+150=3946mm$

较高处：$\qquad H_n/3+2.3l_{lE}+674+150=4360+674+150=5184mm$

【算例2】 除基础高度为 600mm 外，其他条件同【算例1】，试确定插筋长度。

解：伸入到基础底板钢筋网上表面的竖直段高度：

$$600-40-2\times(16+2)=524mm$$

竖直段高度相对于抗震锚固长度的比例：

$$524\div740=0.7081$$

表明竖直段高度 $>0.7l_{aE}$，

此时，水平段投影长度可取 $\max(8d,150)=\max(160,150)=160mm$

所以，插筋长度：

较低处：$\qquad H_n/3+l_{lE}+524+160=3122+524+160=3806mm$

较高处：$\qquad H_n/3+2.3l_{lE}+524+160=4360+524+160=5044mm$

柱在基础梁、基础主梁、基础次梁、条形基础梁中的插筋计算与在独立基础或桩基承台内的算法是一致的，只要将这些梁高代入这里的基础高度即可。

柱在筏板中的锚固，可分三种情况区别对待：

首先来看基础板厚度 $h\leqslant2000mm$ 的情况，柱筋在基础板面以下要锚入基础板，具体伸至基础板底部两个方向钢筋的上面，如图 1.5-5 所示。

其次来看基础板厚度 $h>2000mm$ 的情况，当基础底板厚度 $h>2000mm$ 且设有上、中、下 3 层钢筋时，柱子钢筋插至中部，支在中层钢筋上，如图 1.5-6 所示。旧图集给出这个构造，11G101-3《混凝土结构施工图平面整体表示方法制图规则和构造详图》（独立基础、条形基础、筏形基础、桩基承台）没有给出这个构造，把插筋在较厚筏板内锚固的决定权还给具体设计。筏板厚度 $>2000mm$，有许多情况：筏板厚度 $=2100mm$ 时，锚固1050mm 还不过分；筏板厚度 $=2500mm$ 时，锚固 1250mm；筏板厚度 $=3000mm$ 时，锚固1500mm；筏板厚度 $=3500mm$ 时，锚固 1750mm；筏板厚度 $=4000mm$ 时，锚固

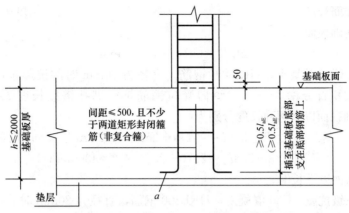

間距≤500,且不少
于两道矩形封闭箍
筋(非复合箍)

$\geq 0.5l_{aE}$
$(\geq 0.5l_{aE})$

插至基础板底部
支在底部钢筋上

$h \leqslant 2000$
基础板厚

50

基础板面

垫层

a

11G101-3《混凝土结构施工图平面整体表示方法制图规
则和构造详图》(独立基础、条形基础、筏形基础、桩
基承台)$a=6d$且$\geqslant 150$mm

图 1.5-5　柱插筋构造（一）

2000mm；筏板厚度＝4500mm 时，锚固 2250mm；筏板厚度＝5000mm 时，锚固
2500mm；这就违背了《混凝土结构设计规范》GB 50010—2010 的锚固原则，给业界插筋
造成一定的负面影响，所以图集修订时把做主权还给具体设计，不再沿用图 1.5-6 的
做法。

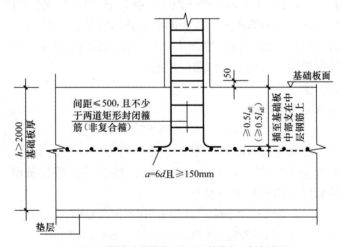

間距≤500,且不少
于两道矩形封闭箍
筋(非复合箍)

$\geq 0.5l_{aE}$
$(\geq 0.5l_{aE})$

插至基础板
中部支在中
层钢筋上

$h > 2000$
基础板厚

50

基础板面

垫层

$a=6d$ 且 $\geqslant 150$mm

11G101-3《混凝土结构施工图平面整体表示方法制图规
则和构造详图》(独立基础、条形基础、筏形基础、桩
基承台)不再给出本节点

图 1.5-6　柱插筋构造（二）

【算例 3】 已知：某柱抗震等级为二级，基础顶面到上层梁底面以下的最大值 $H_{n,max}=$
6510mm，柱混凝土强度等级为 C40，钢筋强度等级为 HRB400，钢筋直径为 20mm，已经
明确采用绑扎搭接方式进行钢筋连接，接头面积百分率按照 50% 控制。

　　筏形基础抗震等级为三级，筏板厚度为 1500mm，混凝土强度等级为 C30，有垫层，
基础筏板双层钢筋均为直径 20mm 带肋钢筋。

求：基础插筋长度。

解：（1）基础顶面以上长度

$$H_n/3 = 6510/3 = 2170\text{mm}$$

二级抗震，C40 混凝土，HRB400 钢筋，直径为 20mm 时的抗震锚固长度为 $34d =$ 680mm，接头面积百分率为 50%，纵向受拉钢筋抗震绑扎搭接长度 $l_{lE} = 1.4 \times 680 =$ 952mm，故基础顶面以上两种长度分别为：

较低处：$\qquad H_n/3 + l_{lE} = 2170 + 952 = 3122\text{mm}$

较高处：$\qquad H_n/3 + 2.3l_{lE} = 2170 + 2.3 \times 952 = 4360\text{mm}$

（2）基础顶面以下长度

筏形基础三级抗震，C30 混凝土，HRB400 钢筋，直径为 20mm 时的抗震锚固长度为 $37d = 740\text{mm}$。

伸入到基础筏板底部钢筋网上表面的竖直段高度：$1500 - 40 - 2 \times (20 + 2) = 1416\text{mm}$

竖直段高度相对于抗震锚固长度的比例：$1416 \div 740 = 1.9135$，表明竖直段高度大于 $0.8l_{aE}$，此时，水平段投影可取 $\max(6d, 150) = \max(120, 150) = 150\text{mm}$。

（3）插筋长度

较低处：$\qquad H_n/3 + l_{lE} + 1416 + 150 = 3122 + 1416 + 150 = 4688\text{mm}$

较高处：$\qquad H_n/3 + 2.3l_{lE} + 1416 + 150 = 4360 + 1416 + 150 = 5926\text{mm}$

【算例 4】已知：某柱抗震等级为二级，基础顶面到上层梁底面以下的最大值 $H_{n,\max} =$ 6510mm，柱混凝土强度等级为 C40，钢筋强度等级为 HRB400，钢筋直径为 20mm，已经明确采用绑扎搭接方式进行钢筋连接，接头面积百分率按照 25% 控制。

筏形基础抗震等级为三级，筏板厚度为 2100mm，混凝土强度等级为 C30，有垫层，基础板上中下各层钢筋均为直径 20mm 带肋钢筋。

求：基础插筋长度。

解：（1）基础顶面以上长度

$$H_n/3 = 6510/3 = 2170\text{mm}$$

二级抗震，C40 混凝土，HRB400 钢筋，直径为 20mm 时的抗震锚固长度为 $34d =$ 680mm，接头面积百分率为 25%，纵向受拉钢筋的抗震绑扎搭接长度 $l_{lE} = 1.2 \times 680 =$ 816mm，故基础顶面以上四种长度分别为：

最低处：$\qquad H_n/3 + l_{lE} = 2170 + 816 = 3122\text{mm}$

较低处：$\qquad H_n/3 + 2.3l_{lE} = 2170 + 2.3 \times 816 = 3947\text{mm}$

较高处：$\qquad H_n/3 + 3.6l_{lE} = 2170 + 3.6 \times 816 = 5108\text{mm}$

最高处：$\qquad H_n/3 + 4.9l_{lE} = 2170 + 4.9 \times 816 = 6168\text{mm}$

插筋最高位置 $6168 - 6510 \times 5/6 > 0$，说明插筋顶部的连接区已经进入柱顶的箍筋加密区，所以原定的绑扎搭接方式不合适，需改用焊接连接方式，此时，基础顶面以上四种长度分别为：

最低处：$\qquad H_n/3 = 2170\text{mm}$

较低处：$\qquad H_n/3 + 35d = 2170 + 700 = 2870\text{mm}$

较高处：$\qquad H_n/3 + 70d = 2170 + 1400 = 3570\text{mm}$

最高处：$\qquad H_n/3 + 105d = 2170 + 2100 = 4270\text{mm}$

（2）基础顶面以下长度

筏形基础三级抗震，C30 混凝土，HRB400 钢筋，直径为 20mm 时的抗震锚固长度为 $37d=740$mm。

伸入到基础板中层钢筋网上表面的竖直段高度 $[2100-40-2\times(20+2)]\div2-2\times(20+2)=964$mm

竖直段高度相对于抗震锚固长度的比例 $964\div740=1.3027$，表明竖直段高度大于 $0.8l_{aE}$，此时，水平段投影可取 $\max(6d,150)=\max(120,150)=150$mm。

（3）插筋长度

最低处： $H_n/3+964+150=2170+964+150=3284$mm

较低处： $H_n/3+35d+964+150=2870+964+150=3984$mm

较高处： $H_n/3+70d+964+150=3570+964+150=4684$mm

最高处： $H_n/3+105d+964+150=4270+964+150=5384$mm

1.5.2　墙插筋

墙插筋在基础顶面以上的长度，要依据基础顶面以上墙的抗震等级、钢筋强度等级、钢筋连接方式等项因素来计算（图 1.5-7、图 1.5-8）。

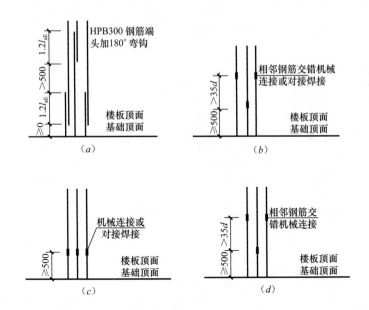

图 1.5-7　约束边缘构件纵向钢筋连接构造示意

（a）一、二级抗震等级剪力墙竖向分布钢筋直径≤28 时钢筋搭接构造；（b）一、二级抗震等级剪力墙竖向分布钢筋直径≤28 时采用机械连接或对接焊接；（c）三、四级抗震等级或非抗震剪力墙竖向分布钢筋直径≤28 时采用机械连接或对接焊接；（d）各级抗震等级钢筋直径>28 时采用机械连接

墙在基础顶面以下的钢筋锚固分条形基础、承台梁和筏形基础三种情况。

条形基础墙插筋要插至基础底板底部钢筋的上方，支在底部钢筋网上，如图 1.5-9 所示。当≤$0.5l_{aE}(0.5l_a)$ 时，竖直段＋水平段的和必须≥$l_{aE}(l_a)$。

承台梁的墙插筋要插到桩顶，如图 1.5-10 所示，当≤$0.5l_{aE}(0.5l_a)$ 时，竖直段＋水平段的和必须≥$l_{aE}(l_a)$。

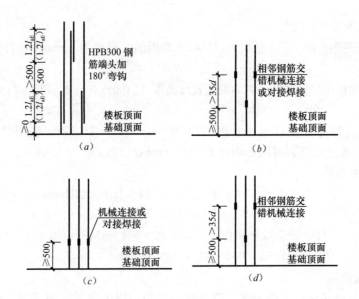

图 1.5-8　边缘构件纵向钢筋连接构造示意

(a) 钢筋直径≤28 时钢筋搭接构造；(b) 一、二级抗震等级剪力墙竖向分布钢筋直径≤28 时相邻钢筋交错机械连接或对接焊接；(c) 三、四级抗震等级或非抗震剪力墙竖向分布钢筋直径≤28 时采用机械连接或对接焊接；(d) 钢筋直径>28 时采用机械连接

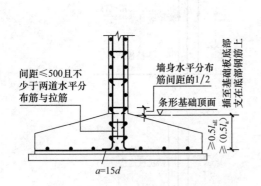

图 1.5-9　墙插筋在条形基础的锚固构造示意

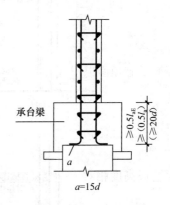

图 1.5-10　墙插筋在承台梁的锚固构造示意

墙在筏板中的锚固，可分两种情况区别对待。

首先来看筏板厚度 h≤2000mm 的情况。柱筋在基础板面以下要锚入基础板，具体伸至基础板底部两个方向钢筋的上面，基础筏板底部与顶部配置钢筋网（图 1.5-11）。

其次来看基础板厚度 h>2000mm 的情况。当基础底板厚度 h>2000mm 且设有上层钢筋上，且基础筏板底部、顶部与中部均配置钢筋网如图 1.5-12 所示。厚度>2000mm 很多时，按具体设计要求。

【算例5】已知：某墙抗震等级为二级，墙混凝土强度等级为 C40，钢筋强度等级为 HRB400，钢筋直径为 14mm，已知明确采用绑扎搭接方式进行钢筋连接，接头面积百分率按照 50% 控制。

筏形基础抗震等级为三级，基础筏板厚度为 1000mm，混凝土强度等级为 C30，有垫层，基础筏板上中下各层钢筋直径均为 20mm 带肋钢筋。

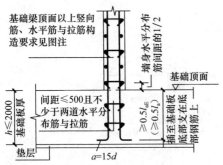

11G101-3《混凝土结构施工图平面整体表示方法制图规则和构造详图》（独立基础、条形基础、筏形基础、桩基承台）将限制条件由0.5改为0.6。

图 1.5-11　墙插筋构造（一）

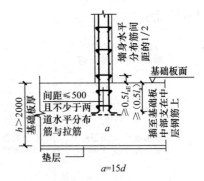

11G101-3《混凝土结构施工图平面整体表示方法制图规则和构造详图》（独立基础、条形基础、筏形基础、桩基承台）将限制条件由0.5改为0.6。

图 1.5-12　墙插筋构造（二）

求：基础插筋长度。

解：（1）基础顶面以上长度

二级抗震，C40 混凝土，HRB400 级钢筋，直径为 14mm 时的抗震锚固长度为 $34d=$ 476mm，接头面积百分率为 50%，纵向受拉钢筋的抗震绑扎搭接长度 $l_{lE}=1.2\times476=$ 572mm

基础顶面以上 2 种长度分别为：

较低处：　　　　　　$1.2l_{lE}=1.2\times572$（mm）$=686$mm

较高处：　　　　　　$2.4l_{lE}+500$mm$=2.4\times572+500$mm$=1872$mm

（2）基础顶面以下长度

筏形基础，三级抗震，C30 混凝土，HRB400 级钢筋，直径为 14mm 时的抗震锚固长度为 $37d=518$mm。

伸入到基础筏板底部钢筋网上表面的竖直段高度

$$1000-40-2\times(20+2)=916\text{mm}$$

竖直段高度相对于抗震锚固长度的比例：

$$916\div518=1.7683$$

表明竖直段高度$>0.8l_{aE}$，

此时，水平段投影可取 $\max(6d,150)=\max(84,150)=150$mm

（3）插筋长度

最低处：　　　　　　$686+916+150=1752$mm

较高处：　　　　　　$1872+916+150=2938$mm

1.6　梁板式筏形基础

1.6.1　梁板式筏形基础的分类和构件编号

按照平法规则绘制的梁板式筏形基础设计施工图如图 1.6-1 所示。在 11G101-3《混凝土结构施工图平面整体表示方法制图规则和构造详图》（独立基础、条形基础、筏形基础、桩基承台）及实际工程中，筏形基础可以做成地下室底板，也可以做成一般的基础（地下空间不利用）。

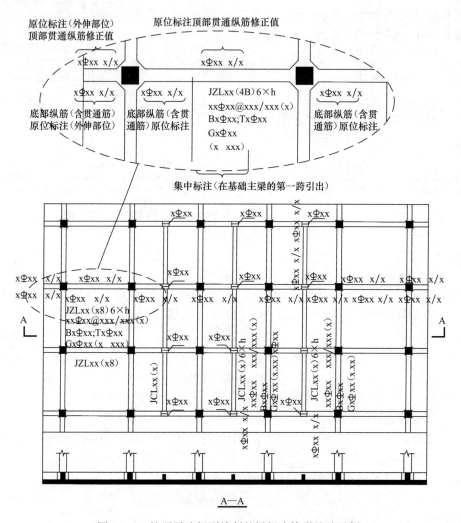

图 1.6-1　按照平法规则绘制的梁板式筏形基础示例

梁板式筏形基础由基础主梁 JL、基础梁 JCL 和基础平板 LPB 三部分构成。通常有正梁筏形基础 [图 1.6-2 (a)] 和反梁筏形基础 [图 1.6-2 (b)] 两种不同的做法。利用筏形基础直接做地下室毛地坪的，通常做成反梁筏形基础，梁板式筏形基础构件的编号见表 1.6-1。

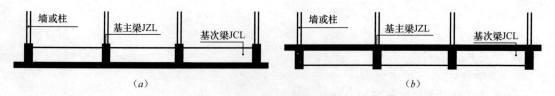

图 1.6-2　正梁筏形基础与反梁筏形基础
(a) 正梁筏形基础（梁下板）；(b) 反梁筏形基础（梁上板）

表 1.6-1 梁板式筏形基础构件编号，"跨数及有否外伸"栏目中的 xx 表示无外伸，

xxA 表示一端有外伸，xxB 表示两端均有外伸，外伸不计入跨数。例如 JL4（6A）表示某工程的第 4 号基础主梁 6 跨，仅一端有外伸；JL5（4B）表示某工程的第 5 号基础主梁，4 跨，两端均有外伸。JCL6（4B）表示某工程的第 6 号基础次梁，4 跨，两端均有外伸。

梁板式筏形基础构件编号　　　　　　　　　　　　　　　　表 1.6-1

构建类型	代　号	序　号	跨数及有否外伸
基础主梁（柱下）	JL	XX	(XX) 或 (XXA) 或 (XXB)
基础次梁	JCL	XX	(XX) 或 (XXA) 或 (XXB)
梁板筏基础平板	LPB	XX	

1.6.2　梁板式筏形基础梁的标注

基础主梁与基础次梁平法注写分集中标注和原位标注两部分。

1. 集中标注

集中标注一般在第一跨（X 方向左端跨，Y 方向下端跨）引出，自上而下分别注写（第一、第二种前面要写道数），再依次写第二或第三种箍筋（此第二或第三种不写道数），不同箍筋配置之间用斜线"/"分隔。

（1）基础梁的编号；

（2）截面尺寸；

（3）梁的箍筋；

（4）梁底部与顶部的贯通钢筋；

（5）基础梁侧面构造钢筋；

（6）梁底标高高差（不是可选可不选，有高差时，必须注明）。

2. 原位标注

（1）梁端（墙柱构件植栽点）的底部钢筋；

（2）基础梁的附加箍筋；

（3）基础梁外伸变高度；

（4）其他修正的内容。

仅采用一种箍筋间距时，只注写钢筋级别、直径、间距和肢数即可；当设计采用两种或者三种箍筋间距时，先注写梁两端的第一种或第一、第二种箍筋。

【例 1】　13 ⌀ 12@150/250（4），表示这根基础梁的箍筋有两种间距，箍筋采用 HRB335 级钢筋，直径 12mm，从梁两端到跨中，先各布置 13 道间距为 150 的箍筋（一端分布范围＝50＋150×（13−1）＝1850mm），中间剩下区段箍筋的间距为 250mm，均为 4 肢箍。

【例 2】　9 ⌀ 14@100/12 ⌀ 14@150/200（6），表示这根基础梁的箍筋有三种间距，箍筋采用 HRB335 级钢筋，直径 14mm。从梁两端到跨中，先各布置 9 道间距为 100mm 的箍筋 [一端分布范围＝50＋100×（9−1）＝850mm]，再布置 12 道间距为 150mm 的箍筋（一端分布范围＝150×12＝1800mm），第一、第二两种间距的箍筋每端各占用长度为 850＋1800＝2650mm，中间剩下的长度范围＝某跨梁总净长度−2×2650，在此长度范围内设置间距为 200mm 的箍筋，均为 6 肢箍。

【特别提示 1】　例 1、例 2 的第一种箍筋，我们在计算其排布范围的时候用 50＋间距×（道数-1），在计算例2的第二种箍筋的排布长度时，直接用间距×道数，当计算中间剩下区段的箍筋道数时，用剩下区段的长度/间距向上取整-1。

【特别提示2】 在两个方向基础梁相交的柱下区域，必须有一个方向的较大的梁按梁端第一种箍筋的配置设置，这部分箍筋未在标注的道数内，需另行计取。

基础主梁JL集中标注举例：

JZL02（5B）400×900——编号为02的5跨两端带外伸基础主梁，梁截面400mm宽、900mm高；

13ϕ12@150/200（4）——梁两端各设置13道HRB335级直径12mm的4肢箍，梁中路箍筋间距为200mm；

B6ϕ22；T6ϕ22——梁底部配置6根HRB335级直径22mm的贯通钢筋；梁顶部配置6根HRB335级直径22mm的贯通钢筋；

G4ϕ14——侧向每侧设置2根HRB335级直径14mm的构造钢筋。

基础主梁JCL集中标注举例：

JCL01（3）300×750——编号为01的3跨基础次梁，梁截面300mm宽、750mm高；

ϕ12@200（2）——梁全跨设置HRB335级直径12mm的2肢箍，箍筋间距为200mm；

B4ϕ20；T4ϕ20——梁底部配4根HRB335级直径20mm的贯通钢筋；梁顶部配置4根HRB335级直径20mm的贯通钢筋；

G4ϕ12——侧向每侧设置2根HRB335级直径12mm的构造钢筋。

1.6.3 梁板式筏形基础平板LPB的平面标注

梁板式筏形基础平板LPB的平面标注，分板底部与顶部贯通纵向钢筋的集中标注与底部附加非贯通纵向钢筋的原位标注。集水坑、电梯井的附加钢筋也在原位注写。

梁板式筏形基础平板LPB的平面标注，应分区格分别进行。

集中标注的内容：

（1）按表1.6-2要求注写平板的编号。

梁板式筏形基础构件的编号   表1.6-2

构建类型	代 号	序 号	跨数及有否外伸
基础主梁（柱下）	JL	xx	（xx）或（xxA）或（xxB）
基础次梁	JCL	xx	（xx）或（xxA）或（xxB）
梁板式筏形基础平板	LPB	xx	

注：1. （xxA）为一端有外伸，（xxB）为两端有外伸，外伸不计入跨数。
  例：JL7（5B）表示第7号基础主梁，5跨，两端有外伸。
  2. 对于梁板式筏形基础平板，其跨数及是否有外伸分别在X、Y两向的贯通纵筋之后表达。图面从左至右为X向，从下至上为Y向。

（2）注写基础平板的厚度。

（3）注写基础平板底部与顶部贯通纵向钢筋及长度。

例：X：Bϕ22@150；Tϕ20@150；（5B）；Y：Bϕ20@200；Tϕ18@200；（7A）；表示X方向底部配置直径22mm间距为150mm的贯通钢筋，集中标注与底部附加非贯通纵向钢筋，顶部配置直径20mm间距为150mm的贯通钢筋，纵向总长度5跨两端带外伸；Y方向底部配置直径20mm间距为200mm的贯通钢筋，顶部配置直径18mm间距为

200mm 的贯通钢筋，纵向总长度 7 跨一端带外伸。

（4）梁板式筏形基础平板 LPB 的平面标注小结如表 1.6-3。

梁板式筏形基础平板 LPB 标注小结表 1.6-3

集中标注说明（集中标注应在双向均为第一跨引出）		
注写标注	表达内容	附加说明
LPBxx	基础平板编号，包括编号和代号	为梁板筏形基础平板
H＝xxx	基础平板厚度	
X：BBxx@xxx TBxx@xxx；（x、xA、xB） Y：BBxx@xxx TBxx@xxx；（x、xA、xB）	X 向底部与顶部贯通纵筋强度等级、直径、问题（总长度、跨数以及无外伸） Y 向底部与顶部贯通纵筋强度等级、直径、问题（总长度、跨数以及无外伸）	底部的 1/2 至 1/3 贯通全跨，注意与非贯通纵筋组合设置具体要求，详见制图规则。顶部纵筋应全跨贯通。用"B"引导底部贯通纵筋，用"T"引导顶部贯通纵筋。xA 一端有外伸；xB 两端均有外伸；无外伸则仅注跨数 x。图面从左至右 X 向，从下至上为 Y 向
板底部附加非贯通纵筋的原位标注说明（原位标注应在基础梁下同配筋）		
注写标注	表达内容	附加说明
⊗TΦxx@xxx（x、xA、xB） ────────────── xxxx ├─ 基础梁	底部非贯通纵筋编号、强度等级、直径、间距（相同配筋横向布置的跨数有否布置到外伸部位）；自梁中线分别向两跨内的延伸长度值	当向两侧对称延伸时，可只在一侧注写延伸长度值。外伸部位的一侧延伸长度与方式按标准构造，设计不注，相同非贯通纵筋可注一处，其他放在中粗虚线上注写编号。与贯通纵筋组合设置时的具体要求详见相应制图规则
修正内容 原位注写	某部位与集中标注不同的内容	一经原位注写，就以原位标注的内容为准进行施工，不与集中标注叠加

其他内容：

1）当基础平板周边侧面设置纵向钢筋及构造钢筋时，应在图注中注明。

2）应注明基础平板边缘的封边方式与配筋。

3）当基础平板外伸变截面高度时，注明外伸部位的 h_1、h_2，h_1 为板根部截面高度，h_2 为板尽端截面高度。

4）当某区域板底有标高高差时，应注明其高差值与分布区的范围。

5）当基础平板厚度大于 2m 时，应注明设置在基础平板中部的水平构造钢筋网。

6）当在板中采用拉筋时，注明拉筋的配置及布置方式（双向或梅花双向）。

7）注明混凝土垫层厚度和强度等级。

8）结合基础主梁交叉纵筋上下的关系，当基础平板同一层面的纵筋交叉时应注明何向纵筋在下，何向纵筋在上。

注：有关标注的其他规定详见制图规则。

1.6.4 梁板式筏形基础的构造

（1）梁板式筏形基础的构造（图 1.6-3）

（2）基础梁箍筋

基础梁截面纵向钢筋外围应采用封闭箍筋，当为多肢复合箍时，其截面内箍既可采用开口箍，也可采用封闭箍。封闭箍筋的弯钩可在梁四角的任何位置，开口箍筋的开口应设

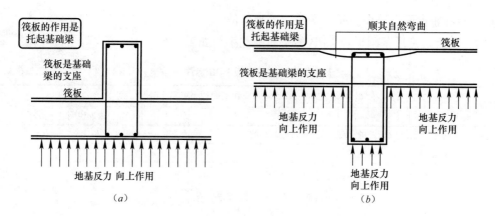

图 1.6-3 梁板式筏形基础梁板的相对关系

(a) 筏板正梁配筋构造图；(b) 筏板反梁配筋构造图

置在筏板内，即开口应当指向筏板（图 1.6-4）。

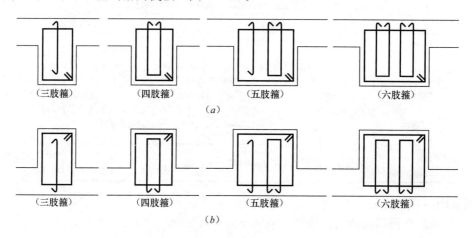

图 1.6-4 基础梁箍筋示意

(a) 基础反梁筏形基础梁的箍筋复合方式；(b) 基础正梁筏形基础梁的箍筋复合方式

（3）基础梁端部外伸构造（图 1.6-5）

基础梁底部第一排钢筋伸至距梁端一个保护层处上弯 $12d$，第二排钢筋伸至距梁端一个保护层处截断，不做 90°弯钩。当外伸部位底部纵向钢筋配置多于两排时，从第三排起的延伸长度应由具体设计人员在施工图中注明。

基础梁底部第一排钢筋伸至距梁端一个保护层处下弯 $12d$，第二排钢筋伸至距边角柱外缘一个保护层处下弯 $12d$。

（4）基础梁端部无外伸构造

04G101-3（筏形基础）和 06G101-6（独立基础、条形基础、桩基承台）都给出了基础梁端部无外伸的构造（图 1.6-6）。这三个构造都要求基础梁的底部一排钢筋和顶部一排钢筋"匚"接"匚"连。它们共同的瑕疵是基础梁外侧上下钢筋"匚"接对柱外侧钢筋没有圈围作用，基础柱纵向钢筋植栽在"开口"的基础梁当中，是不可靠节点构造。

结构工程师可以从两方面对其纠正。对梁截面高度大于或等于 800mm 的梁，可将图中的上下各排钢筋的竖向"匚"接改为同排钢筋水平"匚"接，用它们来圈围柱的外侧纵

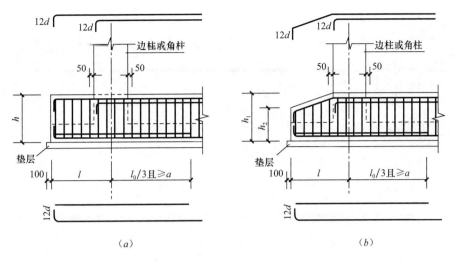

图 1.6-5　基础梁外伸构造示意

（a）端部等截面外伸构造；（b）端部变截面外伸构造

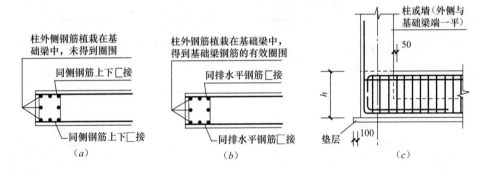

图 1.6-6　无外伸基础梁构造的改进示意

（a）图5标准构造俯视图；（b）改为水平"匚"接俯视图；（c）梁底排钢筋上弯，与柱外侧钢筋连接

向钢筋；当梁截面高度小于 800mm，已将梁底部底排钢筋上弯，与柱外侧钢筋实施连接，见图 1.6-6。

1.6.5　梁板式筏形基础的钢筋铺设层次

首先看图 1.6-7。上部结构受到向下荷载的作用，梁板就有向下弯曲的变形或变形趋势；组成基础部件的基础梁板受到地基反力的向上作用，基础梁板发生向上弯曲的变形或变形趋势，这就是业界所说的"基础梁板与上部结构梁板受力——变形相反"的道理。不管是上部荷载还是地基反力，它们都遵循传力路线最短的原则。因此，在特定的板区格，短向将比长向承受更大的力。

从表 1.6-4 可以看到，当四边支承板的短边/长边的比值为 0.5 时，短边跨中弯矩系数为 0.0401，而长边跨中弯矩系数只有 0.0038，两者的比值为 10.55：1；短边支座弯矩系数为 -0.0826，而长边支座的弯矩系数为 -0.0560，两者的比值为 1.475：1。

板属于受弯构件，也要抵抗弯矩，短方向弯矩大于长方向弯矩，对应的钢筋就需要具有比长方向更多的有效高度，这是因为所能提供的截面抵抗弯矩与截面的有效高度的 2 次幂成正比，见图 1.6-8。图中非跨中截面指墙柱植栽部位截面，也就是被 11G101-3《混凝

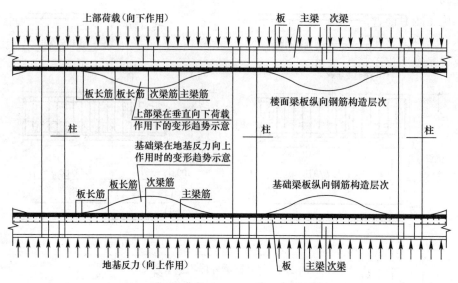

图 1.6-7　梁在力作用下的变形或变形趋势示意

四边支承板支座弯矩、跨中弯矩系数　　　　　　　　　　　　　表 1.6-4

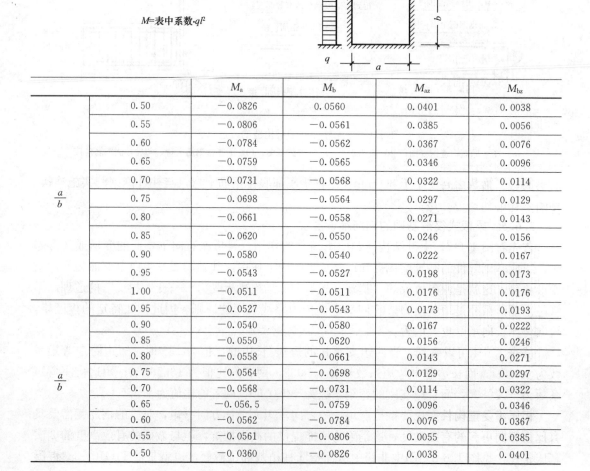

$M=$ 表中系数$\cdot ql^2$

		M_a	M_b	M_{az}	M_{bz}
$\dfrac{a}{b}$	0.50	−0.0826	0.0560	0.0401	0.0038
	0.55	−0.0806	−0.0561	0.0385	0.0056
	0.60	−0.0784	−0.0562	0.0367	0.0076
	0.65	−0.0759	−0.0565	0.0346	0.0096
	0.70	−0.0731	−0.0568	0.0322	0.0114
	0.75	−0.0698	−0.0564	0.0297	0.0129
	0.80	−0.0661	−0.0558	0.0271	0.0143
	0.85	−0.0620	−0.0550	0.0246	0.0156
	0.90	−0.0580	−0.0540	0.0222	0.0167
	0.95	−0.0543	−0.0527	0.0198	0.0173
	1.00	−0.0511	−0.0511	0.0176	0.0176
$\dfrac{a}{b}$	0.95	−0.0527	−0.0543	0.0173	0.0193
	0.90	−0.0540	−0.0580	0.0167	0.0222
	0.85	−0.0550	−0.0620	0.0156	0.0246
	0.80	−0.0558	−0.0661	0.0143	0.0271
	0.75	−0.0564	−0.0698	0.0129	0.0297
	0.70	−0.0568	−0.0731	0.0114	0.0322
	0.65	−0.056.5	−0.0759	0.0096	0.0346
	0.60	−0.0562	−0.0784	0.0076	0.0367
	0.55	−0.0561	−0.0806	0.0055	0.0385
	0.50	−0.0360	−0.0826	0.0038	0.0401

十结构施工图平面整体表示方法制图规则和构造详图》（独立基础、条形基础、筏形基础、桩基承台）称为支座的截面，植栽在筏板上墙柱是以筏板为支座，而不是给筏板提供支座，仅仅是被图集误称为"支座截面"。

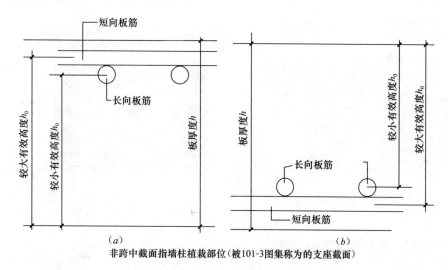

非跨中截面指墙柱植栽部位(被101-3图集称为的支座截面)

图 1.6-8　筏板有效高度示意

(a) 筏板跨中截面有效高度分析；(b) 筏板非跨中截面有效高度分析

1.6.6　梁板式筏形基础钢筋的铺设步骤

根据筏板下部钢筋短向在下的排布原则。

第一步，先铺设筏板底部区格短向钢筋，同时留出同方向梁钢筋的区域，不用铺设任何钢筋（图 1.6-9）。与同方向梁角部钢筋的距离究竟留出一个标准间距（a），还是 1/2 个标准间距（a/2），可按照具体设计确定，笔者倾向于留出一个标准间距（a）。

第二步，铺设区格筏板长向钢筋，留出同方向梁钢筋的区域（图 1.6-10）。这时底板两个方向的钢筋已经形成网片，可以绑扎网片的各节点。由于后续穿筋作业时，网片会被频繁踩踏，所以以网片的每个节点都要牢固绑扎，特别是邻近梁 1m 范围内，不要跳扎，避免后续作业造成网片偏位。

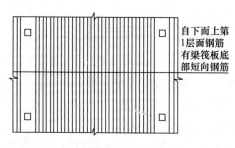

图 1.6-9　筏板底部短向钢筋铺设示意

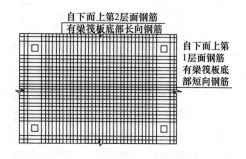

图 1.6-10　筏板底部长向钢筋铺设示意

第三步，铺设长向梁（基础次梁 JCL）钢筋（图 1.6-11）。这时基础次梁 JCL 箍筋和上部钢筋要一起套穿，套穿之后，将基础次梁骨架绑扎成形。但是近基础主梁 JL 处的 1～2 道箍筋不要绑扎，待基础主梁 JL 骨架穿筋绑扎之后再绑扎。第三步所铺设长向梁（基础次梁 JCL）钢筋，与第二步所铺设的区格筏板长向钢筋同处一个层面。

第四步，穿铺短向基础梁（基础主梁 JL）的纵向钢筋（图 1.6-12）。穿铺时，应当套穿基础主梁 JL 的箍筋。

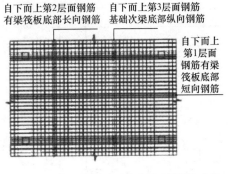

图 1.6-11　长向基础梁底部钢筋铺设示意

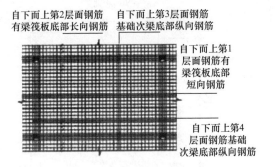

图 1.6-12　短向基础梁（基础主梁 JIL）底部纵向钢筋铺设示意

基础主梁 JL 的上部钢筋分两种情况：基础主梁 JL 与基础次梁 JCL 不等高时，上部钢筋应绑在各自的顶面；基础主梁 JL 与基础次梁 JCL 截面高度等高时，基础主梁 JL 上部纵向钢筋应从基础次梁 JCL 上部纵向钢筋上方穿越，配箍时要千万注意。

基础主梁 JL 骨架绑扎好之后，将基础次梁 JCL 靠近基础主梁 JL 的 1～2 道箍筋绑扎到位。

第五步，焊接通长支托角钢或支托钢筋，支托角钢或支托钢筋宜平行于区格短向（图 1.6-13）。支托用的钢筋直径可为 18～25mm 不等，筏板较厚的，支托用钢筋直径宜粗一些；筏板较薄的，支托用钢筋直径可细一些。支托用水平钢筋，宜采用设计的筏板上部钢筋；支托立筋的间距，取决于筏板上部钢筋的直径，或者说由筏板上部钢筋网的"刚度"决定，上部钢筋网较粗壮，支托立筋间距可大一些，譬如当上部钢筋网为 Φ22@150 双向时，支托立筋间距取（1500～1800）mm×（1500～1800）mm 就可以了；当上部钢筋网为 Φ14@200 双向时，支托立筋间距就要布置得密一些，以（800～1000）mm×（800～1000）mm 为宜。而不区分上部钢筋网片"刚度"，就笼统定义支托钢筋间距的做法是不合适的。

第六步，穿铺筏板顶部长向钢筋，从基础主梁 JL 骨架内部通过（图 1.6-14）。

图 1.6-13　沿区格短向设置支托角钢或支托钢筋示意

图 1.6-14　筏板顶部区格长向钢筋穿铺示意

第七步，穿铺筏板顶部短向钢筋，从基础次梁 JCL 骨架内部通过（图 1.6-15）。

筏板顶部两个方向钢筋穿铺完成后进行筏板顶部钢筋网片的绑扎。

机电设备预留预埋工程应当在第五步之后、第七步之前穿插施工，第七步完成之后再预埋管线就不容易设置，甚至不拆除上部钢筋就无法设置，譬如在上下层钢筋之间有直径

图 1.6-15　筏板顶部区格短向钢筋穿铺示意

为 200mm 的集水坑排水管，上部钢筋网片是 Φ22@150 双向钢筋，在上部钢筋网片安装之前，就必须先做集水坑的排水管。如果工地组织无序，就会出现返工浪费，造成不必要的损失。

解决工程问题的途径、方法、结果都不唯一，我们在这里介绍的钢筋铺设步骤是遵循力学结构普遍原则给出的，顺序也是比较优化的。筏板顶部钢筋需要用物件托起，我们这里给出了支架的做法，这仅仅是许许多多形式中的一个形式，未必是最好的做法，世界上本来就不存在最好，只有更好。筏板顶部钢筋可以用**几字形马凳筋**托起，也可以用小角钢托起，还有用搭设脚手架用的那种钢管做临时支架，浇筑混凝土期间移出等，不存在允许或者不允许，只要保证施工安全，保证上部钢筋的设计位置，手段可以多样化。基本说法是板比较薄的时候，多用**几字形马凳筋**托起，板比较厚的时候，采用支架。另外也看数量，一栋楼，仅仅电梯井局部落低 3 米多，用粗钢筋做 3～5 个**几字形马凳筋**比做支架省时间，因为**几字形马凳筋**只要放那里就基本可以，时间也是金钱。

1.7 平板式筏形基础平法看图钢筋构造与下料

1.7.1 平板式筏形基础平法施工图的分类和构件编号

平板式筏形基础由柱下板带和跨中板带构成。当设计不划分板带时，按基础平板表达。柱下板带代号为 ZXB，跨中板带代号为 KZB，平板式筏形基础平板代号为 BPB。

柱下板带与跨中板带应在第一跨集中注写，具体规定见表 1.7-1。

柱下板带 ZXB 与跨中板带 KZB 标注

表 1.7-1

集中标注说明（集中标注应在第一跨引出）		
注写形式	表达内容	附加说明
ZXBxx（xB）或 KZBxx（xB）	柱下板带或跨中板带号，具体包括：代号、序号、（跨数及外伸状况）	（xA）：一端有外伸；（xB）：两端均有外伸；无外伸则仅注跨数（x）
b=xxxx	板带宽度（在图注中应注明板厚）	板带宽度取值与设置部位应符合规范要求
BBxx@xxx TBxx@xxx	底部贯通纵筋强度等级、直径、间距；顶部贯通纵筋强度等级、直径、间距	底部贯通纵筋应有 1/2～1/3 贯通全跨，注意与非贯通纵筋组合设置的具体要求，详见制图规则
板底部附加非贯通纵筋原位标注说明		
注写形式	表达内容	附加说明

─ ─ ─ ┬─── xΦxx@xxxx
       xxxx
─ ─ ─ ■─── xΦxx@xxxx
       xxxx
柱下板带：┬─── xΦxx@xxxx
       xxxx
跨中板带：
	底部非贯通纵筋编号、强度等级、直径、间距；自柱中线分别向两边跨内的延伸长度值	同一板带中其他相同非贯通纵筋可仅在中粗虚线上注写编号。向两侧对称延伸时，可只在一侧注写延伸长度值。向外伸部位的延伸长度与方式按标准构造，设计不注。与贯通纵筋组合设置时的具体要求详见相应制图规则

修正内容原位注写	某部位与集中标注不同的内容	一经原位注写，就以原位标注为准

注：当运用 11G101《混凝土结构施工图平面整体表示方法制图规则和构造详图》系列图集设计表述的各类梁、板，同一构件既有集中标注又有原位标注时，两者关系不存在优先靠后的关系，优先靠后在中文中是叠加的意思，火车站售票口，老、弱、病、残、孕优先，普通人不优先（靠后），优先或者不优先的结果是老、弱、病、残、孕买到票，普通人也买到票，结果普通人和老、弱、病、残、孕一起从甲地坐火车到达了乙地。一句所谓"优先"，许许多多工地做错工程，许许多多工地将集中标注和原位标注叠加设置。叠加设置不是图集的本意，图集只是将以原位标注为准进行施工不当表述为原位标注取值优先。

应在图注中注明的其他内容：

1）注明板厚，当有不同板厚时，分别注明板厚值及其各自的分布范围；

2）当在基础平板周边侧面设置纵向构造钢筋时，应在图注中注明；

3）应注明基础平板边缘的封边方式与配筋；

4）当基础平板外伸变截面高度时，注明外伸部位的 h_1/h_2，h_1 为板根部截面高度；h_2 为板尽端截面高度；

5）当某区域板底有标高高差时，应注明其高差值与分布范围；

6）当基础平板厚度大于 2m 时，应注明设置在基础平板中部的水平构造钢筋网；

7）当在板中设置拉筋时，注明拉筋的配置及设置方式（双向或呈梅花形双向）；

8）当在基础平板外伸阳角部位设置放射筋时，注明放射筋的配置及设置方式；

9）注明混凝土垫层厚度与强度等级；

10）当基础平板同一层面的纵筋相交叉时，应注明何向纵筋在下，何向纵筋在上。

注：相同的柱下或跨中板带只标注一条，其他仅注编号，有关标注的其他规定详见制图规则。

按照平法规则绘制的平板式筏形基础设计施工图如图 1.7-1 所示。

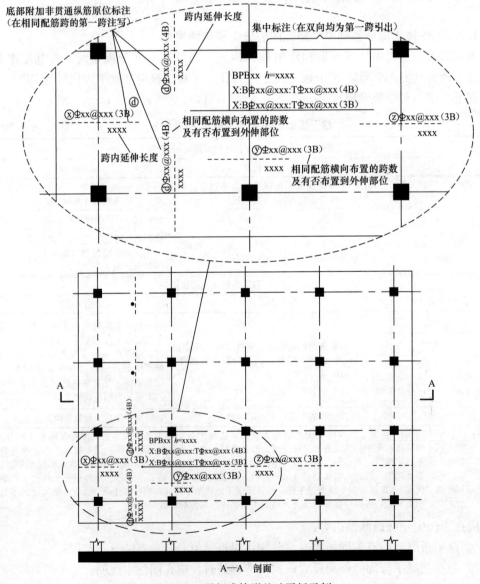

图 1.7-1 平板式筏形基础平板示例

1.7.2 筏形基础相关构造类型与编号

筏形基础相关构造类型与编号，按表1.7-2选用。

筏形基础相关构造类型与编号 表1.7-2

构造类型	代 号	序 号	说 明
上柱墩	SZD	XX	平板式筏形基础上设置
下柱墩	XZD	XX	梁板、平板式筏形基础上设置
外包式柱脚	WZJ	XX	梁板、平板式筏形基础上设置
埋入式柱脚	MZJ	XX	梁板、平板式筏形基础上设置
基坑	JK	XX	梁板、平板式筏形基础上设置
后浇带	HJD	XX	梁板、平板式筏形基础上设置

注：1. 上柱墩在混凝土柱柱根部位，下柱墩在混凝土柱或钢柱柱根投影部位，均根据筏形基础受力与构造需要而设置。
 2. 外包式与埋入式柱脚为钢柱在筏形基础中的两种锚固构造方式。

1.7.3 平板式筏形基础的构造

（1）平板式筏形基础筏板板带的划分

理论上平板式筏形基础可划分为柱/墙下板带和跨中板带两种。图1.7-2为板带划分示意图。柱/墙下板带，底部受力大、顶部受力小；跨中板带底部受力小、顶部受力大。有条件的工程，适度合理地划分板带，并根据不同板带的受力状况区别不同板带配筋，可以使设计的技术经济指标做到先进、合理和安全可靠。

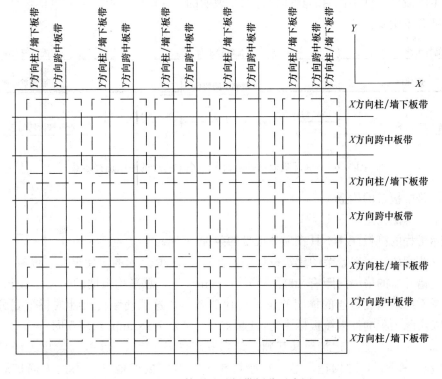

图1.7-2 筏形基础板带划分示意图

（2）柱下板带的构造

柱下板带的构造见图 1.7-3。

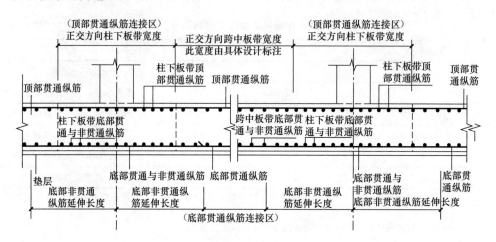

图 1.7-3 柱下板带 ZXB 纵向钢筋构造示意

X 方向和 Y 方向的柱下板带和跨中板带的宽度，由设计具体标注。

不同配置的底部贯通纵向钢筋，应在两毗邻跨中配置较小一跨的跨中连接区连接。即配置较大一跨的底部贯通纵向钢筋须越过其标注的跨数终点或起点，伸至毗邻跨的跨中连接区，其示意见图 1.7-4。

基础平板同一层面的交叉纵向钢筋，究竟 X 方向在上，还是 Y 方向在上，由具体设计在施工图设计文件中说明。具体设计未予说明的，在图纸会审时询问具体设计，确定后写进图纸会审纪要。

图 1.7-4 底部贯通筋伸至毗邻较小配筋跨的跨中连接示意

（3）跨中板带的构造

跨中板带的构造见图 1.7-5。

实际工程的筏板往往不具备划分板带的条件。

在百花竞放、万般繁荣的建筑设计中，往往一个 30 余米的房屋单元，设有 40 余条横墙轴线，错开后的横墙间距 600、900、1200mm 等，总平均横墙间距小于筏板的厚度，整栋房屋不出现南北贯通的横墙的设计也比比皆是，这就使结构设计的板带划分失去意义，所以实际工程的许多筏板标注为：h＝xxxx，Axx@xxxmm 双层双向。

图 1.7-6（a）是《建筑地基基础设计规范》（GB 50007—2002）给出无筋扩展基础（俗称"刚性基础"）的构造示意。在刚性扩散角范围内的地基反力由无筋扩展基础平衡。同样，在钢筋混凝土筏形基础中，也隐存着"刚性基础"，如果考虑 45°扩散角，仅

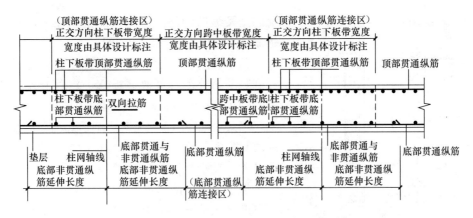

图 1.7-5 跨中板带 ZXB 纵向钢筋构造示意

仅当墙/柱间净跨度 $L>2h$ 时，才出现（存在）受弯区段，受弯区段的实际受弯跨度等于 $L-2h$ [图 1.7-6 (b)]。当墙/柱间净跨度 $L \leqslant 2h$ 时，不出现（存在）受弯区段 [图 1.7-6 (c)、(d)]。

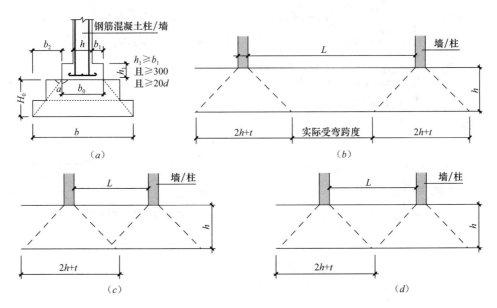

图 1.7-6 筏形基础受弯区段分析示意

(a) 无筋扩展基础；(b) 筏板基础当 $L>2h$ 时，才存在受弯区段；(c) $L<2h$ 时，筏板不存在受弯区段；(d) $L=2h$ 时，筏板不存在受弯区段

通过以上讨论，我们指出，对于梁墙/柱间净跨度 $L \leqslant 2h$ 时的筏板，片面强调钢筋的连接位置已经失去力学意义，特别是对于 $h \geqslant 1000\text{mm}$ 的筏板，横墙间距只有 900～1200mm，硬要划分 1/3，划分出来的长度还没有一个连接长度。对于实际受弯跨度大于 h 的少数开间，应适当考虑钢筋的连接位置。

1.7.4 集水坑、电梯井的构造

集水坑和电梯井应在平面布置图上注明基坑的平面定位尺寸（图 1.7-7）。

集水坑（图 1.7-8）同一层面两向正交钢筋的上下位置与筏板对应相同。筏板同一层

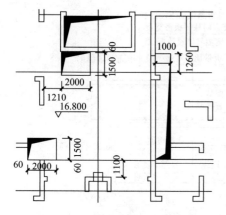

图 1.7-7 集水坑和电梯井在平面
布置图上的标注示意

面的交叉纵向钢筋,何向纵向钢筋在下,何向纵向钢筋在上,应有具体设计说明。

集水坑侧壁竖壁的水平钢筋可根据施工的方便放到竖壁的外侧,可取顶板 X、Y 两个方向纵向钢筋的较小直径和较大间距转圈封闭排布。

当集水坑底筋直锚至对边小于 l_a 时,可在对边钢筋内侧顺势弯折,平直段加弯折段之和的锚固总长度必须大于或等于 l_a,如图 1.7-8 (a)、(b) 所示。

当集水坑顶部钢筋与筏板底部钢筋的高差与坑壁厚度之比小于 1:6 时,集水坑顶部钢筋与筏板底部钢筋可弯折连通,如图 1.7-8 (c)、(d) 所示。

坑壁斜底的分布钢筋间距应沿斜向钢筋标准间距设置。图 1.7-9 是某工程的集水坑、电梯井毗邻的构造,深度 1900mm 的是电梯井坑,

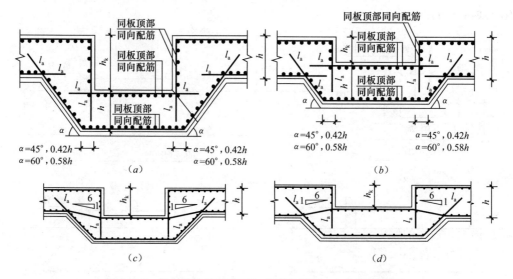

图 1.7-8 集水坑构造示意（h_k 为基坑深度，h 为基础板厚）

(a) 底部钢筋弯折锚固 $h_k \geqslant h$；(b) 底部钢筋弯折锚固 $h_k < h$；

(c) 顶部钢筋弯折连通 $h_k \geqslant h$；(d) 顶部钢筋弯折连通 $h_k < h$

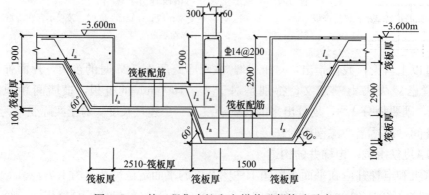

图 1.7-9 某工程集水坑和电梯井毗邻构造示意

64

深度 2900mm 的是集水坑。

1.7.5 筏板的构造

（1）筏板封边构造

筏板有一种无封边构造和两种封边构造（图 1.7-10）。

具体项目由设计选定图 1.7-10 所示的某种构造并且注明相关构造钢筋的配置要求。

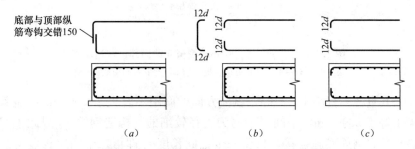

图 1.7-10　筏板封边构造、无封边构造示意

（a）纵筋弯钩交错封边方式；（b）U 形筋封边方式；（c）板边缘侧面无封边构造

选用原则：厚度 800mm 以下较薄的小型筏板，可用无封边构造，在距 12d 直角弯钩的端部 25mm 处的构造钢筋可用直径大于或等于 12mm 通长钢筋，如图 1.7-10（c）所示。

厚度 800mm 以上的较厚筏板，宜选用封边构造，当厚度在 800～1200mm 时，选用图 1.7-10（a），将筏板顶部筋下弯、底部筋上弯，交叉 150mm，在交叉的 150mm 范围内，至少应有一根侧面构造钢筋且全数绑扎。

厚度大于 1200mm 时，应采用图 1.7-10（b）的附加 U 形筋封边。

（2）变截面筏板构造

图 1.7-11 为厚度小于 2000mm 的筏板变截面构造。板顶高差的构造是低板顶部钢筋伸入高板内锚固 l_a，高板顶部钢筋 90°弯折后伸入低板顶面以下 l_a 锚固。板底高差是过交叉点 l_a 锚固。板底的倾斜角度由具体设计标注。图 1.7-12 为厚度 h 大于等于 2000mm 筏板变截面构造示意。

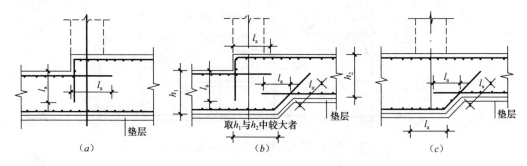

图 1.7-11　厚度 h＜2000mm 筏板变截面部位构造示意

（a）板顶有高差；（b）板顶、板底均有高差；（c）板底有高差

筏板厚度 h 不小于 2000mm 时，《混凝土结构设计规范》（GB 50010—2010）第 10.1.11 条规定："对卧置于地基上的基础筏板，当板的厚度 h＞2m 时，除应沿板的上、下表面布置纵、横方向的钢筋外，尚宜沿板厚度方向间距不超过 1m 设置与板面平行的构

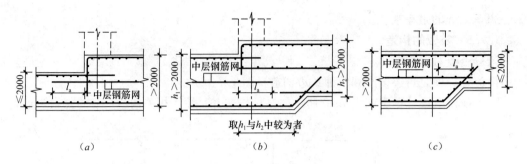

图 1.7-12　厚度 $h \geqslant 2000$mm 筏板变截面部位构造示意

(*a*) 板顶不一平；(*b*) 板顶、板底均不一平；(*c*) 板底不一平

造钢筋网片，其直径不宜小于 12mm，纵横方向的间距不宜大于 200mm。"也就是说，筏板厚度 h 大于等于 2000mm，中间层钢筋为直径较细的"构造钢筋"，因此中间层非受力钢筋不需要与受力钢筋实施连接，只要一个锚固长度 l_a 即可。中间层构造钢筋本身的连接，连接长度无须考虑接头百分率的因素，统一采用 $35d$。

（3）转折筏板的构造

图 1.7-13 是某工程转折筏板的局部构造示意。图中通长钢筋标注为双层双向 HRB400 级钢筋，直径为 22mm，间距为 150mm。对于这些通长钢筋在转折部位的构造，询问不同的结构设计师，可以得到锚固、连接、收头和弯折连通 4 种不同的处理方案。

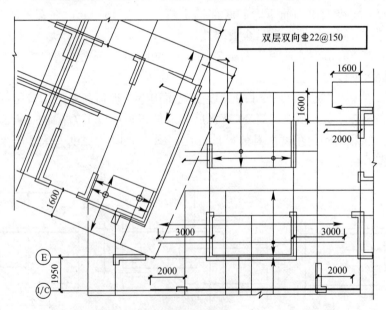

图 1.7-13　某工程转折筏板局部构造示意

锚固就是在明确一条界线之后，一个方向的全部钢筋都到此线处截断，另外一个方向的钢筋越过此线一个锚固长度 l_a（l_{aE}）。

连接就是在明确一条界线之后，一个方向的全部钢筋都到此线处截断，另外一个方向的钢筋越过此线一个连接长度 l_l（l_{lE}），因为是 100% 截断和连接，各钢筋长度比锚固方案多用 60% 的连接钢筋，在 4 个方案中，用料最费。

收头就是对两个方向的钢筋各指定一个长度，不考虑相互之间的锚固或连接，这种方案的收头用料取决于设计人员指定的收头长度的长短。

弯折连通就是在明确一条界线之后，两个方向的全部钢筋都在此线处弯折连通设置（图 1.7-14）。此方案钢筋用料最省。

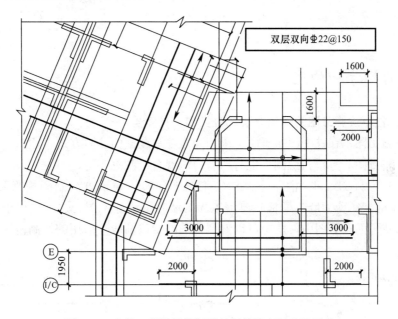

图 1.7-14　某工程转折筏板通长钢筋的弯折连通示意

2 柱平法看图钢筋构造与下料

2.1 柱的标注和构造

2.1.1 柱平法施工图的表示方法、分类和构件编号

柱平法施工图系在柱平面布置图上采用列表注写或截面注写方式表达。

柱平面布置图，有单独绘制，也有与剪力墙混合绘制。

图 2.1-1 是 11G101-1《混凝土结构施工图平面整体表示方法制图规则和构造详图》（现浇混凝土框架、剪力墙、梁板）典型工程的墙柱平法施工图。这是将柱子和剪力墙画在一起的墙柱平面布置图中，从中可以看到柱子的定位轴线，适用的标高范围。还可以从

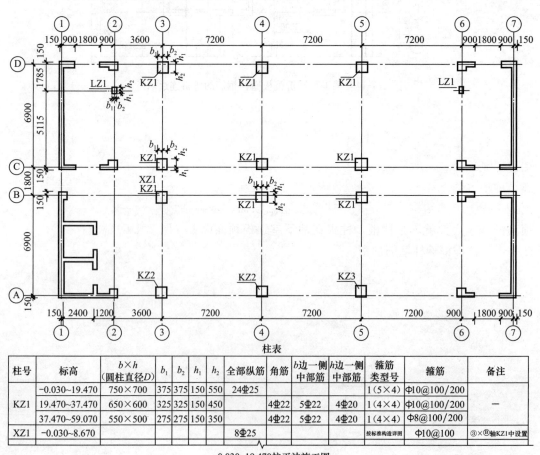

柱表

柱号	标高	$b \times h$（圆柱直径D）	b_1	b_2	h_1	h_2	全部纵筋	角筋	b边一侧中部筋	h边一侧中部筋	箍筋类型号	箍筋	备注
KZ1	-0.030~19.470	750×700	375	375	150	550	24Φ25				1(5×4)	Φ10@100/200	—
	19.470~37.470	650×600	325	325	150	450		4Φ22	5Φ22	4Φ20	1(4×4)	Φ10@100/200	
	37.470~59.070	550×500	275	275	150	350		4Φ22	5Φ22	4Φ20	1(4×4)	Φ8@100/200	
XZ1	-0.030~8.670						8Φ25				按标准构造详图	Φ10@100	③×Ⓑ轴KZ1中设置

-0.030~19.470柱平法施工图

图 2.1-1 某工程柱平法施工图

图纸所附的层高表看到上部结构的嵌固部位、各结构层的楼面标高、结构层高及相应的结构楼层号。

图 2.1-1 下方的柱表给出了各柱的设计参数，此处只列举 KZ1，其余省略。

各层标高与层高和柱的混凝土强度等级如图 2.1-2 所示。

图 2.1-3 是柱平法施工图截面注写方式示例，也是柱与剪力墙混合绘制的。

柱分为框架柱 KZ、框支柱 KZZ、芯柱 XZ、梁上柱 LZ 和剪力墙上柱 QZ 等 5 类。

2.1.2 柱的连接构造

（1）无地下室的房屋首层柱的可连接范围和非连接区（图 2.1-4）。

（2）有地下室、地下室底板顶面不是上部结构嵌固部位的房屋首层柱的可连接范围和非连接区（图 2.1-5）。

当有地下室房屋地下室的底板顶面不是上部结构嵌固部位时，地下室各层的纵向钢筋连接范围在各层柱底部 max（$H_n/6$，柱截面长边，500）以上，当采用绑扎搭接连接时，如果 $2.3l_{lE}$ 计算长度进入柱子顶部非连接区 max（$H_n/6$，柱截面长边，500）范围内时，应改用机械连接或焊接；当采用机械连接或焊接的接头位置也进入到计算非连接区，那么也只能实事求是对待，工程总是要推进的，不得已时也就只能进入非连接区连接。

抗震设防房屋，柱根有专门定义，特指上部结构嵌固部位，无地下室时，紧挨基础顶面、基础梁顶面的柱子底部是柱根（图 2.1-4）；有地下室房屋，基础顶面、基础梁顶面不作为上部结构嵌固部位时，紧挨基础顶面、基础梁顶面的柱子底部就不是柱根，柱根在地下室顶板顶面以上（图 2.1-5）。

（3）抗震框架柱箍筋加密

有抗震设防要求的抗震框架柱，必须进行箍筋加密。《高层建筑混凝土结构技术规程》JGJ 3—2010 对箍筋加密区的范围有下列要求：

① 底层柱的上端和其他各层柱的两端，应取矩形截面柱之长边尺寸（或圆形截面柱之直径）、柱净高之 1/6 和 500mm 三者之最大值范围；

② 底层柱刚性地面上、下各 500mm 的范围；

③ 底层柱柱根以上 1/3 柱净高的范围；

④ 剪跨比不大于 2 的柱和因填充墙等形成的柱净高与截面高度之比不大于 4 的柱全高范围；

⑤ 一级及二级框架角柱的全高范围；

⑥ 需要提高变形能力的柱的全高范围。

以上要求①和要求③的要求见图 2.1-6 所示。

层号	标高(m)	层高(m)	混凝土强度等级
屋面2	65.670		
塔层2	62.370	3.30	C25
屋面1(塔层1)	59.070	3.30	C25
16	55.470	3.60	C25
15	51.870	3.60	C25
14	48.270	3.60	C25
13	44.670	3.60	C25
12	41.070	3.60	C30
11	37.470	3.60	C30
10	33.870	3.60	C30
9	30.270	3.60	C30
8	26.670	3.60	C30
7	23.070	3.60	C30
6	19.470	3.60	C35
5	15.870	3.60	C35
4	12.670	3.60	C35
3	8.670	3.60	C35
2	4.470	4.20	C35
1	-0.030	4.50	C35
-1	-4.530	4.50	C35
-2	-9.030	4.50	C35
层号	标高(m)	层高(m)	混凝土强度等级

结构层楼面标高　结构层高
混凝土强度等级

上部结构嵌固部位: -0.030

图 2.1-2　某工程结构层楼面标高、结构层高、混凝土强度等级

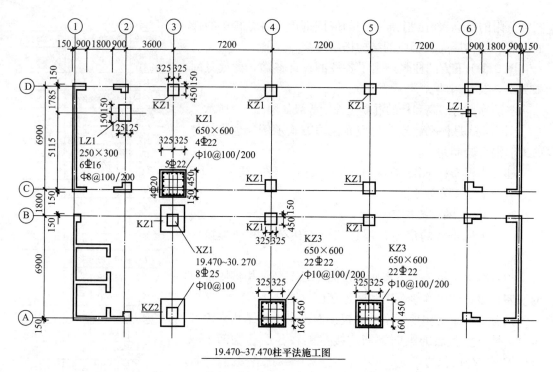

图 2.1-3　某工程柱平法施工图截面注写方式示例

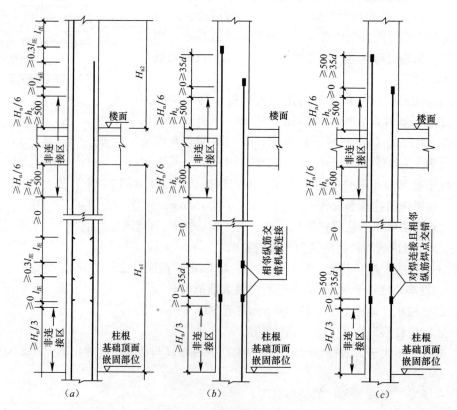

图 2.1-4　无地下室的房屋首层抗震框架柱纵向钢筋的连接构造

（a）绑扎搭接；（b）机械连接；（c）焊接连接

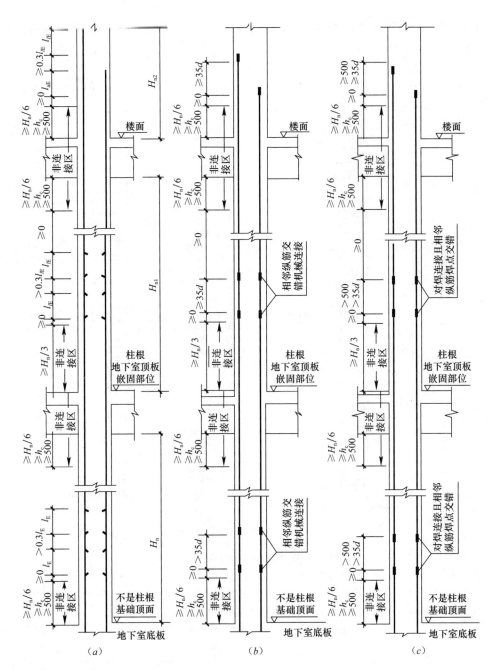

图 2.1-5　有地下室的房屋，上部结构嵌固部位在地下室顶板面时地下室框架柱首层
抗震框架柱纵向钢筋的连接构造
(a) 绑扎搭接；(b) 机械连接；(c) 焊接连接

第②项要求提到的刚性地面，由具体设计界定。我们在图 2.1-7 给出刚性地面上下需要加密图示，图 2.1-7 (a) 表示两侧都有刚性地面且刚性地面等高等厚或仅一侧有刚性地面时的箍筋加密范围；图 2.1-7 (b) 表示两侧都有刚性地面且刚性地面顶标高不等，两侧有高差，但是净高差≤1000mm 时，箍筋的加密范围；图 2.1-7 (c) 表示两侧都有刚性地

面且刚性地面顶标高不等，两侧有高差，且净高差＞1000mm时，箍筋的加密范围之间可留出非加密区段。

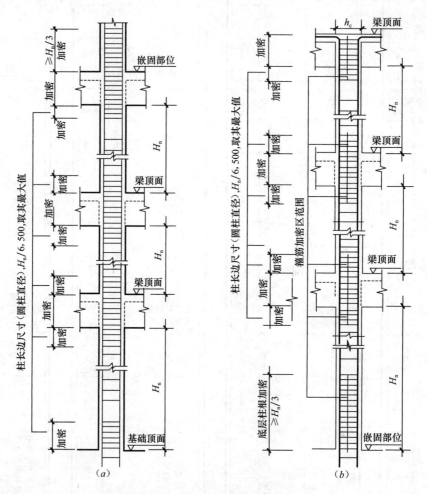

图 2.1-6　抗震框架柱的箍筋加密

(*a*) 地下室箍筋加密区范围：地下室底板顶面不是上部结构嵌固部位时，地下室柱箍筋不需要全高加密，与地下室相连的柱根只要加密 max（$H_n/6$，柱长边，500）；(*b*) 抗震 KZ、QZ、LZ 箍筋加密区范围（QZ 锚固部位为墙顶面，LZ 锚固部位为梁顶面）：一栋楼只有一个标高位置是上部结构的嵌固部位某层的墙顶起柱或梁顶起柱处不是嵌固部位，起柱处柱箍筋不按底层加密，按标准层进行箍筋加密

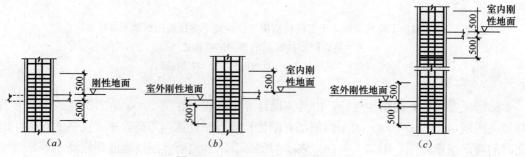

图 2.1-7　刚性地面上下箍筋加密

(*a*) 两侧等高或仅一侧有刚性地面；(*b*) 两侧刚性地面净高差≤1000；(*c*) 两侧刚性地面净高差＞1000

第④项要求涉及两个方面内容。前者剪跨比不大于 2 的柱必须由具体设计标注，不经手做这个设计的人，判断不了。后者因填充墙等形成的柱净高与截面高度之比不大于 4 的柱，施工人员可以判断，首先看有没有填充墙，没有填充墙就不作考虑；有填充墙，看填充墙上的开洞有没有挨着框架柱，填充墙没有挨着框架柱就不作考虑；填充墙上挨着框架柱的开洞高度，是不是小于等于 4 倍柱长边尺寸，不是就不作考虑，是就需要全高加密。

第⑤项要求，看结构设计总说明，如果谁经手的项目，设计说明写明是一级或者二级抗震设防的框架，那么其角柱就要全高加密。如果设计说明写明是三级，那就不存在角柱全高加密的要求。

【特别提示 1】 一栋楼，由于设置内天井和由下而上立面逐层收进（房屋立面下大上小）等情况，所以各层的角柱数量和位置会有不同。

第⑥项要求，由结构设计者说明，非设计人员不懂。

以上六项要求，凡是需要设计说明的，设计没有写明，一般就表示这个项目没得这个要求。技术责任是分阶段的，设计规范是设计的依据，施工是按施工图施工，不是按设计规范条文施工。

【特别提示 2】 抗震框架柱除了按照抗震设防要求进行箍筋加密外，在纵向钢筋的绑扎搭接区段，还必须进行箍筋加密。

2.2 柱钢筋的施工

（1）我们知道首层抗震框架柱纵向钢筋的连接构造如图 2.1-5 所示，楼层（标准层）抗震框架柱纵向钢筋的连接构造如图 2.2-1 所示，图 2.2-2 为定尺钢筋下料与层高的协调示意。h_c 为柱截面长边尺寸，H_n 为柱净高，l_{lE} 为纵向受拉钢筋绑扎搭接长度。

（2）抗震框架柱纵向钢筋的连接分绑扎搭接、机械连接和焊接连接 3 种。当某层连接区的高度小于纵筋分两批搭接所需要的高度时，应改用机械连接或焊接连接。当各标准层层高相等时，柱纵向钢筋的下料长度须满足图 2.2-1 要求。

（3）工程实践中，钢筋供货定尺与实际结构往往还有不太适应的情况，当今住宅建设中，普遍采用 2.900m 层高，定尺钢筋以 6m 和 9m 居多，与层高之间存在 $(3000-2900)/3000×100\%=3.33\%$ 的浪费现象。

在不能争取到完全适应层高的定尺钢筋的情况下，钢筋下料谋划要多动脑筋，才能减少和避免这 3.33% 的浪费。以底层层高 3.200m，标准层层高 2.900m 的 18 层住宅的墙柱为例，已知钢筋直径为 20mm，采用直螺纹套筒连接，钢筋定尺为 9.000m。

各标准层低桩钢筋标高＝楼层标高 H＋500mm，高桩钢筋标高＝楼层标高 H＋500mm＋35d＝楼层标高 H＋500mm＋700mm＝楼层标高 H＋1200mm。

第一、二标准层钢筋长度采用 2900mm、第三标准层钢筋长度取 9000－2×2900＝3200mm，这样到第四标准层，低桩钢筋标高＝楼层标高 H＋500mm＋300mm＝楼层标高 H＋800mm，高桩钢筋标高＝楼层标高 H＋1200mm＋300mm＝楼层标高 H＋1500mm。此时进行高低桩互换，在高桩接 1900mm，在低桩接 3300mm，使得第五标准层的高低桩位置调整到第一、第二标准层那种高度。

具体的计算可以用 Excel 进行，首先看表 2.2-1 的直螺纹套筒连接。再看表 2.2-2 的钢筋电渣压力焊连接。

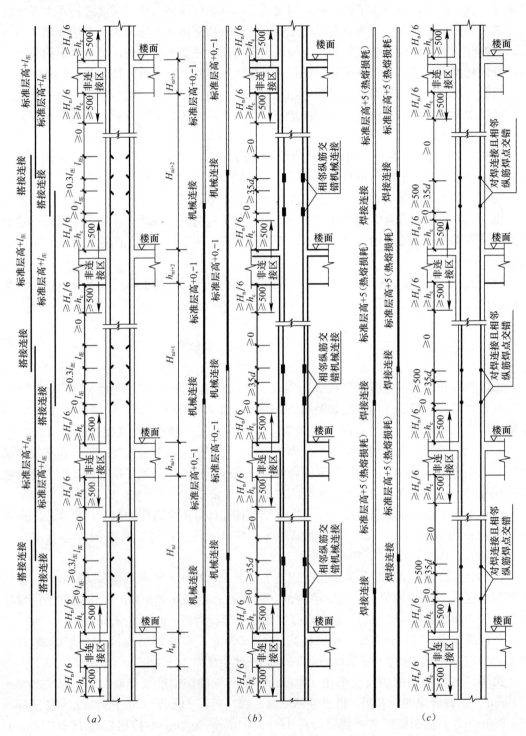

图 2.2-1　标准层抗震框架柱纵向钢筋的连接构造示意

(*a*) 绑扎搭接；(*b*) 机械连接；(*c*) 焊接连接

━━ 当前标准层内柱筋；══ 下一标准层内柱筋

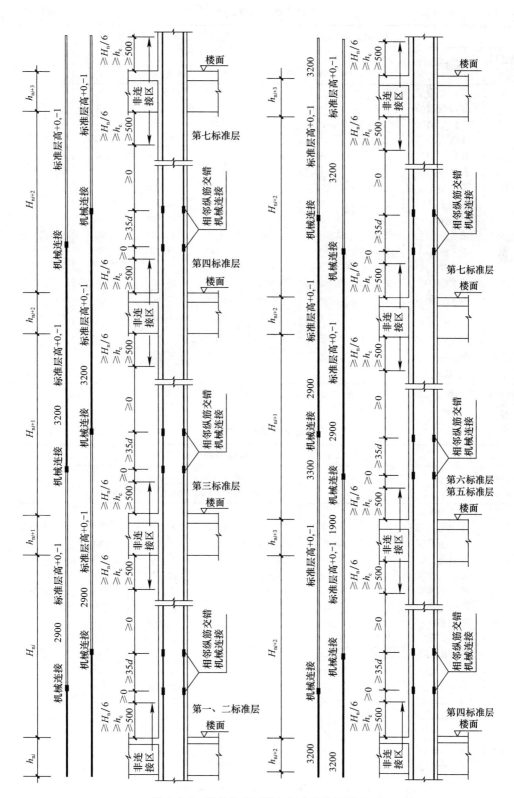

图 2.2-2　定尺钢筋下料与层高和协调示意

直螺纹套筒连接的计算　　　　　　　　　　　　　　　　表 2.2-1

9m 定尺、2.9m 层高、直螺纹套筒连接的钢筋下料与就位

墙柱楼层号	标准层号	层高（m）	楼层标高（m）	甲筋		乙筋		备 注
				标高（m）	长度（mm）	标高（m）	长度（mm）	
18	第 17 标准层	2.9	49.600					顶层另计
17	第 16 标准层	2.9	46.700	47.200	1900	47.900	3300	高低桩互换
16	第 15 标准层	2.9	43.800	45.300	3200	44.600	3200	
15	第 14 标准层	2.9	40.900	42.100	2900	41.400	2900	
14	第 13 标准层	2.9	38.000	39.200	2900	38.500	2900	
13	第 12 标准层	2.9	35.100	36.300	3300	35.600	1900	高低桩互换
12	第 11 标准层	2.9	32.200	33.000	3200	33.700	3200	
11	第 10 标准层	2.9	29.300	29.800	2900	30.500	2900	
10	第 9 标准层	2.9	26.400	26.900	2900	27.600	2900	
9	第 8 标准层	2.9	23.500	24.000	1900	24.700	3300	高低桩互换
8	第 7 标准层	2.9	20.600	22.100	3200	21.400	3200	
7	第 6 标准层	2.9	17.700	18.900	2900	18.200	2900	
6	第 5 标准层	2.9	14.800	16.000	2900	15.300	2900	
5	第 4 标准层	2.9	11.900	13.100	3300	12.400	1900	高低桩互换
4	第 3 标准层	2.9	9.000	9.800	3200	10.500	3200	
3	第 2 标准层	2.9	6.100	6.600	2900	7.300	2900	
2	第 1 标准层	2.9	3.200	3.700	2900	4.400	2900	
1	非标准层	3.2						合计

注：每安装 3 层之后，设置一个"找平层"，通过高低桩互换，重新将高低桩调整到标准位置。

电渣压力焊连接的计算　　　　　　　　　　　　　　　　表 2.2-2

9m 定尺、2.9m 层高、电渣压力焊连接的钢筋下料与就位

墙柱楼层号	标准层号	层高（m）	楼层标高（m）	甲筋		乙筋		备 注
				标高（m）	长度（mm）	标高（m）	长度（mm）	
18	第 17 标准层	2.9	49.600					顶层另计
17	第 16 标准层	2.9	46.700	47.200	1900	47.900	3380	高低桩互换
16	第 15 标准层	2.9	43.800	45.240	3160	44.540	3160	
15	第 14 标准层	2.9	40.900	42.100	2920	41.400	2920	
14	第 13 标准层	2.9	38.000	39.200	2920	38.500	2920	
13	第 12 标准层	2.9	35.100	36.300	3380	35.600	1980	高低桩互换
12	第 11 标准层	2.9	32.200	32.940	3160	33.640	3160	
11	第 10 标准层	2.9	29.300	29.800	2920	30.500	2920	
10	第 9 标准层	2.9	26.400	26.900	2920	27.600	2920	
9	第 8 标准层	2.9	23.500	24.000	1980	24.700	3380	高低桩互换
8	第 7 标准层	2.9	20.600	22.040	3160	21.340	3160	
7	第 6 标准层	2.9	17.700	18.900	2920	18.200	2920	
6	第 5 标准层	2.9	14.800	16.000	2920	15.300	2920	
5	第 4 标准层	2.9	11.900	13.100	3380	12.400	1980	高低桩互换
4	第 3 标准层	2.9	9.000	9.740	3160	10.440	3160	
3	第 2 标准层	2.9	6.100	6.600	2920	7.300	2920	
2	第 1 标准层	2.9	3.200	3.700	2920	4.400	2900	
1	非标准层	3.2						合计

注：1. 每个电渣压力焊接头热熔耗长按 20mm 计取；
　　2. 每安装 3 层之后，设置一个"找平层"，通过高低桩互换，重新将高低桩调整到标准位置。

按表 2.2-1、表 2.2-2 卜料，3 个标准层的墙柱钢筋长度不一样，以下给出将 9m 定尺钢筋平均一开为 3 根，每根长 3m 的钢筋安装绑扎方案。仍以直径 20mm 的钢筋为例，9m 定尺钢筋、2.9m 层高时的无损耗下料方案，如图 2.2-3 所示。当某基准层的墙柱低桩高度为 $H+$ 500mm，高桩为 $H+1200$mm 时，看图 2.2-3（a）每上来一层，高低桩各长高 100mm，到第 4 标准层，高桩标高＝$H+1500$mm，低桩标高＝$H+800$mm。如继续用 3000mm 钢筋连接，上面那层的高桩高度将长高到 $H+1600$mm，会给施工操作带来不便，施工工效降低，于是我们将 9000mm 钢筋开为（$3×1900$mm＋3300mm），在高桩 $H+1500$mm 处接 1900mm，在低桩 $H+800$mm 处接 3300mm，于是在上一层得到又一组新的基准层。

当钢筋采用电渣压力焊连接时，需要考虑电渣压力焊的热熔损耗，见图 2.2-3（b）。还是将 9m 原材料平均截断为 3 根 3m 的钢筋。当热熔损耗为 20mm 时，每标准层的高低桩不再长高 100mm 而是长高 80mm，到第 5 标准层时高桩标高长到 $H+1520$mm，低桩标高长到 $H+820$mm，还是用长 1900mm 和 3300mm 两种不同长度的钢筋来连接，使之形成新的基准层。

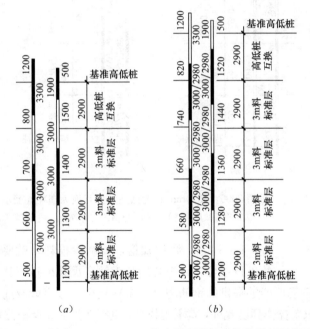

图 2.2-3　采用 1900，3300mm 长度做高低桩互换低损耗配筋示意
（a）直螺纹套筒连接；（b）电渣压力焊连接

通过以上讨论，我们得到以下结论：用 9m 定尺钢筋做 2.900m 层高的墙柱纵向钢筋，采用直螺纹套筒连接时，下料长度为 3m，每 3 个标准层之后，用长 1900mm 和 3300mm 的钢筋"找平"一次，得到新的基准层。用 9m 定尺钢筋做 2.900m 层高的墙柱纵向钢筋，采用电渣压力焊连接时，下料长度为 3m，每 4 个标准层之后，用长 1900mm 和 3300mm 的钢筋"找平"一次，得到新的基准层。

因为 $3×1900$mm＋3300mm＝9000mm，$2×3300$mm＋1900mm＝8500mm，所以这个下料方案尽最大努力把 9000mm 定尺钢筋用得比较充分，但还存在损耗，就还有进一步谋划的空间。

我们用 2000mm 和 3500mm 组合，通过二次"找平"，同样可以得到新一轮基准高低桩，同样以直径 20mm 钢筋为例，则 9m 定尺钢筋、2.9m 层高时的零损耗下料方案，如图 2.2-4 所示。因为 2×3500mm＋2000mm＝9000mm，又因为 3×2000mm＋3000mm＝9000mm，所以此时的方案已经做到了零损耗。

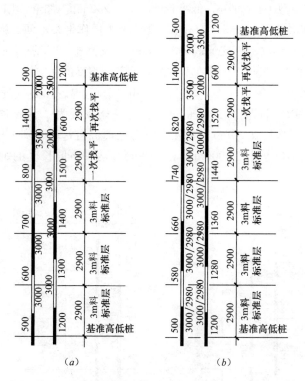

图 2.2-4 采用 2000，3500mm 长度做高低桩互换无损耗配筋示意
(a) 直螺纹套筒连接；(b) 电渣压力焊连接

通过对图 2.2-3 和图 2.2-4 的讨论，我们知道，要减少损耗，就要画图，在图形上试算，将试算需要的找平尺寸进行组合，待组合后与钢筋定尺长度进行比较，力求使得找平需要的钢筋与定尺钢筋所能够提供的钢筋吻合，余料越少，方案就越优秀。

当接近顶层，只要操作高度允许，就不用找平，直接在当前高低桩位置上谋划顶层配筋。

(4) 顶层框架柱钢筋的构造与下料

顶层框架柱分为中柱和边柱两种情况。

1) 中柱

中柱到框架柱最高处位置收头，框架柱是框架梁的支座，框架梁纵向钢筋在框架柱中锚固，不存在框架柱钢筋在梁中锚固的问题。中柱到顶收头分为两种情况：当梁高 h_b －保护层厚度 c 大于等于 $l_{aE}(l_a)$ 时，柱纵向钢筋直接伸至柱顶－保护层厚度 c 处收头，端点无须拐 90°；当梁高 h_b －保护层厚度 c 小于 $l_{aE}(l_a)$ 时，柱纵向钢筋伸至柱顶－保护层厚度 c －50mm 处拐 90°，水平段为 12d。

2) 边柱

框架边柱外侧纵向钢筋，需要与框架梁上部实施连接，连接方式有两种：一种是柱外侧纵向钢筋的65%入梁，与梁上部上排钢筋在梁上部上排钢筋的下方与之连接；还有一种是梁上排钢筋入柱，在柱外侧钢筋的内侧与柱外侧钢筋实施连接（图 2.2-5、图 2.2-6）。

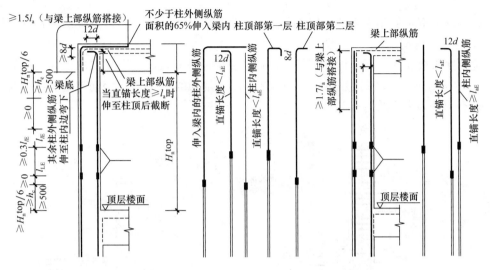

图 2.2-5　顶层柱的构造（机械连接、焊接连接）示意

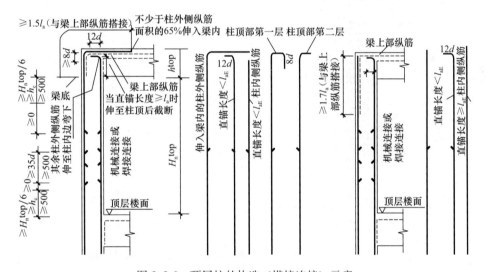

图 2.2-6　顶层柱的构造（搭接连接）示意

边柱的非外侧钢筋和外侧全部纵向钢筋配筋面积不大于35%，未入框架梁的纵向钢筋伸至与柱顶相差 125mm 处水平拐 90°，水平段为12d。

所谓边柱，仅仅是对一个方向的框架而言，某柱在 X 方向是边柱，在 Y 方向还是中柱；如果某柱在 X 和 Y 方向均属于边柱，那它一定是"角柱"。

角柱的角筋只有一根，如果它伸入 X 方向的框架梁与 X 方向的框架梁纵向钢筋连接，那么就不能在伸入 Y 方向的框架梁与 Y 方向的框架梁纵向钢筋连接。

如果角柱两个方向的外侧纵向钢筋都要伸入各自方向的框架梁与框架梁纵向钢筋连接，那么两个方向的外部纵向钢筋的端部高度应当相差 30mm（且不小于柱外侧钢筋直径）。

2.3　柱钢筋的其他构造

（1）地下室顶板作为上部结构嵌固部位，且有多层地下室时，地下一层的柱纵向钢筋应增加10％的构造。

地下室顶板作为上部结构嵌固部位，且有多层地下室时，地下一层的柱纵向钢筋应增加10％的构造见图2.3-1。如果只有一层地下室，增加的10％纵向钢筋与柱其他钢筋一样构造，套用下多上少的构造。

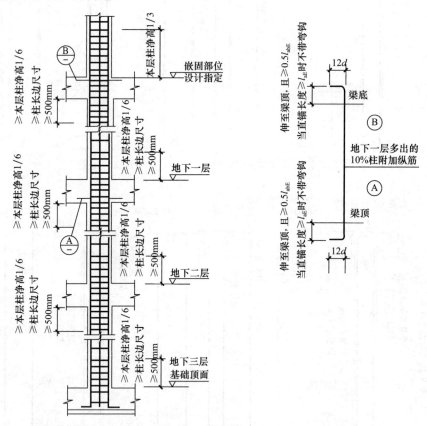

图2.3-1　设有地下室且嵌固部位不在基础顶面情况中的柱纵向钢筋构造

（2）芯柱构造

11G101-1《混凝土结构施工图平面整体表示方法制图规则和构造详图》（现浇混凝土框架、剪力墙、梁板）第11页、第12页的典型工程，在③轴＼Ⓑ轴交点的KZ1里面设置了芯柱，设置范围从标高19.470～30.270m，即6层、7层和8层。

当然，这16层楼根本没有必要设置芯柱，真有需要设置也绝对不会在③轴＼Ⓑ轴交点处设置，设置仅仅是举例说明设置芯柱的平法施工图标注，在③轴＼Ⓑ轴交点处设置，仅仅是因为图面漂亮。13G101-11《G101系列图集施工常见问题答疑图解》第2-9页也给出了芯柱的构造，它没有涉及多层连续设置芯柱的构造。

多层连续设置芯柱的纵向钢筋每层的连接宜采用电渣压力焊，因为框架柱截面太小，只有650mm×600mm，芯柱只能按极小值250mm设置，8Φ25，每边3Φ25，扣除带肋箍筋直径之后，内净距只有225mm，除去3⹁25占据的81mm，钢筋净间距只有72mm，不宜套筒连接。

多层连续设置芯柱的纵向钢筋每层的非连接区要求与同柱其他纵向钢筋的非连接区的相同，有条件时，芯柱的纵向钢筋连接位置应与大柱纵向钢筋的连接位置错开35d。仅仅在一层设置的芯柱，芯柱纵向钢筋不允许连接。

箍筋在加密区间距一般随大柱箍筋，非加密区按具体设计要求。一般需要设置芯柱的框架柱，箍筋都设计为全高加密，见图2.3-2。

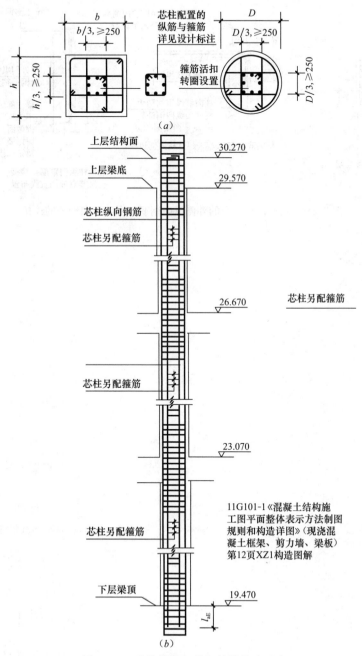

图2.3-2 芯柱纵向钢筋与箍筋构造示意

(a) 芯柱截面配筋；(b) 芯柱配筋构造

（3）如果角柱两个方向的外侧纵向钢筋都要伸入各自方向的框架梁与框架梁纵向钢筋连接，那么两个方向的外部纵向钢筋的端部高度应当相差 30mm（且不小于柱外侧钢筋直径）。所以，角柱两个方向宜采用两种不同的方式连接，如 X 方向采用柱外侧钢筋入梁连接（C 节点"柱锚梁"节点），Y 方向就采用梁上部钢筋入柱连接（E 节点"梁锚柱"节点），这样角柱的角筋就给 X 方向的框架使用，Y 方向就不需要利用这个角筋，比较合理。如图 2.3-3 所示。

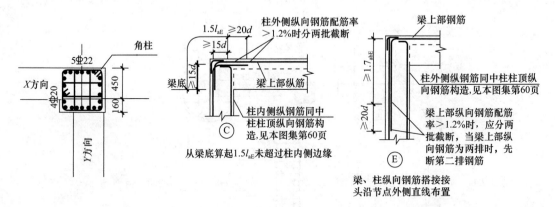

图 2.3-3　角柱两个方向的外侧纵向钢筋与框架纵向钢筋的连接

3 梁钢筋下料计算

3.1 梁钢筋下料计算项目

梁构件有楼层框架梁 KL、屋面框架梁 WKL、楼层框支梁 KZL、楼层梁 L、屋面梁 WL、悬臂梁 XL、井字梁 JZL 等。

梁钢筋计算的项目有上部通长钢筋、上部非通长钢筋（上一排、二排、三排）、上部架立钢筋、下部通长钢筋、下部非通长钢筋、下部二排不伸入支座钢筋、梁侧构造钢筋（俗称"腰筋"）、梁侧抗扭构造钢筋、梁箍筋、梁拉筋、集中力作用附加箍筋、集中力作用附加吊筋、纵向钢筋绑扎连接区域附加箍筋、梁竖向加腋的构造钢筋和构造箍筋，以及梁柱截面偏心过大时，梁水平加腋的构造钢筋。

梁支座两侧梁高不一，梁顶有高差、梁底有高差、梁顶和梁底均有高差；梁支座两侧梁宽不一，左宽右窄平一面、左窄右宽平一面、左右宽窄两面均不平。或虽然梁支座两侧梁截面宽度未变，但是梁支座两侧梁同排钢筋根数不同，也需要专门处理。

梁上部通长钢筋，预算时一般可不考虑接头位置，也不考虑弯弧的实际长度，则钢筋总长为钢筋连接后的水平投影长度＋[（钢筋连接后的水平投影长度/钢筋定尺长度)向上取整－1]＋2×15d。

梁上部通长钢筋，下料时必须考虑接头位置，也应当考虑弯弧的实际长度。当上部通长钢筋等直径（集中标注的直径与原位标注的直径相同）时，钢筋在梁跨中 1/3 区域的任意位置交叉连接。

当梁上部通长钢筋不等直径（集中标注的直径与原位标注的直径不同）时，支座上部非通长钢筋（俗称负筋）在距支座边缘 1/3 梁跨处两次连接，100% 接头面积百分率，$l_{lE}=1.6l_{aE}$（$l_l=1.6l_a$)，接头区域箍筋应当加密。当箍筋肢数多于上部通长钢筋根数时，尚配置有上部架立钢筋，此时架立钢筋与支座上部非通长钢筋连接 150mm，如果架立钢筋是光面钢筋，需要设置 180°弯钩。梁下部钢筋，宜在支座区域连续通过也可在支座内锚固。

下料时必须考虑接头位置，也应当考虑弯弧的实际长度。当上部通长钢筋等直径（集中标注的直径与原位标注的直径相同）时，钢筋在梁跨中 1/3 区域的任意位置交叉连接。

3.2 楼层抗震框架梁 KL 钢筋的计算

（1）抗震框架梁 KL 直线锚固计算

当楼层抗震框架梁 KL 的柱边长满足直线锚固条件时，梁锚入端柱内的长度取值为 $\max\{l_{aE}, (0.5h_c+5d)\}$（图 3.2-1）。此时，上下部通长钢筋的总长度为框架总长度－左

右两个端柱的 $h_c + \max\{l_{aE}, (0.5h_c^{右} + 5d)\} +$ 接头长度。

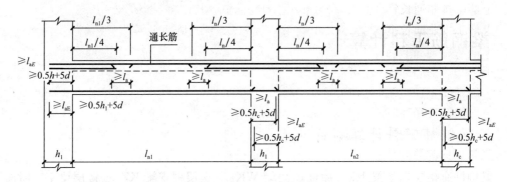

图 3.2-1　抗震框架纵向钢筋在端柱内直锚构造

（2）抗震框架梁 KL 弯锚计算

当楼层抗震框架梁 KL 的柱边长不满足直线锚固条件时，梁锚入端柱内的长度取值不应小于 $0.4l_{aE} + 15d$（图 3.2-2）。

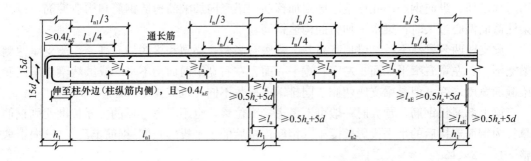

图 3.2-2　抗震框架纵向钢筋在端柱内弯锚构造

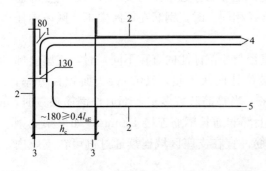

图 3.2-3　抗震框架 KL 上 2 排筋、下 1 排筋的排布关系

1—间隙（25）；2—保护层（柱 30，梁 25）；3—柱钢筋（25）；4—梁顶部钢筋；5—梁底部下排钢筋

（3）抗震框架梁 KL 上配 2 排筋、下配 1 排筋的弯锚计算

将图 3.2-2 的端柱锚固部位放大，得到图 3.2-3，由图 3.2-3 可看出：

上部 1 排钢筋的锚固长度 $= h_c - 80 + 15d$

上部 1 排通长钢筋的预算总长度

$= $ 框架总长度 $- h_c^{左} - h_c^{右}$
　　$+ (h_c^{左} - 80 + 15d^{左})$
　　$+ (h_c^{右} - 80 + 15d^{右}) +$ 接头长度
$= $ 框架总长度 $- 160 + 15d^{左}$
　　$+ 15d^{右} +$ 接头长度

上部 1 排通长钢筋直径≤25mm 时，下料总长度＝框架总长度$-160+12.07d^{左}+12.07d^{右}+$接头长度

上部 1 排通长钢筋直径＞25mm 时，下料总长度＝框架总长度$-160+11.21d^{左}+11.21d^{右}+$接头长度

上部 1 排非通长钢筋的预算总长度$-l_{n1}/3+h_c-80+15d$

上部 1 排非通长钢筋直径$\leqslant$25mm 时，下料总长度$=l_{n1}/3+h_c-80+12.07d$

上部 1 排非通长钢筋直径$>$25mm 时，下料总长度$=l_{n1}/3+h_c-80+11.21d$

上部 2 排钢筋的锚固长度$=h_c-130+15d$

上部 2 排钢筋的预算总长度$=l_{n1}/4+h_c-130+15d$

上部钢筋直径$\leqslant$25mm 时，2 排钢筋的下料总长度$=l_{n1}/4+h_c-130+12.07d$

上部钢筋直径$>$25mm 时，2 排钢筋的下料总长度$=l_{n1}/4+h_c-130+11.21d$

下部 1 排钢筋的锚固长度$=h_c-180+15d$

$$下部 1 排钢筋的预算总长度=框架总长度-h_c^{左}-h_c^{右}+(h_c^{左}-180+15d^{左})$$
$$+(h_c^{右}-180+15d^{右})+接头长度$$
$$=框架总长度-360+15d^{左}+15d^{右}+接头长度$$

下部 1 排通长钢筋直径$\leqslant$25mm 时，下料总长度$=$框架总长度$-360+12.07d^{左}+$12.07$d^{右}+$接头长度

下部 1 排通长钢筋直径$>$25mm 时，下料总长度$=$框架总长度$-360+11.21d^{左}+$11.21$d^{右}+$接头长度

(4) 抗震框架梁 KL 上下均配 2 排筋的弯锚计算。当上下均有 2 排钢筋时，得出如图 3.2-4 所示的钢筋排布关系。此时 KL 上部钢筋、下部 1 排钢筋的计算与图 3.2-3 所示的一样，下面将梁下部 2 排钢筋的计算表述如下：

$$下部 2 排钢筋的锚固长度=h_c-230+15d=框架预算总长度-h_c^{左}-h_c^{右}$$
$$+(h_c^{左}-230+15d^{左})+(h_c^{右}-230+15d^{右})+接头长度$$
$$=框架总长度-460+15d^{左}+15d^{右}+接头长度$$

(5) 抗震框架梁 KL 上下各配 1 排筋的弯锚计算

抗震框架梁 KL 上下各配 1 排筋的弯锚计算如图 3.2-5 所示，上排钢筋计算同图 3.2-3，下排钢筋按下列方法计算：

$$下部钢筋的锚固长度=h_c-130+15d=框架预算总长度-h_c^{左}-h_c^{右}$$
$$+(h_c^{左}-130+15d^{左})+(h_c^{右}-130+15d^{右})+接头长度$$
$$=框架总长度-260+15d^{左}+15d^{右}+接头长度$$

下部 1 排通长钢筋直径$\leqslant$25mm 时，下料总长度$=$框架总长度$-260+12.07d^{左}+$12.07$d^{右}+$接头长度

下部 1 排通长钢筋直径$>$25mm 时，下料总长度$=$框架总长度$-260+11.21d^{左}+$11.21$d^{右}+$接头长度

(6) 框架梁 KL 下部钢筋分跨锚固且端跨直锚时的计算

框架梁 KL 下部钢筋分跨锚固时的计算，端支座直锚如图 3.2-3 所示。

第 1 跨长度$=$第 1 跨净长度 $l_{n1}+\max\{l_{aE},(0.5h_c^{左}+5d)\}+\max\{l_{aE},(0.5h_c^{右}+5d)\}$

第 i 跨长度$=$第 i 跨净长度 $l_{ni}+\max\{l_{aE},(0.5h_c^{左}+5d)\}+\max\{l_{aE},(0.5h_c^{右}+5d)\}$

第 n 跨长度$=$第 n 跨净长度 $l_{nn}+\max\{l_{aE},(0.5h_c^{左}+5d)\}+\max\{l_{aE},(0.5h_c^{右}+5d)\}$

(7) 当上配 2 排、下配 1 排时框架梁 KL 下部钢筋分跨锚固且端跨弯锚时的计算

框架梁 KL 下部钢筋分跨锚固且端跨弯锚时的计算，当上配 2 排、下配 1 排时见图 3.2-4 和图 3.2-5。

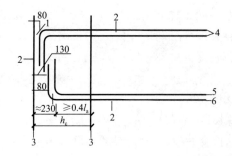 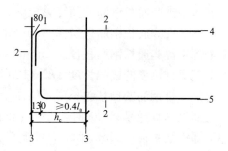

图 3.2-4　抗震框架梁 KL 上下均 2 排筋的排布关系　　图 3.2-5　抗震框架梁 KL 上下均 1 排筋的排布关系
1—间隙（25）；2—保护层（柱 30，梁 25）；3—柱钢筋　　　1—间隙（25）；2—保护层（柱 30，梁 25）；3—柱钢
（25）；4—梁顶部钢筋；5—梁底部上排钢筋；6—梁底　　　　筋（25）；4—梁顶部钢筋；5—梁底部下排钢筋
部下排钢筋

下部钢筋的分跨预算长度：

第 1 跨长度 $= l_{n1} + (h_c^{左} - 180 + 15d^{左})$

第 i 跨长度 $= l_{ni} + \max\{l_{aE}, (0.5h_c^{左} + 5d)\} + \max\{l_{aE}, (0.5h_c^{右} + 5d)\}$

第 n 跨长度 $= l_{nn} + (h_c^{右} - 180 + 15d^{右})$

下部钢筋的分跨下料长度：

下部第 1 跨钢筋直径小于等于 25mm 时，下料长度 $= l_{n1} + (h_c^{左} - 180 + 12.07d^{左})$

下部第 1 跨钢筋直径大于 25mm 时，下料长度 $= l_{n1} + (h_c^{左} - 180 + 11.21d^{左})$

第 i 跨长度 $= l_{ni} + \max\{l_{aE}, (0.5h_c^{左} + 5d)\} + \max\{l_{aE}, (0.5h_c^{右} + 5d)\}$

下部第 n 跨钢筋直径小于等于 25mm 时，下料长度 $= l_{nn} + (h_c^{右} - 180 + 12.07d^{右})$

下部第 n 跨钢筋直径大于 25mm 时，下料长度 $= l_{nn} + (h_c^{右} - 180 + 11.21d^{右})$

第 n 跨长度 $= l_{nn} + (h_c^{右} - 180 + 15d^{右})$

（8）当上配 2 排、下配 2 排时框架梁 KL 下部钢筋分跨锚固且端跨弯锚时的计算

框架梁 KL 下部钢筋分跨锚固且端跨弯锚时的计算，当上配 2 排、下配 2 排时见图 3.2-2 和图 3.2-5。

下部第 1 排钢筋的分跨预算长度和下料长度分别同（7）的计算：

第 1 跨下部 2 排钢筋长度 $= l_{n1} + (h_c^{左} - 180 + 15d^{左})$

第 i 跨长度 $= l_{ni} + \max\{l_{aE}, (0.5h_c^{左} + 5d)\} + \max\{l_{aE}, (0.5h_c^{右} + 5d)\}$

第 n 跨长度 $= l_{nn} + (h_c^{右} - 180 + 15d^{右})$

下部钢筋的分跨下料长度：

下部第 1 跨钢筋直径小于等于 25mm 时，下料长度 $= l_{n1} + (h_c^{左} - 230 + 12.07d^{左})$

下部第 1 跨钢筋直径大于 25mm 时，下料长度 $= l_{n1} + (h_c^{左} - 230 + 11.21d^{左})$

第 i 跨长度 $= l_{ni} + \max\{l_{aE}, (0.5h_c^{左} + 5d)\} + \max\{l_{aE}, (0.5h_c^{右} + 5d)\}$

下部第 n 跨钢筋直径大于等于 25mm 时，下料长度 $= l_{nn} + (h_c^{右} - 230 + 12.07d^{右})$

下部第 n 跨钢筋直径大于 25mm 时，下料长度 $= l_{nn} + (h_c^{右} - 230 + 11.21d^{右})$

（9）当上下各配 1 排时框架梁 KL 下部钢筋分跨锚固且端跨弯锚时的计算

框架梁 KL 下部钢筋分跨锚固且端跨弯锚时计算，当上下各配 1 排时见图 3.2-2 和图 3.2-5。

第 1 跨下部 1 排钢筋长度 $= l_{n1} + (h_c^{左} - 130 + 15d^{左})$

第 i 跨长度＝l_{ni}＋max$\{l_{aE}$，$(0.5h_c^{左}+5d)\}$＋max$\{l_{aE}$，$(0.5h_c^{右}+5d)\}$

第 n 跨长度＝l_{nn}＋$(h_c^{右}-130+15d^{右})$

下部钢筋的分跨下料长度：

下部第 1 跨钢筋直径小于等于 25mm 时，下料长度＝l_{n1}＋$(h_c^{左}-130+12.07d^{左})$

下部第 1 跨钢筋直径大于 25mm 时，下料长度＝l_{n1}＋$(h_c^{左}-130+11.21d^{左})$

第 i 跨长度＝l_{ni}＋max$\{l_{aE}$，$(0.5h_c^{左}+5d)\}$＋max$\{l_{aE}$，$(0.5h_c^{右}+5d)\}$

下部第 n 跨钢筋直径小于等于 25mm 时，下料长度＝l_{nn}＋$(h_c^{右}-130+12.07d^{右})$

下部第 n 跨钢筋直径大于 25mm 时，下料长度＝l_{nn}＋$(h_c^{右}-130+11.21d^{右})$

（10）框架梁 KL 下部 2 排不伸入支座钢筋的计算

框架梁 KL 下部 2 排不伸入支座的钢筋按照各净跨度的 80% 计算，如图 3.2-6 所示。

第 1 跨下部 2 排不伸入支座钢筋长度＝l_{n1} 的 80%，即 $0.8l_{n1}$；

第 i 跨下部 2 排不伸入支座钢筋长度＝l_{ni} 的 80%，即 $0.8l_{ni}$；

第 n 跨下部 2 排不伸入支座钢筋长度＝l_{nn} 的 80%，即 $0.8l_{nn}$。

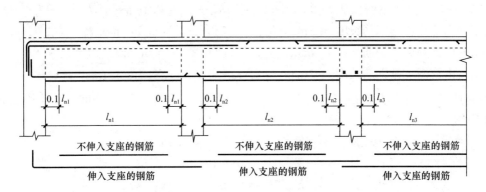

图 3.2-6　不伸入支座的梁下部 2 排钢筋排布示意

（11）框架梁 KL 上部小跨拉通的构造

框架梁 KL 上部小跨拉通的构造，如图 3.2-7 所示。梁上部纵向钢筋接头应设在梁中部三分之一跨度范围内，不等跨连续梁，其长、短跨差异较大时，短跨的上部纵向钢筋不宜设接头。梁的下部纵向钢筋接头应设在梁支座两侧 1/3 跨度范围或直接锚入支座。

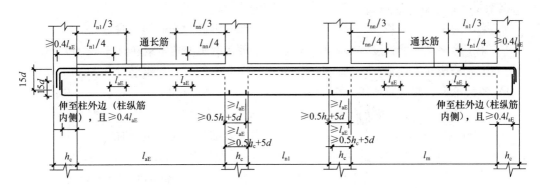

图 3.2-7　框架梁 KL 上部纵向钢筋小跨拉通的构造排布示意

(12) 框架梁 KL 中间支座钢筋的计算

框架梁 KL 中间支座的钢筋如图 3.2-7 所示，可分几种情况计算。

1）情况 1：相邻两跨跨度差值在 20% 以内，此时，1 排钢筋取相邻两跨跨度的较大值的 $2/3+h_c$ 计算，2 排钢筋取相邻两跨跨度的较大值的 $1/2+h_c$ 计算，3 排钢筋取相邻两跨跨度的较大值的 $2/5+h_c$ 计算。

第 1 内支座 1 排钢筋长度 $= 2\max\{l_{n1},l_{n2}\}/3+h_c = 0.667\max\{l_{n1},l_{n2}\}+h_c$

第 1 内支座 2 排钢筋长度 $= \max\{l_{n1},l_{n2}\}/2+h_c = 0.5\max\{l_{n1},l_{n2}\}+h_c$

第 1 内支座 3 排钢筋长度 $= 2\max\{l_{n1},l_{n2}\}/5+h_c = 0.4\max\{l_{n1},l_{n2}\}+h_c$

第 2 内支座 1 排钢筋长度 $= 2\max\{l_{n2},l_{n3}\}/3+h_c = 0.667\max\{l_{n2},l_{n3}\}+h_c$

第 2 内支座 2 排钢筋长度 $= \max\{l_{n2},l_{n3}\}/2+h_c = 0.5\max\{l_{n2},l_{n3}\}+h_c$

第 2 内支座 3 排钢筋长度 $= 2\max\{l_{n2},l_{n3}\}/5+h_c = 0.4\max\{l_{n2},l_{n3}\}+h_c$

第 i 内支座 1 排钢筋长度 $= 2\max\{l_{ni},l_{n,i+1}\}/3+h_c = 0.667\max\{l_{ni},l_{n,i+1}\}+h_c$

第 i 内支座 2 排钢筋长度 $= \max\{l_{ni},l_{n,i+1}\}/2+h_c = 0.5\max\{l_{ni},l_{n,i+1}\}+h_c$

第 i 内支座 3 排钢筋长度 $= 2\max\{l_{ni},l_{n,i+1}\}/5+h_c = 0.4\max\{l_{ni},l_{n,i+1}\}+h_c$

第 n 内支座 1 排钢筋长度 $= 2\max\{l_{n,n-1},l_{nn}\}/3+h_c = 0.667\max\{l_{n,n-1},l_{nn}\}+h_c$

第 n 内支座 2 排钢筋长度 $= \max\{l_{n,n-1},l_{nn}\}/2+h_c = 0.5\max\{l_{n,n-1},l_{nn}\}+h_c$

第 n 内支座 3 排钢筋长度 $= 2\max\{l_{n,n-1},l_{nn}\}/5+h_c = 0.4\max\{l_{n,n-1},l_{nn}\}+h_c$

2）情况 2：相邻两跨跨度差值大于 20%，此时，大跨用本跨净跨度，小跨用相邻两跨的平均值。

$$各内支座 1 排钢筋长度 = 0.5l_{n大} + 0.167l_{n小} + h_c$$
$$各内支座 2 排钢筋长度 = 0.375l_{n大} + 0.125l_{n小} + h_c$$
$$各内支座 3 排钢筋长度 = 0.3l_{n大} + 0.1l_{n小} + h_c$$

3）情况 3：当相邻两跨大跨跨度大于等于小跨跨度的 2 倍，此时，大跨用本跨净跨度，小跨连续贯通。

$$各小跨及两侧 1 排钢筋长度 = l_{n大}^{左}/3 + h_c^{左} + l_{n小} + l_{n大}^{右}/3 + h_c^{右}$$
$$各小跨及两侧 2 排钢筋长度 = l_{n大}^{左}/4 + h_c^{左} + l_{n小} + l_{n大}^{右}/4 + h_c^{右}$$
$$各小跨及两侧 3 排钢筋长度 = l_{n大}^{左}/5 + h_c^{左} + l_{n小} + l_{n大}^{右}/5 + h_c^{右}$$

(13) 各跨框架梁 KL 上部架立钢筋计算

框架梁 KL 上部架立钢筋构造排布如图 3.2-8 所示。

第 1 跨架立钢筋长度 $= l_{n1}/3 + 300$（仅当架立钢筋为光面钢筋时 $+12.5d$）

第 i 跨架立钢筋长度 $= l_{ni}/3 + 300$（仅当架立钢筋为光面钢筋时 $+12.5d$）

第 n 跨架立钢筋长度 $= l_{nn}/3 + 300$（仅当架立钢筋为光面钢筋时 $+12.5d$）

1）各跨不等，跨度差值小于等于 20% 时：

第 1 跨架立钢筋长度 $= 2l_{n1}/3 - \max\{l_{n1},l_{n2}\}/3$

$+ 300$（仅当架立钢筋为光面钢筋时 $+12.5d$）

第 i 跨架立钢筋长度 $= l_{ni} - \max\{l_{n,i-1},l_{ni}\}/3 - \max\{l_{ni},l_{n,i+1}\}/3$

$+ 300$（仅当架立钢筋为光面钢筋时 $+12.5d$）

第 n 跨架立钢筋长度 $= 2l_{nn}/3 - \max\{l_{n,n-1},l_{nn}\}/3$

$+300$（仅当架立钢筋为光面钢筋时$+12.5d$）

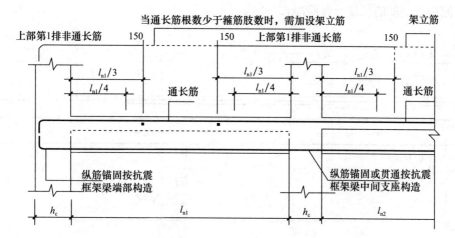

图 3.2-8 框架梁 KL 上部架立钢筋的构造排布示意

2）各跨不等，跨度差值大于 20% 时：

左大跨架立钢筋长度 $= l_{n大}^{左}/3+300$（仅当架立钢筋为光面钢筋时 $+12.5d$）

中间小跨架立钢筋长度 $= l_{n小} - \max\{l_{n大}^{左}, l_{n小}\}/6 - \max\{l_{n大}^{右}, l_{n小}\}/6$
$+300$（仅当架立钢筋为光面钢筋时 $+12.5d$）

右大跨架立钢筋长度 $= l_{n大}^{右}/3+300$（仅当架立钢筋为光面钢筋时 $+12.5d$）

3）各跨不等，大跨跨度差值大于小跨跨度的 2 倍时：

左大跨架立钢筋长度 $= l_{n大}^{左}/3+300$（仅当架立钢筋为光面钢筋时 $+12.5d$）

中间小跨没有架立钢筋，右大跨架立钢筋长度
$= l_{n大}^{右}/3+300$（仅当架立钢筋为光面钢筋时 $+12.5d$）

（14）框架梁 KL 侧面构造钢筋的计算

框架梁 KL 侧面构造钢筋构造排布如图 3.2-9 所示。根据《混凝土结构设计规范》（GB 50010—2010）规定，顶面无板时，h_w 为梁下部钢筋合力作用点到梁混凝土上表面的距离；顶面有板时 h_w 为梁下部钢筋合力作用点到板混凝土底面的距离。

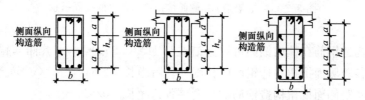

图 3.2-9 框架梁 KL 侧面构造钢筋布置图

侧面构造钢筋间距：顶面无板时，梁底部最上排钢筋往上到梁顶部最下排钢筋之间的距离 200mm 设置 1 道；顶面有板时，是梁底部最上排钢筋往上到板的混凝土底面之间的距离 200mm 设置 1 道。

侧面构造钢筋，在柱内锚固 $15d$，如图 3.2-10 所示。

侧面构造钢筋的长度＝各跨净长＋$24d$。

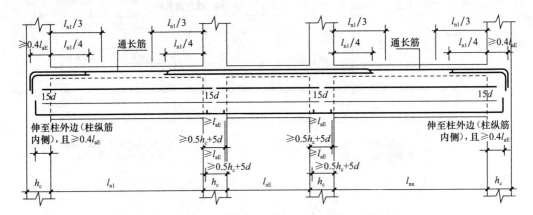

图 3.2-10　框架梁 KL 侧面构造钢筋锚固示意

框架梁 KL 侧面抗扭构造钢筋的锚固如图 3.2-11 所示。侧面抗扭构造钢筋间距由具体设计抗扭计算确定，且当顶面无板时，梁底部最上排钢筋往上到梁顶部最下排钢筋之间间距 200mm 设置一道；顶面有板时，梁底部最上排钢筋往上到板的混凝土底面之间间距 200mm 设置一道。

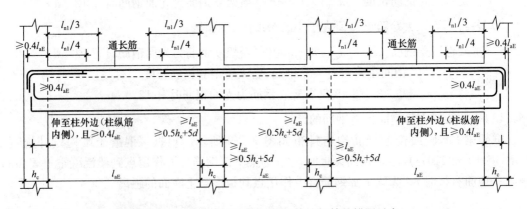

图 3.2-11　框架梁 KL 侧面抗扭构造钢筋的锚固示意

侧面抗扭构造钢筋在柱内锚固可以直锚 l_{aE}（且$\geqslant 0.5h_c+5d$），也可弯锚 $0.4l_{aE}+15d$。

直锚时，各跨侧面抗扭构造钢筋的长度＝各跨净长＋$2\max\{l_{aE}, (0.5h_c+5d)\}$；

弯锚时，各跨侧面抗扭构造钢筋的长度＝各跨净长＋$0.8l_{aE}+30d$。

(15) 框架梁 KL 箍筋的计算

框架梁 KL 箍筋的排布如图 3.2-12 所示。框架梁 KL 的箍筋从距柱内皮 50mm 处开始设置。

设一级抗震等级加密箍筋道数为 $n_{1密}$（计算值取整，下同），$n_{1密}=(2h_b-50)/$加密间距$+1$。设某跨梁一级抗震等级非加密箍筋道数 n_1，$n_1=\{$该跨净跨度$-2[50+(n_{1密}-1)\times$加

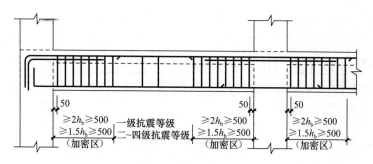

图 3.2-12 框架梁 KL 箍筋排布示意

密间距]}/非加密间距－1。

设二至四级抗震等级加密箍筋道数为 $n_{2密}$，$n_{2密}=(1.5h_b-50)/$加密间距＋1。

设某跨梁二至四级抗震等级非加密箍筋道数为 n_2，$n_2=\{$该跨净跨度－2[50＋($n_{2密}-$1)×加密间距]}/非加密间距－1。

注意：抗震框架梁 KL 的截面高度 h_b 一般不会小于或等于 333.33mm（500/1.5），更不会小于或等于 250mm（500/2），所以这里我们没用 max 函数在 $1.5h_b$ 与 500mm 之间。

进行较大值比较，直接用 $1.5h_b$ 和 $2h_b$ 进行计算。

【例1】 某框架梁截面高度 800mm，净跨度为 7500mm，二级抗震，箍筋为 Φ10@100/200，试计算其道数。

【解】 $n_{2密}=(1.5h_b-50)/$加密间距＋1＝（1.5×800－50）/100＋1＝12＋1＝13 道；

非加密箍筋道数＝{该跨净跨度－2[50＋($n_{2密}-1$)×加密间距]}/非加密间距－1＝{7500－2[50＋（13－1）×100]}/200－1＝[7500－2（50＋1200）]/200－1＝5000/200－1＝25－1＝24 道；

该跨箍筋总道数＝2×13＋24＝50 道。

【例2】 某框架梁截面高度 800mm，净跨度为 7500mm，一级抗震，箍筋为 Φ10@100/200，试计算其道数。

【解】 $n_{1密}=(2h_b-50)/$加密间距＋1＝（2×800－50）/100＋1＝16＋1＝17（道）；

非加密箍筋道数＝{该跨净跨度－2[50＋($n_{1密}-1$)×加密间距]}/非加密间距－1＝{7500－2[50＋（17－1）×100]}/200－1＝[7500－2（50＋1600）]/200－1＝（7500－2×1650）/200－1＝4200/200－1＝21－1＝20（道）；该跨箍筋总道数＝2×17＋20＝54 道，梁箍筋的长度＝$2b+2h-8c+26.5d$。

（16）框架梁 KL 拉筋的计算

框架梁 KL 拉筋的排布如图 3.2-13 所示。以疏密箍筋的分解箍筋为基点，加密箍每 4 档箍筋设置一道拉筋，非加密箍每 2 档设置一道拉筋。拉筋应当同时紧靠箍筋和梁侧向钢筋，且拉住箍筋。

从图 3.2-13 我们看到拉筋道数＝2×加密箍道数/4＋非加密箍筋道数/2，即：一级抗震框架梁的拉筋数量＝$n_{1密}/2+n_1/2$，二至四级抗震框架梁的拉筋数量＝$n_{2密}/2+n_2/2$ 拉筋长度＝梁宽－2×保护层＋$2d_{箍}+2×1.9d_{拉}+2\max\{10d_{拉}，75\}$＝梁宽－2×保护层＋$2d_{箍}+3.8d_{拉}+\max\{20d_{拉}，150\}$。

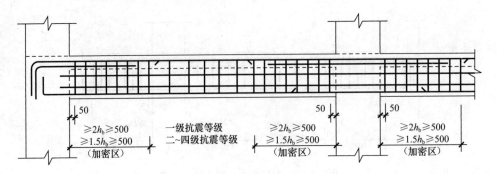

图 3.2-13　框架梁 KL 拉筋排布示意

(17) 框架梁附加箍筋的计算

框架梁 KL 附加箍筋的构造要求如图 3.2-14 所示，主梁箍筋间距 8d（d 为箍筋直径）；最大间距应小于等于正常箍筋间距；当在箍筋加密区范围时，间距应小于等于100mm。附加箍筋的数量直接按照设计标注值采用。长度计算公式与正常箍筋相同。

(18) 框架梁附加吊筋的计算

框架梁 KL 附加吊筋的构造要求如图 3.2-15 所示。附加吊筋宜设在梁上部钢筋的正下方，既可由上部钢筋遮挡它，不被振捣棒振偏位，又不会成为混凝土下行的障碍。

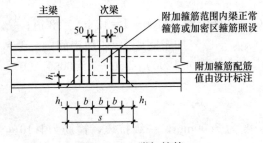

图 3.2-14　附加箍筋

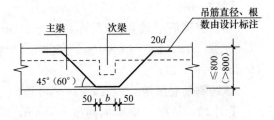

图 3.2-15　框架梁附加吊筋

附加吊筋的数量直接按照设计标注值采用。

当梁上部配有 2 排纵向钢筋时，附加吊筋的长度计算为：

$h_c \leqslant 800mm$，附加吊筋的长度 $= b + 100 + 40d + 2(2h_c - 150)/\sin45°$

$h_c > 800mm$，附加吊筋的长度 $= b + 100 + 40d + 2(2h_c - 150)/\sin60°$

当梁上部配有 1 排纵向钢筋时，附加吊筋的长度计算：

$h_c \leqslant 800mm$，附加吊筋的长度 $= b + 100 + 40d + 2(2h_c - 100)/\sin45°$

$h_c > 800mm$，附加吊筋的长度 $= b + 100 + 40d + 2(2h_c - 100)/\sin60°$

3.3　屋面抗震框架梁 WKL 钢筋的计算

屋面框架梁 WKL 柱外侧钢筋入梁的节点有多种构造，早在 1996 年 11 月颁发的第一本《混凝土结构施工图平面整体表示方法制图规则和构造详图》（96G101）图集，对一级抗震框架有图 3.3-1 的构造要求；对二至四级抗震抗震框架有图 3.3-2 的构造要求。

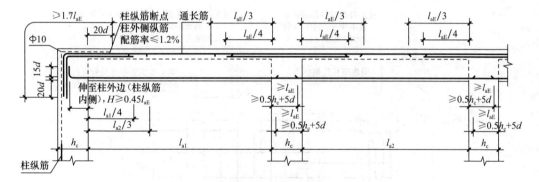

图 3.3-1　一级抗震屋面框架梁的端节点构造示意

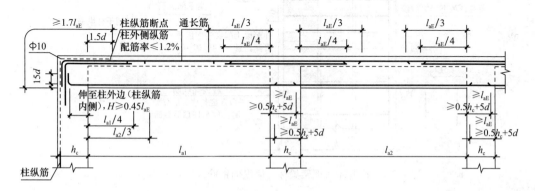

图 3.3-2　二至四级抗震屋面框架梁的端节点构造示意

建设部发布的《混凝土结构施工图平面整体表示方法制图规则和构造详图》（03G101-1），屋面框架梁 WKL 柱外侧钢筋入梁的构造如图 3.3-3 所示。

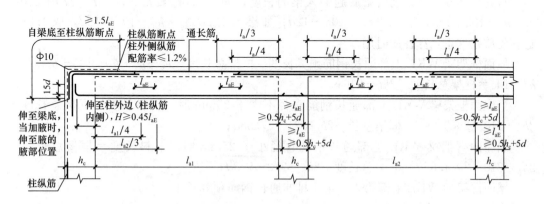

图 3.3-3　抗震屋面框架梁柱外侧纵向钢筋入柱锚固构造示意

时隔 5 年，建设部发布的《混凝土结构施工钢筋排布规则与构造详图》（06G901-1）由中国计划出版社于 2008 年推出第一版，给出的屋面框架梁 WKL 柱外侧钢筋入梁的构造如图 3.3-4 所示。

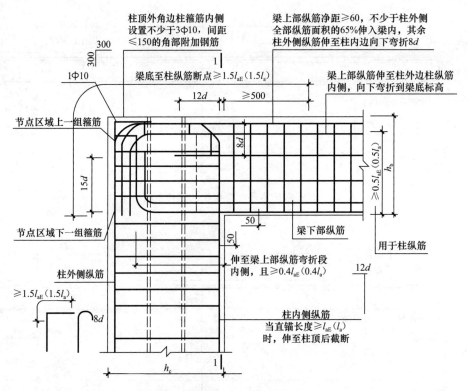

图 3.3-4　抗震屋面框架梁柱外侧纵向钢筋入柱锚固构造示意

我们从图 3.3-1～图 3.3-4 的演变过程中，似乎可以读出建设部专家审查委员会对这个节点连接的倾向性意见，即"紧—放松一点—紧—放松一点"。当然具体工程究竟采用哪种构造，完全由具体项目的结构负责人凭借自己的工程经验和独立判断力来合理选用。

（1）屋面框架梁 WKL 柱外侧钢筋入梁的计算一（图 3.3-3）

首先计算柱外侧钢筋自梁底起的入梁的长度，如果 $1.5l_{aE} \leqslant h_c - 30 + h_b - 75 + 500 = h_c + h_b - 105 + 12d$，取 $h_c + h_b - 105 + 12d$；如果 $1.5l_{aE} > h_c + h_b - 105 + 12d$，取 $1.5l_{aE}$。这些先放在这里，算柱筋时用。

屋面框架梁 WKL 上部通长钢筋预算长度＝框架总长度$-h_c + h_c + h_b - 105 - h_c + h_c + h_b - 105 =$框架总长度$+ 2h_b - 210$；

当屋面框架梁 WKL 上部通长钢筋直径不大于 25mm 时，下料长度＝框架总长度$+ 2h_b - 210 - 2 \times 3.79d =$框架总长$+ 2h_b - 210 - 7.58d$；

当屋面框架梁 WKL 上部通长钢筋直径小于 25mm 时，下料长度＝框架总长度$+ 2h_b - 210 - 2 \times 4.65d =$框架总长度$+ 2h_b - 210 - 9.3d$；

屋面框架梁 WKL 上部第 1 跨第 1 排非通长钢筋预算长度＝$l_{n1}/3 + h_c - 80 + h_b - 25 = l_{n1}/3 + h_c + h_b - 105$；

当屋面框架梁 WKL 上部第 1 跨第 1 排非通长钢筋直径不大于 25mm 时，下料长度$l_{n1}/3 + h_c + h_b - 105 - 3.79d$；

当屋面框架梁 WKL 上部第 1 跨第 1 排非通长钢筋直径大于 25mm 时，下料长度＝$l_{n1}/3 + h_c + h_b - 105 - 4.65d$；

屋面框架梁 WKL 上部第 1 跨第 2 排非通长钢筋预算长度＝$l_{n1}/3 + h_c - 130 + h_b - 75 =$

$l_{n1}/3+h_c+h_b-205$；

当屋面框架梁 WKL 上部第 1 跨第 2 排非通长钢筋直径不大于 25mm 时，下料长度＝$l_{n1}/3+h_c+h_b-205-3.79d$；

当屋面框架梁 WKL 上部第 1 跨第 2 排非通长钢筋直径大于 25mm 时，下料长度＝$l_{n1}/3+h_c+h_b-205-4.65d$；

屋面框架梁 WKL 上部第 n 跨第 1 排非通长钢筋预算长度＝$l_{nn}/3+h_c-80+h_b-25=$ $l_{nn}/3+h_c+h_b-105$；

当屋面框架梁 WKL 上部第 1 跨第 1 排非通长钢筋直径不大于 25mm 时，下料长度＝$l_{n1}/3+h_c+h_b-105-3.79d$；

当屋面框架梁 WKL 上部第 n 跨第 1 排非通长钢筋直径大于 25mm 时，下料长度＝$l_{nn}/3+h_c+h_b-105-4.65d$；

屋面框架梁 WKL 上部第 n 跨第 2 排非通长钢筋预算长度＝$l_{nn}/3+h_c-130+h_b-75=$ $l_{nn}/3+h_c+h_b-205$；

当屋面框架梁 WKL 上部第 n 跨第 2 排非通长钢筋直径不大于 25mm 时，下料长度＝$l_{nn}/3+h_c+h_b-205-3.79d$；

当屋面框架梁 WKL 上部第 n 跨第 2 排非通长钢筋直径大于 25mm 时，下料长度＝$l_{nn}/3+h_c+h_b-205-4.65d$；

中间支座上部非通长钢筋的计算，与 KL 相同。

（2）屋面框架梁 WKL 柱外侧钢筋入梁的计算二（图 3.3-4）

首先计算柱外侧钢筋自梁底起的入梁长度，如果 $1.5l_{aE}\leqslant h_c-30+h_b-75+500=h_c+h_b+395$，取 h_c+h_b+395；如果 $1.5l_{aE}>h_c+h_b+395$，取 $1.5l_{aE}$。

计算柱筋要用上面这些结果。

屋面框架梁 WKL 上部通长钢筋预算长度＝框架总长度－$h_c^{右}+h_c+h_b-105$＝框架总长度－$h_c+h_c+h_b-105$＝框架总长度＋$2h_b-210$；

当屋面框架梁 WKL 上部通长钢筋直径不大于 25mm 时，下料长度＝框架总长度＋$2h_b-210-2\times3.79d$＝框架总长度＋$2h_b-210-7.58d$；

当屋面框架梁 WKL 上部通长钢筋直径大于 25mm 时，下料长度＝框架总长度＋$2h_b-210-2\times4.65d$＝框架总长度＋$2h_b-210-9.3d$；

屋面框架梁 WKL 上部第 1 跨第 1 排非通长钢筋预算长度＝$l_{n1}/3+h_c-80+h_b-25=$ $l_{n1}/3+h_c+h_b-105$；

当屋面框架梁 WKL 上部第 1 跨第 1 排非通长钢筋直径不大于 25mm 时，下料长度＝$l_{n1}/3+h_c+h_b-105-3.79d$；

当屋面框架梁 WKL 上部第 1 跨第 1 排非通长钢筋直径大于 25mm 时，下料长度＝$l_{n1}/3+h_c+h_b-105-4.65d$；

屋面框架梁 WKL 上部第 1 跨第 2 排非通长钢筋预算长度＝$l_{n1}/3+h_c-130+h_b-75=$ $l_{n1}/3+h_c+h_b-205$；

当屋面框架梁 WKL 上部第 1 跨第 2 排非通长钢筋直径不大于 25mm 时，下料长度＝$l_{n1}/3+h_c+h_b-205-3.79d$；

当屋面框架梁 WKL 上部第 1 跨第 2 排非通长钢筋直径大于 25mm 时，下料长度＝l_{n1}

$l_{n1}/3+h_c+h_b-205-4.65d$；

屋面框架梁 WKL 上部第 n 跨第 1 排非通长钢筋预算长度 $=l_{nn}/3+h_c-80+h_b-25=l_{nn}/3+h_c+h_b-105$；

当屋面框架梁 WKL 上部第 1 跨第 1 排非通长钢筋直径不大于 25mm 时，下料长度 $=l_{n1}/3+h_c+h_b-105-3.79d$；

当屋面框架梁 WKL 上部第 n 跨第 1 排非通长钢筋直径大于 25mm 时，下料长度 $=l_{nn}/3+h_c+h_b-105-4.65d$；

屋面框架梁 WKL 上部第 n 跨第 2 排非通长钢筋预算长度 $=l_{nn}/3+h_c-130+h_b-75=l_{nn}/3+h_c+h_b-205$；

当屋面框架梁 WKL 上部第 n 跨第 2 排非通长钢筋直径不大于 25mm 时，下料长度 $=l_{nn}/3+h_c+h_b-205-3.79d$；

当屋面框架梁 WKL 上部第 n 跨第 2 排非通长钢筋直径大于 25mm 时，下料长度 $=l_{nn}/3+h_c+h_b-205-4.65d$；

中间支座上部非通长钢筋的计算，KL 相同。

屋面框架梁 WKL 其他钢筋的计算同楼面框架梁 KL。

侧面抗扭构造钢筋在柱内锚固可以直锚 l_{aE}（且不小于 $0.5h_c+5d$），也可弯锚 $0.4l_{aE}+15d$。直锚时，各跨侧面抗扭构造钢筋的长度 $=$ 各跨净长 $+2\max[l_{aE}，（0.5h_c+5d）]$；弯锚时，各跨侧面抗扭构造钢筋的长度 $=$ 各跨净长 $+0.8l_{aE}+30d$。

3.4 梁钢筋的其他构造

（1）框架梁钢筋锚固弯钩朝向

框架梁钢筋锚固弯钩朝向是怎样的？到网络搜索一下，众口一词，下部钢筋可以朝下，上部钢筋可以朝上，见图 3.4-1。也就是说，可以置规范要求于不顾，随心所欲擅自

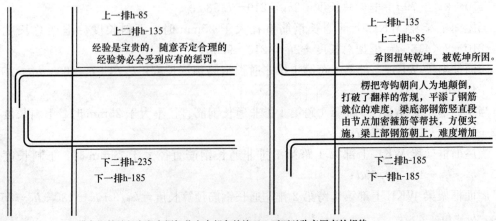

图 3.4-1　框架梁、非框架梁钢筋锚固弯钩朝向

违规做。

（2）悬臂梁的上部纵向钢筋不应设接头。

（3）绑扎搭接接头处梁的箍筋间距加密至 100mm。

（4）主梁内在次梁作用处，该区域梁正常筋或加强区箍筋照设。凡未在次梁两侧注明箍筋者，均在次梁两侧各设 3 组箍筋。箍筋肢数、直径同梁箍筋，间距为 50mm。次梁吊筋在梁配筋图中表示。

（5）主次梁高度相同时，次梁下部纵筋应置于主梁下部纵筋之上，如图 3.4-2 所示。

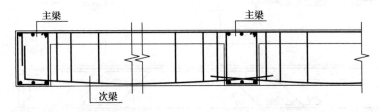

图 3.4-2　主次梁高度相同时钢筋关系

（6）当梁上部纵筋为二排、三排时，箍筋弯钩应做成如图 3.4-3 所示，以保证二、三排钢筋排距正确。箍筋下料长度二排加长 50mm，三排加长 100mm。

（7）井字梁部分的交叉节点不作支座，不计跨度，下部纵筋全部拉通伸入支座，上部钢筋按实际跨度计算延伸长度。

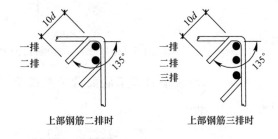

图 3.4-3　当纵筋为二排、三排时箍筋弯钩

（8）梁上预留孔洞，必须事先预留，不得后凿。梁上预留孔洞时，洞口加强筋见图 3.4-4，洞口高度应小于 150mm，洞位置应在梁跨中 1/3 范围内，见图 3.4-4。

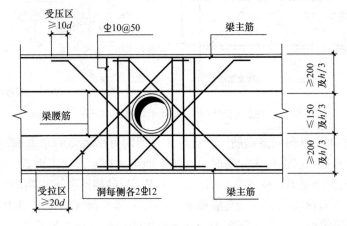

图 3.4-4　梁上预留孔洞加筋构造

（9）当梁的平面或垂直面为折线时，阳角处的纵向钢筋应连续配置，而阴角的纵筋应分离配置，此处箍筋间距加密至 100mm。

（10）梁跨度等于或大于 4m 且小于 9m 时，施工按跨度的 0.3% 起拱，当跨度为 9m 及以上时，按跨度 0.35% 起拱。悬臂梁按悬臂长度的 0.35% 起拱。

（11）柱子（暗柱、端柱）与现浇过梁、圈梁连接时，应在柱内预留插筋，插筋伸出柱外皮长度为 $1.2l_a(l_{aE})$，锚入柱内长度为 $l_a(l_{aE})$。

（12）当外伸梁 $L \geqslant 1500$mm 时和由屋面框架梁延伸出来时，其挑梁端配筋应按图 3.4-5 的做法。

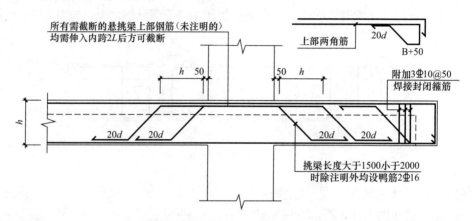

图 3.4-5　外伸梁 $L \geqslant 1500$mm 时和由屋面框架梁延伸出来的构造

（13）当悬挑端封口梁底面低于悬挑梁时，悬挑端应配置 1 Φ 16 三维吊筋，详见图 3.4-6。

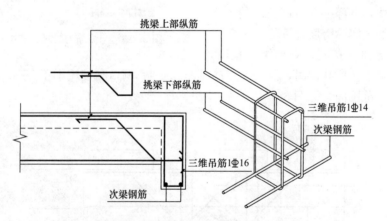

图 3.4-6　悬挑端封口梁底面低于悬挑梁时三维吊筋构造

（14）连梁的侧向纵向构造钢筋，当设计未注明时可由墙体的水平钢筋通过。独立梁、现浇板梁的纵向构造钢筋设计未注明时，可按下面第（17）条要求设置。

（15）屋面处框架梁 KL 按图集 03G101-1 中 WKL 的构造要求。当屋面为反梁结构时，需按照屋面排水方向预埋 Φ 100 钢套管排水，不得后凿。预埋的排水用 Φ 100 钢套管，管底标高应考虑建筑找坡、找平、防水等全部完成后的高度，如果贴着板顶面预埋，建筑屋面一施工，预埋管大部或全部在屋面建筑层里面，白埋。

（16）平面图中梁位置除注明外均为轴线居中或贴柱墙边。

（17）梁侧构造钢筋设计未注明时可参照表 3.4-1 设置。

梁侧构造钢筋选用表   表 3.4-1

梁类别	梁高 h	梁侧向构造钢筋
独立梁	$h=450mm$	2 ⏀ 12
	$450mm<h\leqslant600mm$	4 ⏀ 12
	$600mm<h\leqslant800mm$	6 ⏀ 12
	$800mm<h\leqslant1000mm$，ㅤ	8 ⏀ 12
	$1000<h\leqslant1200mm$	10 ⏀ 12
	$1200mm<h\leqslant1400mm$	12 ⏀ 12
现浇板梁	$500mm<h\leqslant550mm$	2 ⏀ 12
	$550mm<h\leqslant750mm$	4 ⏀ 12
	$750mm<h\leqslant950mm$	6 ⏀ 12
	$950mm<h\leqslant1150mm$	8 ⏀ 12
	$1150mm<h\leqslant1350mm$	10 ⏀ 12
	$1350mm<h\leqslant1550mm$	12 ⏀ 12

注：1. 表中⏀为 HRB400 级钢筋。
　　2. 选用本表应商请原设计办理洽商书面手续。

（18）框架梁下部钢筋在中间支座，能通则通，不能通应优先采用直锚，当支座边长不够直锚时，应优先采用穿过柱子在邻跨梁内锚固。

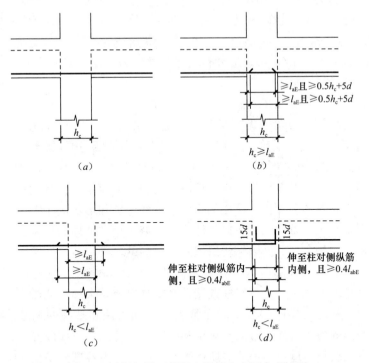

图 3.4-7　框架梁下部纵向钢筋在中间支座锚固
（a）能通则通；（b）柱内锚固；（c）穿过柱在邻跨锚固；（d）不得已时在柱内弯锚

4 剪力墙平法看图钢筋构造与下料

4.1 定义和平法标注

4.1.1 定义

剪力墙指结构墙，主要承受侧向力或地震作用，并保持结构整体稳定的承重墙。在《高层建筑混凝土结构技术规程》JGJ 3—2010、《混凝土结构设计规范》GB 50010—2010和平法图集中称为"剪力墙"，在《建筑抗震设计规范》GB 50011—2010 和《建筑物抗震构造详图》12G329—1 中称为"抗震墙"。

4.1.2 平法标注

剪力墙平法施工图采用列表法或截面注写方式表达。剪力墙编号规定将剪力墙按剪力墙柱、剪力墙身、剪力墙梁三类构件分别编号。

（1）墙柱代号：约束边缘暗柱为 YAZ，约束边缘端柱为 YDZ，约束边缘翼墙（柱）为 YYZ，约束边缘转角墙（柱）为 YJZ，构造边缘端柱为 GDZ，构造边缘暗柱为 GAZ，构造边缘翼墙（柱）为 GYZ，构造边缘转角墙（柱）为 GJZ，非边缘暗柱为 AZ，扶壁柱为 FBZ。

（2）剪力墙身标注：Qxx（x 排）。

（3）剪力墙梁代号：边梁（无交叉暗撑、无交叉钢筋）为 LL，连梁（有交叉暗撑）为 LL（JC），连梁（有交叉钢筋）为 LL（JG），暗梁为 AL，边框梁为 BKL。

由于平法剪力墙结构的钢筋标注具有极其丰富的内涵，包括：剪力墙的墙身、端柱、暗柱、连梁、暗梁、边框梁等构件的钢筋标注，将剪力墙简单的设计表达问题复杂化，再加上建筑物的平面布置的多样化，墙面的交叉节点的种类和形状的千差万别，因此剪力墙暗柱的种类和形状是千变万化的。所以具体设计普遍采用"大样图列表法"表达。

现在，随便拿一份高层剪力墙结构房屋的施工图纸，其中剪力墙暗柱和端柱的节点图就有两三大张，里面密密麻麻地画着各种各样的大样图和简表，只要两个柱稍有一些变化，就得另画一张图，几乎每一个暗柱或端柱都要画出节点大样图和简表，不然就表达不清晰。也就是说，不附大样的列表不能完整表达各种暗柱和端柱的编号、截面形状和尺寸、标高、纵筋的规格和根数、箍筋的规格和间距、拉筋的根数和位置等。

截面注写方式也只不过把"剪力墙墙柱表"中的上述内容搬到平面图上，选用适当比例原位放大绘制上述大样图。这样的"平法标注"方式与传统的结构平面图索引构造详图的设计表现方式没有区别，未显出平法优势。

对比之下，梁的平法标注方式沿用了 100 多年，只是在 1996 年以国家建筑标准设计图集模式在我国全面推广，上升到框架梁的集中标注和原位标注，采用了一套完整的符号表示规则和标准构造详图，成为平法规则的典范。

4.2 剪力墙钢筋构造

4.2.1 剪力墙墙身水平分布钢筋构造

一字型剪力墙水平钢筋配筋与有暗柱一字型剪力墙水平钢筋配筋构造如图 4.2-1 所示。

图 4.2-1 注意三点：第一，什么叫做当墙厚较小？在 03G101-1 时代，剪力墙厚度 $t-2\times$剪力墙水平钢筋保护层$<15d$（此处 d 是水平钢筋理论直径，不是外直径）就是剪力墙厚度较小（较小与什么比较小，墙厚$-2\times$保护层与 $15d$ 比较大小）；现在是 11G101-1 时代，当剪力墙厚度 $t-2\times$剪力墙水平钢筋保护层$<10d$（此处 d 是水平钢筋理论直径，不是外直径）就是剪力墙厚度较小。

第二，U 形筋做成长短腿，上下沿高度错开搭接，对面对错开搭接。13G101-11《G101 系列图集施工常见问题答疑图解》第 3-4 页要求错开，可是两条腿一样长，就交错不了。

第三，拐 $10d$ 的水平钢筋长度是一样的，图面如果画得一样长，就叠合了，就看不清楚，实际是一样长，$10d$ 端头的重合部分系上下叠放。

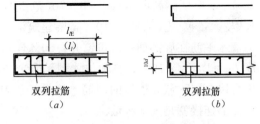

图 4.2-1 一字型剪力墙水平钢筋配筋
(a) 端部无暗柱时剪力墙水平钢筋端部做法（一）
（当墙厚度较小时）；
(b) 端部无暗柱时剪力墙水平钢筋端部做法（二）

【**特别提示 1**】 螺纹钢筋理论直径（通常说的标称直径），既不是内直径，也不是外直径，实际并不存在。在计算钢筋的收头长度（如本例的 $15d$ 或者 $10d$）、锚固长度、搭接长度时，使用螺纹钢筋理论直径。在计算钢筋排布净间距、计算箍筋长度、计算梁截面有效高度时，用实际存在的外直径，因为外直径实实在在占据了实物空间。梁纵向钢筋最小净间距控制的目的是为了保证混凝土骨料通过钢筋空档进入到构件内部。

剪力墙转角墙节点构造有如图 4.2-2、图 4.2-3、图 4.2-4 所示的三种做法。

当剪力墙转角墙一肢较短，暗柱外较短肢长度$\leqslant2.4l_{aE}+500mm$（$\leqslant2.4l_a+500mm$）

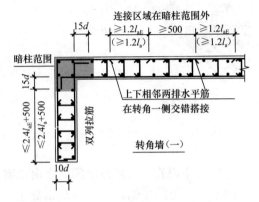

图 4.2-2 剪力墙转角墙水平钢筋配筋（一）

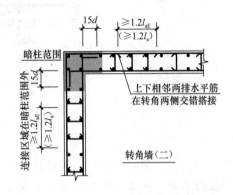

图 4.2-3 剪力墙转角墙水平钢筋配筋（二）

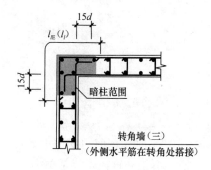

图 4.2-4 剪力墙转角墙水平
钢筋配筋（三）

时，采用图 4.2-2 剪力墙转角墙水平钢筋配筋（一）的构造。

当剪力墙转角墙二肢都较长时，可采用图 4.2-3 剪力墙转角墙水平钢筋配筋（二）的构造。

当剪力墙转角墙二肢更长时，可采用图 4.2-4 剪力墙转角墙水平钢筋配筋（三）外侧水平筋在转角处连接的构造。

【特别提示 2】 图 4.2-4 剪力墙转角墙水平钢筋配筋（三）外侧水平筋在转角处连接构造用于剪力墙底部加强部位及其上一层时，如 11G101-1《混凝土结构施工图平面整体表示方法制图规则和构造详图》（现浇混凝土框架、剪力墙、梁板）第 21 页的 1、2、3 层（标高 $-0.030 \sim 8.67\mathrm{m}$ 范围），$l_{lE} = 1.6 l_{aE}$；用于剪力墙其他部位时，$l_{lE} = 1.2 l_{aE}$。依据：JGJ 3—2010《高层建筑混凝土结构技术规程》第 7.2.20 条 2 款，要求剪力墙水平筋在底部加强部位错开，50% 连接，现在在转角，错开不了，就用 100% 连接长度 $l_{lE} = 1.6 l_{aE}$ 来加强；其他位置则无需错开，就用 $l_{lE} = 1.2 l_{aE}$ 来设计与施工。凡是规范明确可以在同一截面连接的钢筋，连接长度都只要 $l_{lE} = 1.2 l_{aE}$（$l_l = 1.2 l_a$），否则，可在同一截面连接就是一句废话。

图 4.2-2、图 4.2-3、图 4.2-4 所示之三种做法中，在暗柱与连接点之间都有一个空档，这个空档可取一个该墙肢的厚度，譬如说，Q1 是 11G101-1《混凝土结构施工图平面整体表示方法制图规则和构造详图》（现浇混凝土框架、剪力墙、梁板）第 23 页①轴＼Ⓐ轴交点的转角墙，厚度是 300mm，那么第一组连接就从距离暗柱 300mm 处开始。

当剪力墙 T 形相交和卜字形相交时，被称为剪力墙翼墙。翼墙的水平钢筋配筋节点构造如图 4.2-5 所示。设斜交卜字形翼墙的锐角为 α 角，则伸入斜墙的长度＝（斜墙厚度－保护层）/sinα。弯折角＝$(\pi - \alpha)$，弯折后的长度 15d，与 T 形的 90°弯折后的长度相等。

剪力墙 T 形相交和卜字形相交时，相交处有或者没有暗柱，都按图 4.2-5 设计与施工。

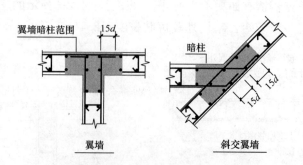

图 4.2-5 剪力墙翼墙水平钢筋配筋

剪力墙转角的内侧和外侧仅是对剪力墙某个特定的转角而言，与房屋空间的室内或室外没有关系。在 Z 字形剪力墙中，某根钢筋的一端位于 A 角的外侧，另外一端则处于 B 角的内侧，内外仅对一个特定角（见图 4.2-6）剪力墙 Z 形墙水平钢筋配筋构造。

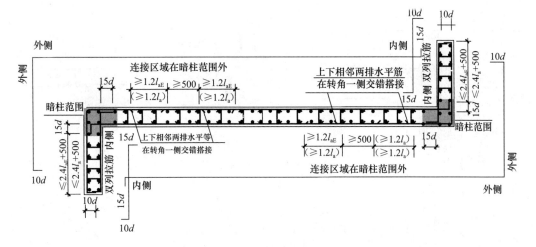

图 4.2-6　剪力墙 Z 形墙水平钢筋配筋构造

　　原 08G101-11《G101 系列图集施工常见问题答疑图解》第 31 页第 3.3 条解释最后一句话，当剪力墙较厚时水平钢筋可以在阳角处搭接（图 4.2-7）。

　　那么，"较厚"究竟该如何把握呢？我们看这个详图，表达得很清楚：当剪力墙拐角处连接 $l_l(l_{lE})$ 的两个端头都在剪力墙厚度之内，此时的剪力墙就是较厚。较厚与否，不是看剪力墙的绝对厚度，而是看剪力墙厚度是否不小于 $0.5l_l(0.5l_{lE})$ ＋保护层厚度，如果剪力墙厚度不小于 $0.5l_l(0.5l_{lE})$ ＋保护层厚度，就是较厚。

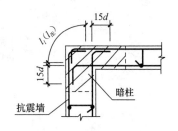

图 4.2-7　较厚剪力墙
转角构造示意

　　从这个详图还可以看到：剪力墙拉筋的钩子必须拉住剪力墙水平分布钢筋，而且拉筋一端做 90°钩，另一端做 135°钩，这是混凝土施工规范有规定，可以一端做 90°钩。

　　这在《混凝土结构施工图平面整体表示方法制图规则和构造详图（箱形基础和地下室结构）》（08G101-5）也已经给出，剪力墙拉筋的钩子一端做 135°钩，一端可做 90°钩，但是需要上下左右错开设置。这是比较切合实际的做法，具体可以将一端做成 135°钩，一端可做成 90°～92°钩，也就是说，可以略微勾进一些，这样拉得更妥帖。

　　剪力墙钢筋锚固和连接应符合下列几点要求：

　　(1) 非抗震设计时，剪力墙纵向钢筋最小锚固长度应取 l_a；抗震设计时，剪力墙纵向钢筋最小锚固长度应取 l_{aE}；l_a、l_{aE} 的取值应分别符合相关规定；剪力墙水平分布钢筋在端柱内锚固示意如图 4.2-8、图 4.2-9 所示。

　　(2) 剪力墙竖向及水平分布钢筋的搭接连接如图 4.2-10 所示，一级、二级抗震剪力墙的加强部位接头位置应错开，每次连接的钢筋数量不宜超过总数量的 50%，错开净距不宜小于 500mm；其他情况的剪力墙钢筋可在同一部位连接。非抗震设防时，分布钢筋的搭接长度不应小于 $1.2l_a$；抗震设防设计时，不应小于 $1.2l_{aE}$。

　　剪力墙为二排筋时，对面两排竖向和水平配筋的规格数量都是相同的，水平、竖向钢筋均匀分布，拉筋需与各排分布筋绑扎。

　　剪力墙为三排筋时，往往外侧两排与中间排竖向和水平配筋的规格数量都是不同的，

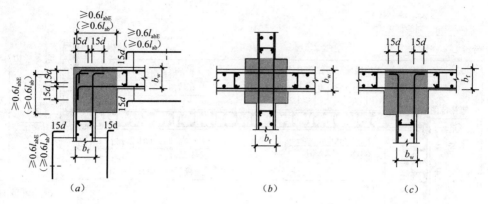

图 4.2-8　框架-剪力墙结构之剪力墙穿框架柱构造

（a）剪力墙穿角柱；（b）剪力墙穿中间柱；（c）剪力墙穿边柱

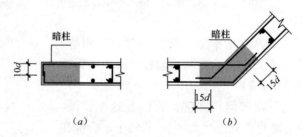

图 4.2-9　剪力墙端部暗柱收头构造、斜角暗柱构造

（a）端部有暗柱时剪力墙水平钢筋端部做法；（b）斜角墙

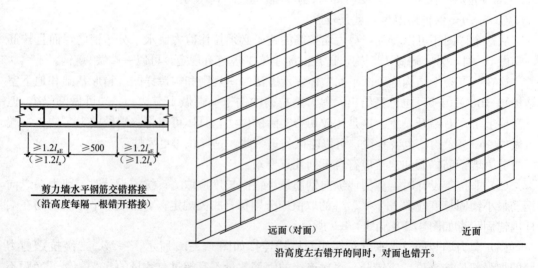

图 4.2-10　一、二级抗震设防的剪力墙底部加强部位水平筋连接构造

外侧直径较大，间距较密；中间排配筋直径较小，间距较大，水平、竖向钢筋均匀分布，拉筋需与各排分布筋绑扎。

　　剪力墙为四排筋时，往往外侧两排与内部两排竖向和水平配筋的规格数量都是不同的，外侧直径较大，间距较密；内部两排配筋直径较小，间距较大，水平、竖向钢筋均匀

剪力墙双排配筋

剪力墙三排配筋

（水平、竖向钢筋均匀分布，
拉筋需与各排分布筋绑扎）

剪力墙四排配筋

（水平、竖向钢筋均匀分布，
拉筋需与各排分布筋绑扎）

图 4.2-11　剪力墙二、三、四排水平筋连接构造

分布，拉筋需与各排分布筋绑扎（图 4.2-11）。

此时往往会用列表法表示，例如某剪力墙表写明 Q11（3 排）的竖向配筋和水平配筋均为 2 Φ 20@200＋3 Φ 14@200。这个标注的意思是：外排水平钢筋和竖向钢筋均配置为 Φ 20/14@100，中间排水平钢筋和竖向钢筋均配置为 Φ 14@200。

剪力墙多排配筋的竖向钢筋构造按图 4.2-12 所示设计与施工；剪力墙多排配筋的拉筋构造也按图 4.2-12 所示设计与施工。

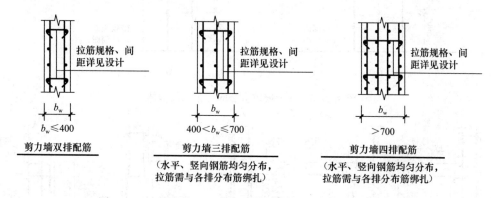

剪力墙双排配筋

剪力墙三排配筋

（水平、竖向钢筋均匀分布，
拉筋需与各排分布筋绑扎）

剪力墙四排配筋

（水平、竖向钢筋均匀分布，
拉筋需与各排分布筋绑扎）

图 4.2-12　剪力墙二、三、四排配筋构造和剪力墙拉筋构造

注：按照混凝土施工规范，墙拉筋可以一端做 90°钩，另一端做 135°钩，弯弧后的水平段可以取 5d。

4.2.2　剪力墙墙身竖向分布钢筋构造

（注：平面类构件的配筋都称为分布钢筋）

一、二级抗震等级或非抗震剪力墙竖向分布钢筋直径小于等于 28mm 时钢筋搭接构造，HPB300 级钢筋端头加 180°弯钩［图 4.2-13（a）］。

三、四级抗震等级或非抗震剪力墙竖向分布钢筋直径小于等于 28mm 时可在同一部位连接，HPB300 级钢筋端头加 180°回头钩［图 4.2-13（b），图中 180°回头钩没有画出］。

各级抗震等级或非抗震剪力墙竖向分布钢筋采用电渣压力焊连接［图 4.2-13（c）］。

各级抗震等级或非抗震剪力墙竖向分布钢筋直径大于 28mm 时采用机械连接［图 4.2-13（d）］。

剪力墙层间变截面处竖向钢筋构造如图 4.2-14 所示。

有（无）暗梁情况下，剪力墙与顶板连接构造如图 4.2-15、图 4.2-16 所示。

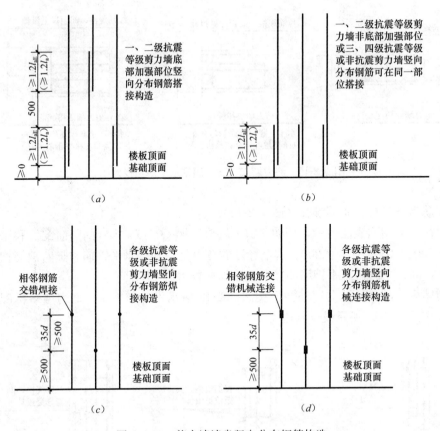

图 4.2-13　剪力墙墙身竖向分布钢筋构造

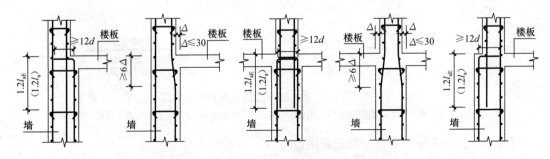

图 4.2-14　剪力墙层间变截面处竖向钢筋构造

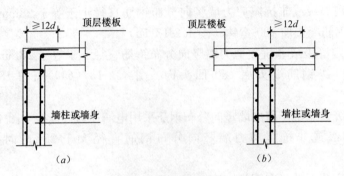

图 4.2-15　剪力墙与顶板连接（无暗梁）示意

（a）构造一；（b）构造二

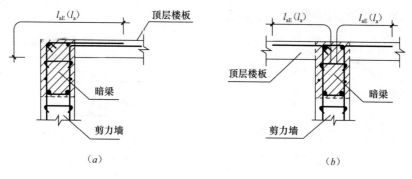

图 4.2-16　剪力墙与顶板连接（有暗梁）示意

(a) 构造一；(b) 构造二

4.2.3　剪力墙约束边缘构件钢筋构造

剪力墙暗柱及端柱内纵向钢筋连接和锚固要求宜与框架柱相同（图 4.2-17～图 4.2-20）。

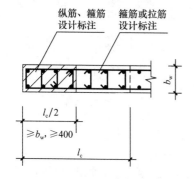

图 4.2-17　约束边缘暗柱（YAZ）示意

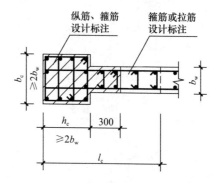

图 4.2-18　约束边缘端柱（YDZ）示意

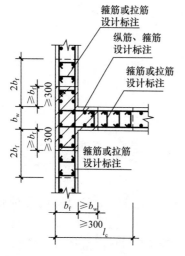

图 4.2-19　约束边缘翼墙（柱，YYZ）示意

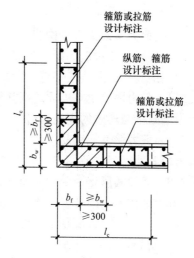

图 4.2-20　约束边缘转角墙（柱，YJZ）示意

4.2.4 剪力墙构造边缘构件钢筋构造 （图 4.2-21～图 4.2-26）

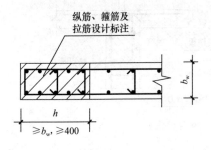

图 4.2-21 构造边缘暗柱（GAZ）示意

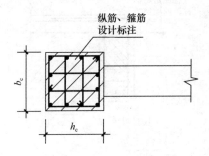

图 4.2-22 构造边缘端柱（GDZ）示意

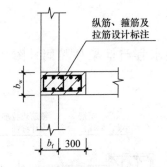

图 4.2-23 构造边缘翼墙（柱，GYZ）示意

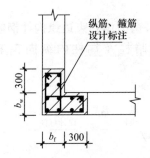

图 4.2-24 构造边缘转角墙（柱，GJZ）示意

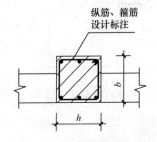

图 4.2-25 扶壁柱（FBZ）示意

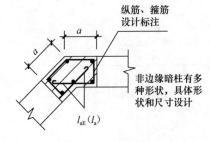

图 4.2-26 非边缘暗柱（AZ）示意

4.2.5 剪力墙连梁钢筋构造

剪力墙连梁钢筋构造如图 4.2-27～图 4.2-29。

剪力墙的竖向钢筋连续穿越暗梁和边框架如图 4.2-30、图 4.2-31。

4.2.6 剪力墙暗梁与连梁的钢筋构造

剪力墙暗梁与连梁的钢筋构造如图 4.2-32 所示。

4.2.7 剪力墙其他钢筋构造

剪力墙其他钢筋构造如图 4.2-33 所示。

4.2.8 剪力墙第一道竖向钢筋 （图 4.2-34）

《混凝土结构施工图平面整体表示方法制图规则和构造详图》03G101-1 没有对剪力墙第一道竖向钢筋标注，《混凝土结构施工钢筋排布规则和构造详图》（06G901-1）对剪力墙第一道竖向钢筋标注为 s（一个标准间距），《混凝土结构施工图平面整体表示方法制图规则和构造详图》08G101-5 对剪力墙第一道竖向钢筋标注为 $a/2$（半个标准间距），业界

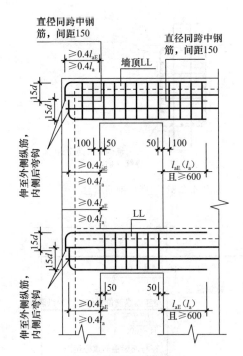

图 4.2-27 墙端部洞口连梁配筋示意

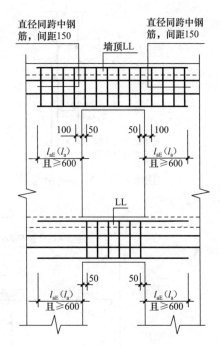

图 4.2-28 单洞口连梁（单跨）配筋示意

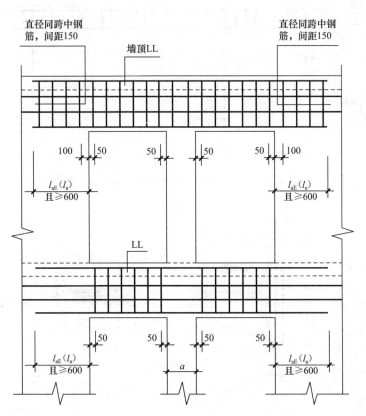

图 4.2-29 双洞口连梁（双跨）示意

注：当 $a \leqslant 2l_{aE}$ 时，两侧连梁配筋应拉通，支座内应配箍筋。

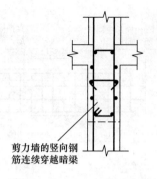

图 4.2-30　AL 钢筋示意

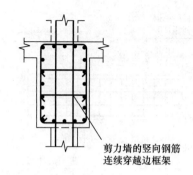

图 4.2-31　BKL 钢筋示意

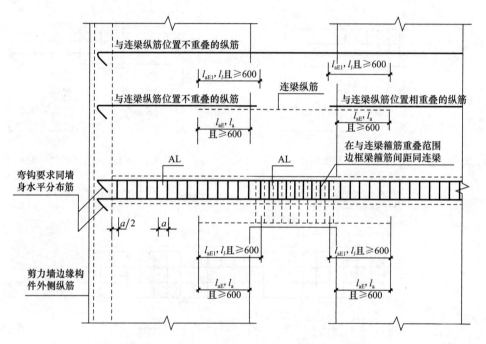

图 4.2-32　剪力墙暗梁与连梁的钢筋构造示意

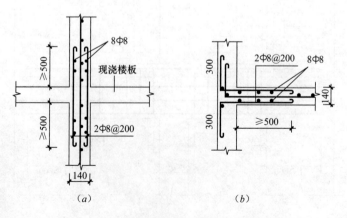

图 4.2-33　剪力墙单排钢筋增设加强筋示意

（a）墙与楼板相连；（b）墙与墙相连

还有自立标准取 50mm 作为所谓的第一间距，综合上述所列，我们主张：从剪力墙中路向两层排布，到边缘处与剪力墙暗柱或端柱的间距不大于一个标准间距。这样处理，在实践中具有可操作性。而那种所谓的第一间距，在理论上讲不通，如果以左端作为第一间距，那么右端又是第几间距？也就是说，第一间距学说在理论上经不起推敲，不能自圆其说；在实践中因为出现两个第一而不能自圆其说。

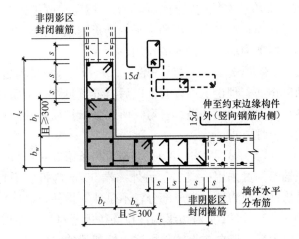

图 4.2-34　剪力墙起步钢筋示意

4.2.9　剪力墙拉筋设置（图 4.2-35）

当拉筋间距 s_x 或 s_y 跨越偶数个标准间距时，拉筋可以梅花形设置，此时梅花中点是竖向钢筋与水平钢筋的交汇点。

当拉筋 s_x 或 s_y 跨越奇数个标准间距时，拉筋就只能矩形设置，不能梅花形设置，因为此时梅花中点是空挡。

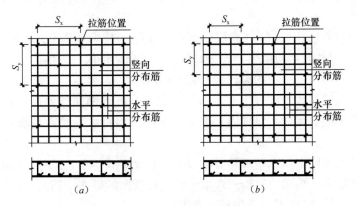

图 4.2-35　剪力墙拉筋设置示意

（a）梅花形排布；（b）矩形排布

4.2.10　拉筋端点保护层设置

按照要求，拉筋应紧靠竖向钢筋与水平钢筋的交汇节点，拉住外侧水平钢筋，而外侧水平钢筋的保护层厚度往往只有 15mm，拉筋直径为 8mm 的话，拉筋端头保护层理论上只有 7mm，实际上也就 3～5mm；当拉筋直径再大时，端点就外露了，没有保护层。对于这个问题，以往是通过装饰装修来解决的。各国对混凝土构件钢筋条面均有保护层要求，对钢筋端头均没有保护层要求，譬如先张法生产的预应力圆孔板，钢筋端头是外露的，没有保护层要求；又譬如高架路桥的预应力后张法锚具与预应力钢筋也是裸露的，依靠后期的装饰装修来保护其不被锈蚀。

拉筋两端的拉钩角度若均为 135°，套的时候拉起来难度较大、一端拉好，另外一端由于 135° 10d 钩的存在，要将所在侧的竖向钢筋和水平钢筋"按进去"一个 135°钩的长度，才能套进去，在套的过程中，对竖向钢筋和水平钢筋折腾较厉害，套进去之后的钢筋拉筋较松弛，完全起不到拉紧剪力墙两侧钢筋的作用。

拉钩角度若一端为 135°（先套），另外一端为 90°～92°（稍微勾进一点，后勾），拉筋便可以拉紧剪力墙两侧钢筋。理论上可以套上以后再继续打弯，但实际上无法实现，因为扳手受到双向钢筋网片的阻挡而无法继续打弯。所以强求拉筋两端的拉钩角度均做 135°是脱离施工工艺实际的不合理要求。

《混凝土结构施工规范》GB 50666—2011 第 5.3.6 条第 3 款：拉筋用作剪力墙、楼板等构件中拉结时，两端弯钩可采用一端 135°另外一端 90°，弯折后平直段长度不应小于拉筋直径的 5 倍。边缘构件是剪力墙的组成部分，不是独立构件，《G101 系列图集施工常见问题答疑图解》13G101-11 第 3-2 页对边缘构件拉筋按规范对柱的要求未必合理。

4.2.11　关于以剪力墙为竖向支撑构件标注为框架梁的锚固问题

随着高层剪力墙结构住宅房屋的大量兴建，在施工图设计文件中以剪力墙为竖向支撑构件标注为框架梁的持续出现，而这在平法系列图集中，还没有给出标注规则和广义标准化构造详图。

（1）垂直于剪力墙的 KL 锚固问题。

剪力墙高层住宅结构，墙的厚度一般为 160、180、200、220mm 等，层数较高的，还有 300、350mm。有与墙平行的标注为 KL 的梁，也有与墙垂直相交的标注为 KL 或 L 的梁。

对于垂直与墙面的楼面梁，《高层建筑混凝土结构技术规程》JGJ 3—2002 第 7.1.11 条作出如下规定："楼面梁与剪力墙连接时，梁内纵向钢筋应伸入墙内，并可靠锚固。"

对于这个可靠锚固，不同的设计者，有不同的理解：

有的认为无法满足大于或等于 0.4 倍锚固长度，可将钢筋代换成小直径；有的认为，当弯锚的水平段不能满足 0.4 倍锚固长度时，不得采用将水平段不足部分加长到 90°弯折 15d 的错误做法。

更多的设计人员则采用水平段和竖直段的总长大于或等于 $l_{aE}(l_a)$ 的做法，他们认为，这样做就是可靠锚固。采用"直锚＋弯锚＝锚固长度"的做法，满足《高层建筑混凝土结构技术规程》JGJ 3—2002 对可靠锚固的要求。

可靠锚固应由具体设计的设计院确定其方式，不同的设计院有不同的做法，建议在图纸会审中提出。

首先来看垂直于剪力墙的标注为 KL 的梁，采用小直径钢筋代换究竟行还是不行。

【实例】　某 KL 截面为 200mm×500mm，三级抗震，混凝土强度等级为 C30，上下均配有 4 根直径为 25mm 的 HRB335 级带肋钢筋，搁置在厚度为 200mm 的剪力墙上，剪力墙混凝土强度等级为 C30，三级抗震。

按照要求，直径 22mm 的 HRB335 级钢筋二级抗震，抗震锚固长度 $l_{aE}=31d=31 \times 25=775$mm，其 0.4 倍是 310mm，200mm 厚的剪力墙，扣 25mm 保护层，水平段的可排布长度是 175mm，令 $0.4 \times 31d=175$mm，解得 $d=175/(0.4 \times 31)=175/12.4=14.11$mm，也就是说，只有直径在 14mm 以下的钢筋方可满足水平段长度不小于 $0.4l_{aE}$ 的要求。

直径 25mm 的 4 根钢筋，截面积为 1964mm²，每根直径 14mm 的钢筋截面积为 153.9mm²，假如要用直径 14mm 的钢筋替代 4 根直径 25mm 的钢筋，所需要的根数是 1964/153.9=12.76，取 13 根，原设计为 2 排筋，需要用 3、4 排筋来替代，显然不合适。因此，遇到此类问题，要遵循具体设计要求，不得擅自替换钢筋直径。

（2）平行于剪力墙的 KL 锚固问题

平行于剪力墙的 KL 钢筋锚固，分两种情况，当肢长大于或等于 4 倍的墙厚，且大于或等于 KL 水平钢筋 $l_{aE}+25$mm 时，直锚 l_{aE}，当肢长小于 4 倍的墙厚，或小于 KL 水平钢筋 $l_{aE}+25$mm 时，参照框架柱要求进行锚固，即 $0.4l_{aE}$ 且伸到边缘钢筋内侧 $+90°$ 弯 $15d$。

对于这个 4 倍的墙厚，其依据为 11G101-1《混凝土结构施工图平面整体表示方法制图规则和构造详图》（现浇混凝土框架、剪力墙、梁、板）图集，其中，第 62 页"抗震框架柱和小墙肢箍筋加密区高度选用表"表注 3 指出："小墙肢即墙肢长度不大于墙厚 4 倍的剪力墙"。这就是说，墙肢长度不大于墙厚 4 倍的剪力墙小墙肢应当可以视作框架柱。此时的剪力墙-框架梁纵向钢筋可按照 11G101-1 图集第 79 页进行构造，除此之外，均按连梁构造。

4.3 剪力墙钢筋计算

在计算剪力墙钢筋时，需要考虑两个问题。

第一，剪力墙需要计算哪些钢筋。剪力墙主要由墙身、墙柱、墙梁、洞口四大部分构成，其中墙身钢筋包括水平筋、垂直筋、拉筋和洞口加强筋；墙柱包括暗柱和端柱两种类型，其钢筋主要有纵筋和箍筋；墙梁包括暗梁和连梁两种类型，其钢筋主要有纵筋和箍筋。

第二，计算剪力墙墙身钢筋需要考虑以下几个构造因素：基础形式、中间层和顶层构造；墙柱、墙梁与墙身钢筋的衔接（扣除，避免重复计取）。

4.3.1 墙身竖向筋计算

（1）基础插筋

基础插筋分基础梁、基础反梁、厚度不大于 2000mm 筏板和厚度大于 2000mm 筏板 4 种情况计算。

1）剪力墙在基础梁中插筋计算，见图 4.3-1（a），其中，墙插筋须插至基础梁底部并支在梁底部纵筋上。

基础插筋长度=基础梁高度-基础梁底部保护层-基础梁下部纵向钢筋直径+基础底部弯折 a+伸出基础顶面外露长度+与上层钢筋连接（如采用焊接时，搭接长度为 0）。

2）剪力墙在基础反梁中插筋计算，见图 4.3-1（b），其中，墙插筋须插至基础梁底部并支在梁底部纵筋上。

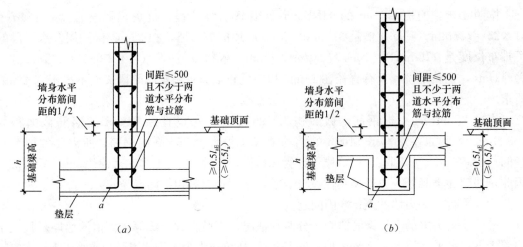

图 4.3-1　剪力墙钢筋在基础梁中的插筋（锚固）构造示意

（a）基础梁；（b）基础反梁

　　基础插筋长度＝基础反梁高度－基础梁底部保护层－基础梁下部纵向钢筋直径＋基础底部弯折 a＋伸出基础顶面外露长度＋与上层钢筋连接（如采用焊接时，搭接长度为 0）。

　　3）剪力墙在厚度不大于 2000mm 的筏板中插筋计算，见图 4.3-2（a），其中，墙插筋须插至基础梁底部并支在梁底部纵筋上。

　　基础插筋长度＝基础板厚度－筏板下部保护层－筏板下部两个方向纵向钢筋直径＋基础底部弯折 a＋伸出基础顶面外露长度＋与上层钢筋连接（如采用焊接时，搭接长度为 0）。

　　4）剪力墙在厚度大于 2000mm 的筏板中插筋计算，见图 4.3-2（b），其中，墙插筋须插至基础梁底部并支在梁底部纵筋上。

　　基础插筋长度＝筏板厚度/2＋基础弯折 a＋伸出基础顶面外露长度＋与上层钢筋连接（如采用焊接时，搭接长度为 0）。

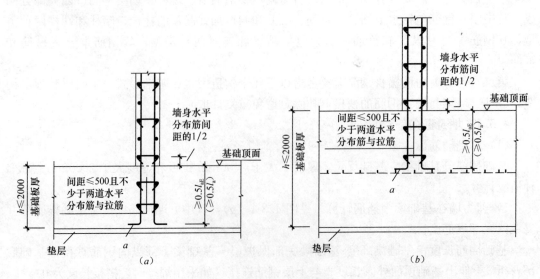

图 4.3-2　剪力墙钢筋在基础筏板中的插筋（锚固）构造示意

（a）基础平板底部与顶部配置钢筋网；（b）基础板底部、顶部与中部均配置钢筋网

（2）中间层（标准层）竖向钢筋长度计算。

1）绑扎搭接连接（图 4.3-3）。

中间层（标准层）竖向钢筋长度＝层高。

一、二级抗震等级剪力墙竖向分布钢筋直径小于或等于 28mm 时，钢筋采用搭接构造，如图 4.3-3（a）所示，HPB235 级钢筋端头加 5d 直钩。三、四级抗震等级或非剪力墙竖向分布钢筋直径小于或等于 28mm 时，可在同一部位连接，如图 4.3-3（b）所示，HPB235 级钢筋端头加 5d 直钩。

2）机械连接（图 4.3-4）。

中间层（标准层）竖向钢筋长度＝层高－3mm。

3）电渣压力焊连接（图 4.3-4）。

中间层（标准层）竖向钢筋长度＝层高＋20mm（热熔损耗）。

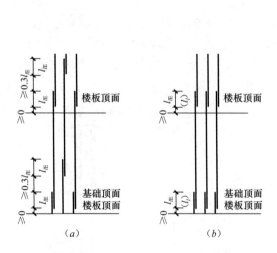

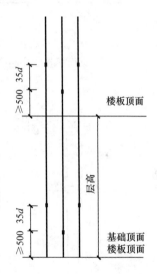

图 4.3-3　剪力墙中间层（标准层）竖向钢筋长度示意 　图 4.3-4　剪力墙竖向钢筋的机械连接或
　　　（a）一、二级抗震等级；（b）三、四级抗震等级 　　　　　　　电渣压力焊连接示意

（3）顶层竖向钢筋长度

1）一、二级抗震剪力墙顶层竖向钢筋绑扎搭接连接（图 4.3-5）。

顶层竖向钢筋长度 1（低桩较长）＝顶层层高－l_{lE}－板厚度＋l_{aE}＋板上部保护层厚度

顶层竖向钢筋长度 2（高桩较短）＝顶层层高－2.3l_{lE}－板厚度＋l_{aE}＋板上部保护层厚度

2）三、四级抗震剪力墙顶层竖向钢筋绑扎搭接连接（图 4.3-6）。

顶层竖向钢筋长度（低桩较长）＝顶层层高－l_{lE}－板厚度＋l_{aE}＋板上部保护层厚度

3）非抗震剪力墙顶层竖向钢筋绑扎搭接连接（图 4.3-6）。

顶层竖向钢筋长度（低桩较长）＝顶层层高－l_l－板厚度＋l_a＋板上部保护层厚度

4）一、二级抗震剪力墙顶层竖向钢筋机械连接（图 4.3-7）。

顶层竖向钢筋长度 1（低桩较长）＝顶层层高－500mm－板厚度＋l_{aE}＋板上部保护层厚度

顶层竖向钢筋长度 2（高桩较短）＝顶层层高－500mm－35d－板厚度＋l_{aE}＋板上部保护层厚度

5）三、四级抗震与非抗震剪力墙顶层竖向钢筋机械连接（图 4.3-8）。

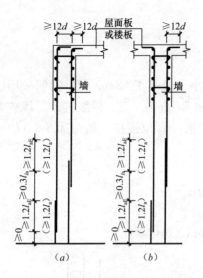

图 4.3-5　一二级抗震剪力墙顶层竖向
钢筋绑扎搭接连接
(a) 边墙；(b) 中间墙

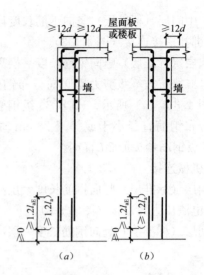

图 4.3-6　三四级抗震或非抗震剪力墙顶层
竖筋绑扎搭接连接
(a) 边墙；(b) 中间墙

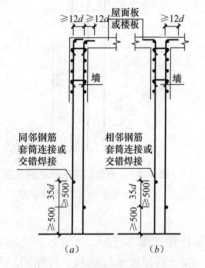

图 4.3-7　一二级抗震剪力墙竖向钢筋
机械连接或电渣压力焊
(a) 边墙；(b) 中间墙

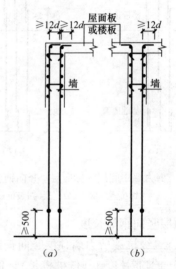

图 4.3-8　三四级抗震或非抗震剪力墙竖向
钢筋机械连接或电渣压力焊
(a) 边墙；(b) 中间墙

顶层竖向钢筋长度＝顶层层高－500mm－板厚度＋l_{aE}＋板上部保护层厚度

6）一、二级抗震剪力墙顶层竖向钢筋电渣压力焊连接（图 4.3-7）。

顶层竖向钢筋长度 1（低桩较长）＝顶层层高－480mm－板厚度＋l_{aE}＋板上部保护层厚度

顶层竖向钢筋长度 2（高桩较短）＝顶层层高－480mm－35d－板厚度＋l_{aE}＋板上部保护层厚度

7）三、四级抗震与非抗震剪力墙顶层竖向钢筋电渣压力焊连接（图 4.3-8）。

顶层竖向钢筋长度（低桩较长）＝顶层层高－480mm－板厚＋l_{aE}＋板上部保护层厚度

116

在 6) 和 7) 的钢筋电渣压力焊连接时，减去 500mm，加上 20mm 热熔损耗，所以变成减去 480mm。墙柱竖向钢筋计算同墙身竖向钢筋。

4.3.2 墙身水平筋计算

(1) 一形两端无暗柱时剪力墙墙身水平筋计算

一形两端无暗柱时剪力墙墙身水平筋分 4 种情况阐述。

首先解读 (03G101-1)《混凝土结构施工图平面整体表示方法制图规则和构造详图》(现浇混凝土框架、剪力墙、框架-剪力墙、框支剪力墙结构) 第 47 页的"墙厚较小"——当剪力墙厚度小于墙身水平筋直径的 15 倍＋2 个水平分布钢筋保护层 (一般取 30mm) 厚度时，就应当将其视为"墙厚较小"，反之就不是"墙厚较小"，可见这是一个相对概念，不是绝对概念。

1) 墙厚较小时如图 4.3-9 (a) 所示。

两端 U 形钢筋长度＝$2[1000mm＋2l_{lE}(2l_l)＋$墙身厚度-2 个水平分布钢筋保护层厚度 (一般取 30mm)]

中间直线形钢筋长度＝剪力墙长度$-1000mm-2$ 个水平分布钢筋保护层厚度 (一般取 30mm)＝剪力墙长度$-970mm$

2) 墙厚较小且墙长较短时如图 4.3-9 (b) 所示。

U 形钢筋长度＝$2[$剪力墙长度$/2-1$ 个水平分布钢筋保护层 (一般取 15mm)$＋0.5l_{lE}(l_l)]＋$剪力墙厚度-2 个水平分布钢筋保护层 (一般取 30mm)＝剪力墙长度$/2-2$ 个水平分布钢筋保护层 (一般取 30mm)$＋l_{lE}(2l_l)＋$剪力墙厚度-2 个水平分布钢筋保护层 (一般取 30mm)＝剪力墙长度$/2-4$ 个水平分布钢筋保护层 (一般取 60mm)$＋$剪力墙厚度$＋l_{lE}(2l_l)$

3) 墙长较短时如图 4.3-9 (c) 所示。此时，不管墙身厚度较大或者较小，均宜做成封闭箍筋。

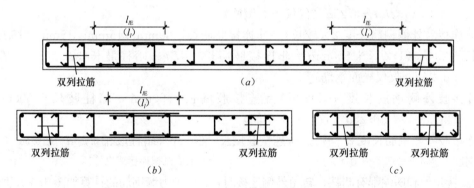

图 4.3-9　无暗柱时剪力墙水平钢筋锚固示意

(a) 当墙厚度较小时；(b) 当墙厚度较小但墙长较短时；(c) 当墙长很短时

箍筋长度＝$2($剪力墙长度$＋$剪力墙厚度$)-8$ 个水平分布钢筋保护层 (一般取 120mm)$＋26.5d$

4) 正常墙厚时如图 4.3-10 所示。钢筋长度＝剪力墙长度-2 个水平分布钢筋保护层 (一般取 30mm)$＋30d$

上述计算应注意以下两点：

117

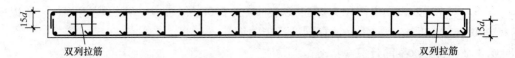

图 4.3-10　无暗柱时剪力墙水平钢筋构件示意

1）以上所计算的钢筋在图中看起来不一样长（或不一样宽），实际成型后钢筋的长度和宽度是一样的，实际施工时，等长度（等宽度）的钢筋应上下叠放，既不是长短穿插，也不得将宽度改变。

2）在图 4.3-9 的 $l_{lE}(l_l)$ 区段中，拉筋应同时拉住叠合的 2 根水平钢筋。

（2）一形剪力墙两端带暗柱时墙身水平筋计算（图 4.3-11）

剪力墙墙身水平筋长度＝墙肢长度－120mm＋30d。

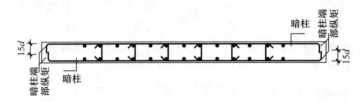

图 4.3-11　一形剪力墙两端带暗柱时墙身水平筋计算示意

（3）L 形两端有暗柱时剪力墙墙身水平筋计算

在转角部位，给出外侧贯通和外侧连接两种方案的计算。

1）转角处和两端都有暗柱，转角外侧贯通时，L 形剪力墙钢筋的计算（图 4.3-12）。

各肢内侧钢筋长度＝各肢墙长－120mm＋30d

非连接肢外侧钢筋长度 1（较短）＝非连接肢墙长－60mm－15mm－15mm＋15d＋暗柱肢长＋1.2l_{aE}（1.2l_a）＋6.25d（仅仅光面钢筋）

非连接肢外侧钢筋长度 2（较长）＝非连接肢墙长－60mm－15mm－15mm＋15d＋暗柱肢长＋2.4l_{aE}（1.2l_a）＋500mm＝非连接肢墙长＋15d＋暗柱肢长＋2.4l_{aE}（1.2l_a）＋410mm＋6.25d（仅仅光面钢筋）

连接肢外侧钢筋长度 1（较短）＝连接肢墙长－60mm－暗柱肢长－500mm－1.2l_{aE}（1.2l_a）＋15d＋6.25d（仅仅光面钢筋）

连接肢外侧钢筋长度 2（较长）＝连接肢墙长－60mm－暗柱肢长＋15d＋6.25d（仅仅光面钢筋）

2）转角处和两端都有暗柱，转角外侧连接时，L 形剪力墙钢筋的计算如图 4.3-13 所示。

各肢内侧钢筋长度＝各肢墙长－120mm＋30d。

短肢外侧钢筋长度＝短肢墙长－长肢剪力墙厚度－60mm＋15d＋$l_{lE}(l_l)$＋6.25d（当且仅当光面钢筋时）。

长肢外侧钢筋长度＝长肢墙长－短肢剪力墙厚度－60mm＋15d＋$l_{lE}(l_l)$＋6.25d（当且仅当光面钢筋时）。

当长肢水平钢筋需要连接时，在计算长度上另加 $l_{lE}(l_l)$＋26.25d（当且仅当光面钢筋时）。

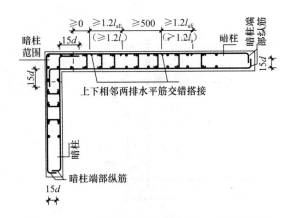

图 4.3-12　L 形剪力墙两端带暗柱、拐角贯通时
墙身水平筋计算示意

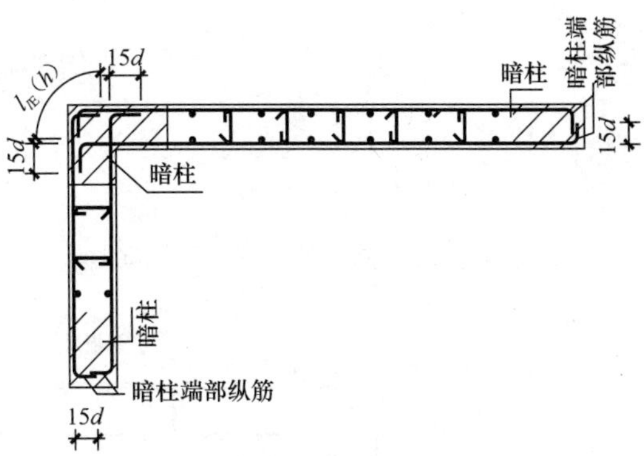

图 4.3-13　L 形剪力墙两端带暗柱、拐角
连接时墙身水平筋计算示意

（4）Z 形两端有暗柱时剪力墙墙身水平筋计算

在转角部位，给出外侧贯通和外侧连接两种方案的计算。

1）转角处和两端都有暗柱，转角外侧贯通时，Z 形剪力墙钢筋的计算（图 4.3-14）。

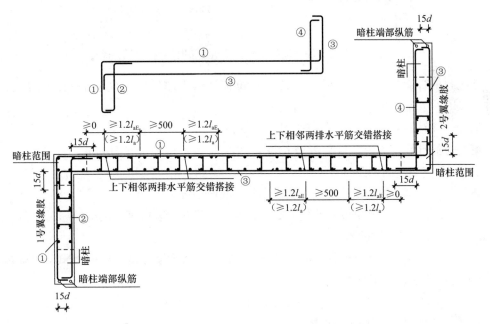

图 4.3-14　Z 形剪力墙两端带暗柱、拐角贯通时墙身水平筋计算示意

第①号筋计算长度＝1 号翼缘肢长度－15mm－60mm＋15d＋腹板肢外包长度－15mm－60mm＋15d＝1 号翼缘肢长度＋腹板肢外包长度－150mm＋30d

第②号筋计算长度＝1 号翼缘肢长度－120mm＋30d

第③号筋计算长度＝2 号翼缘肢长度－15mm－60mm＋15d＋腹板肢外包长度－15mm－60mm＋15d＝2 号翼缘肢长度＋腹板肢外包长度－150mm＋30d

第④号筋计算长度＝2 号翼缘肢长度－120mm＋30d

2）转角处和两端都有暗柱，转角外侧连接时，Z 形剪力墙钢筋的计算（图 4.3-15）。

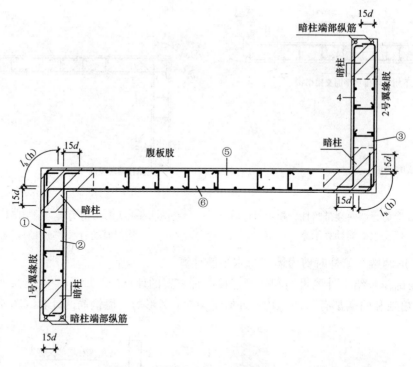

图 4.3-15　Z形剪力墙两端带暗柱、拐角连接时墙身水平筋计算示意

第①号筋计算长度＝1 号翼缘肢长度－腹板肢剪力墙厚度－60mm＋15d＋$l_{lE}(l_l)$＋6.25d（当且仅当光面钢筋时）

第②号筋计算长度＝1 号翼缘肢长度－120mm＋30d

第③号筋计算长度＝2 号翼缘肢长度－腹板肢剪力墙厚度－60mm＋15d＋$l_{lE}(l_l)$＋6.25d（当且仅当光面钢筋时）

第④号筋计算长度＝2 号翼缘肢长度－120mm＋30d

第⑤号筋计算长度＝腹板肢外包长度－1 号翼缘肢剪力墙厚度－60mm＋15d＋$l_{lE}(l_l)$＋6.25d（当且仅当光面钢筋时）

第⑥号筋计算长度＝腹板肢外包长度－2 号翼缘肢剪力墙厚度－60mm＋15d＋$l_{lE}(l_l)$＋6.25d（当且仅当光面钢筋时）

4.4　剪力墙开洞钢筋计算

（1）洞宽与洞高均不大于 800mm 时，当具体设计标注补强钢筋时，按具体设计注写值实施补强；当具体设计未明确补强钢筋时，按每边配置两根与被洞口切断钢筋种类相同且直径不小于 12mm 的钢筋，且钢筋截面面积不得小于被洞口切断钢筋总面积的 1/2（图 4.4-1）。

注意上下左右共有 4 条边，上下补强钢筋按照被切断的水平钢筋总面积的 1/2；左右补强钢筋按照被切断的竖向钢筋总面积的 1/2。

【例】　图 4.4-2 所示剪力墙抗震等级为三级，混凝土强度等级为 C30，竖向与水平每

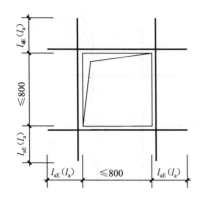

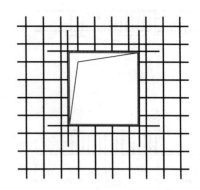

图 4.4-1　剪力墙开洞钢筋补强示意　　　　图 4.4-2　剪力墙开洞切断钢筋与洞口补强钢筋示意

侧均配置钢筋 Φ 12@200，现开有 800mm×800mm 的洞，设计未具体标注洞口补强筋，试选择洞口补强筋。

由图 4.4-2，被洞口切断了 8 根竖向钢筋和 8 根水平钢筋，每边两侧被切断的钢筋计算截面 904mm²（8×113mm²），其 1/2 为 452mm²，如果选择 2 根直径 12mm 钢筋，截面积是 226mm²，不符合且不小于被切断的钢筋计算截面的 1/2＝452mm²。选择每边 4 根钢筋，每侧各 2 根，2 根的净间距可取 20mm。如果选择每边 2 根直径 18mm 的 HRB335 级钢筋，其面积就多用了 ［(509－452)]/452×100％＝12.61％。实际考虑 l_{aE} 的因素，比 12.61％还要多。注意上下左右共有 4 条边，上下补强钢筋按照被切断的水平钢筋总面积的 1/2；左右补强钢筋按照被切断的竖向钢筋总面积的 1/2。

直径 18mm，钢筋长度＝800＋2l_{aE}＝800＋2×31×18＝1916mm。每边 2 根，共 8 根，钢筋用量＝8×1.916×2＝30.656kg。

直径 12mm，钢筋长度＝800＋2l_{aE}＝800＋2×31×12＝1544mm。每边 4 根，共 16 根，钢筋用量＝16×1.544×0.888＝21.937kg。

采用每边 4 根直径 12mm 的钢筋比每边采用 2 根直径 18mm 的钢筋节约了 （30.656－21.937)/21.937×100％＝39.74％。

可见，如果洞口多，精打细算，可以节约不少钢筋。

（2）洞宽与洞高均大于 800mm 时，洞口上下应设置补强暗梁，补强暗梁应由具体设计标注，当洞口上边或下边为剪力墙连梁或通长暗梁时，不需重复设置补强暗梁。洞口竖向两侧按具体设计要求在两侧设置暗柱，当一侧刚好有暗柱时，不再重复设置（图 4.4-3）。洞口上下边的补强暗梁纵向钢筋的中心间距应为 400mm。

洞口上下边的补强暗梁纵向钢筋长度＝洞口宽度＋2$l_{aE}(l_a)$＋12.5d （当且仅当光圆钢筋时）

洞口左右边的补强暗柱纵向钢筋长度＝洞口高度＋2$l_{aE}(l_a)$＋12.5d （当且仅当光圆钢筋时）

（3）剪力墙直径 D 不大于 300mm 的圆洞，四边设补强筋 （图 4.4-4）。洞口上下左右补强钢筋长度＝洞口直径＋2$l_{aE}(l_a)$＋12.5d （当且仅当光圆钢筋时）。

（4）剪力墙直径 D 大于 300mm 的圆洞，六边设补强筋 （图 4.4-5）。

洞口六边补强钢筋长度＝0.58（洞口直径 D＋30mm)＋2$l_{aE}(l_a)$＋12.5d （当且仅当光

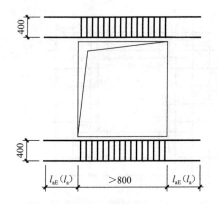

图 4.4-3　剪力墙洞宽和洞高均>800mm
时洞口补强暗梁构造示意

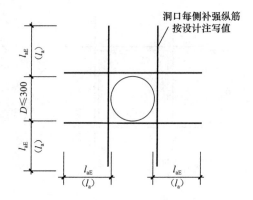

图 4.4-4　剪力墙开直径≤300mm
圆洞时补强构造

圆钢筋时）

说明：圆外切正六边形边长＝圆半径 $R/\cos30°≈1.155R≈0.58D$。

（5）剪力墙连梁开洞补强筋，上下边设补强筋（图 4.4-6）。

连梁圆洞口上下边补强钢筋长度＝洞口直径 $D+2l_{aE}(l_a)+12.5d$（当且仅当光圆钢筋时），连梁圆洞宜设置钢套管。

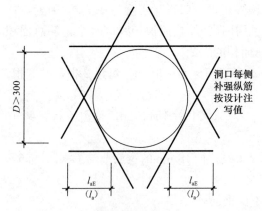

图 4.4-5　剪力墙开直径大于 300mm
圆洞时补强构造示意

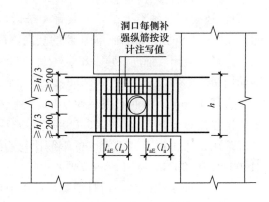

图 4.4-6　剪力墙连梁沿高度中部
圆孔补强钢筋构造示意

5 板

5.1 板的分类

楼盖指"在房屋楼层间用以承受各种楼面作用的楼板、次梁和主梁等所组成的部件总称。"

楼板指"直接承受楼面荷载的板",屋面板指"直接承受屋面荷载的板"。按照房屋的开间、进深的大小,结构的空间需求决定的不同支承条件,通常把楼面或屋面做成无梁楼盖、肋梁楼盖和井字梁楼盖。

无梁楼盖(图5.1-1),在结构上称为板柱结构,天顶非常平整,非常光溜,当使用要求洁净度比较高的,一般采用无梁楼盖,譬如某些车间、超市、冷库等。

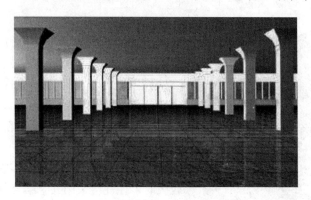

图5.1-1 无梁楼盖

肋梁楼盖(图5.1-2、图5.1-3),肋形楼盖就是由混凝土多根梁和板整体浇筑而成的楼盖,因其形似肋条,故称肋形板或肋形楼盖。广义地讲,屋面也是楼盖,狭义地讲,冒

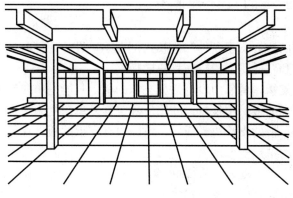

图5.1-2 肋梁楼盖

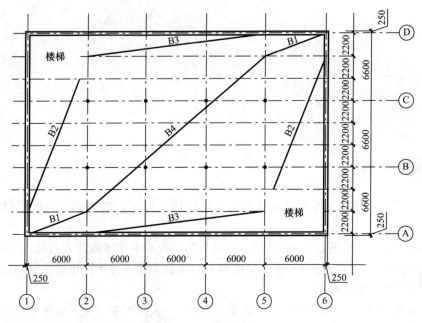

图 5.1-3　肋梁楼盖

图 5.1-4　井字梁楼盖

出房屋四周的屋面才是真正的楼的盖子。

11G101-1《混凝土结构施工图平面整体表示方法制图规则和构造详图（现浇混凝土框架、剪力墙、梁、板）》第 41 页所示，就是一个非典型肋梁楼盖的板平法施工图，第 92 页是一个典型肋梁楼盖的板剖面图。

井字梁楼盖（图 5.1-4），在框架结构柱网尺寸较大时，往往会采用井字梁楼盖。在砌体结构的顶层设置会议室等大空间时，屋盖一般也采用井字梁结构。

5.2　钢筋混凝土板的设计计算分类

按钢筋混凝土板的边界支承条件和边长比例大小，设计计算时通常把板区别为单向受力板（简称单向板）和双向受力板（简称双向板）。

仅两对边有边界支承，两邻边没有边界支承的板，只能是单向受力板。

四边有边界有支承的板，用长短边的比值确定其是单向受力板还是双向板受力板。如图 5.2 所示，粗线表示板的支承边。任何一块四边有支承的板，在竖向荷载作用下，都会发生向下变形，跨空的中点变形最大，结构上把跨空中点（简称跨中）的变形最大变形叫做挠度，一般用小写字母 f 表示，在 1998 年 9 月第二版《建筑结构静力计算手册》第 92 页有如下简支梁跨中最大挠度计算公式：

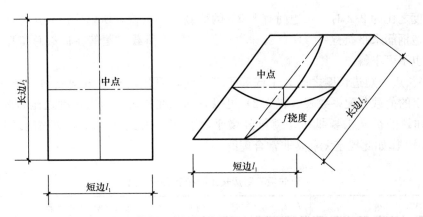

图 5.2 双向板挠度示意图

$$f_{\max} = \frac{5ql^4}{384EI}$$

我们把作用在四边有边界有支承的板上的均匀分布荷载 q 分为沿长边作用的 $q_{长边}$ 和沿短边作用的 $q_{短边}$ 两个部分，即

$$q = q_{长边} + q_{短边}$$

在 $q_{长边}$ 作用下，产生 $f_{长边\max} = 5q_{长边}l_2^4/(384EI)$

在 $q_{短边}$ 作用下，产生 $f_{短边\max} = 5q_{短边}l_1^4/(384EI)$

然而，变形是协调的，也就是讲，在中点，两部分荷载产生的挠度是相等的，所以我们得到：

$$f_{长边\max} = 5q_{长边}l_2^4/(384EI) = f_{短边\max} = 5q_{短边}l_1^4/(384EI)$$

即

$$5q_{长边}l_2^4/(384EI) = 5q_{短边}l_1^4/(384EI)$$

$$q_{长边}l_2^4 = q_{短边}l_1^4$$

$$q_{短} = q_{长边(l_2/l_1)}{}^4$$

当 $l_2/l_1 = 1$ 时，$q_{短边} = q_{长边}$

当 $l_2/l_1 = 2$ 时，$q_{短边} = 16q_{长边}$

当 $l_2/l_1 = 3$ 时，$q_{短边} = 81q_{长边}$

当 $l_2/l_1 = 4$ 时，$q_{短边} = 256q_{长边}$

当 $l_2/l_1 = 5$ 时，$q_{短边} = 625q_{长边}$

据此，我们推导出双向板在不同边长比的荷载分配系数如表 5.2-1 所示。这里讲的是力学道理，再来看《混凝土结构设计规范》GB 50010—2010 的规定：

（1）两对边支承的板应按单向板计算；

（2）四边支承的板应按下列规定计算：

1）当长边与短边长度之比小于或等于 2.0 时，应按双向板计算；

2）当长边与短边长度之比大于 2.0，但小于 3.0 时，宜按双向板计算；当按沿短边方向受力的单向板计算时，应沿长边方向布置足够数量的构造钢筋；从我们给出的荷载分配系数表（表 5.2）可以看到当在长边与短边长度之比为 2.0 时，长边尚有 11.1% 的荷载需要抵抗，当在长边与短边长度之比为 2.1 时，长边尚有 9.7% 的荷载需要抵抗，当在长边与短边长度之比为 2.2 时，长边尚有 8.6% 的荷载需要抵抗，所以应沿长边方向布置足够数量的构造钢筋来抵抗这些 11.1%、9.7%、8.6% 等荷载，尤其在荷载总量比较大的时候，10% 也不可小觑。

3）当长边与短边长度之比大于或等于 3.0 时，可按沿短边方向受力的单向板计算。从我们给出的荷载分配系数表（表 5.2）可以看到当在长边与短边长度之比为 3.0 时，长边尚有 3.6% 的荷载需要抵抗，就已经微乎其微了。因此《混凝土结构设计规范》GB 50010—2010 作如此规定无疑是非常合理的。

双向板不同边长比的荷载分配系数 表 5.2

l_2/l_1	4 次幂	$q_{长边}$	$q_{短边}$	l_2/l_1	4 次幂	$q_{长边}$	$q_{短边}$	l_2/l_1	4 次幂	$q_{长边}$	$q_{短边}$
1	1	0.5	0.5	2.5	39.063	0.060	0.940	4	256.000	0.015	0.985
1.1	1.464	0.429	0.571	2.6	45.698	0.054	0.946	4.1	282.576	0.014	0.986
1.2	2.074	0.367	0.633	2.7	53.144	0.048	0.952	4.2	311.170	0.013	0.987
1.3	2.856	0.313	0.687	2.8	61.466	0.044	0.956	4.3	341.880	0.012	0.988
1.4	3.842	0.267	0.733	2.9	70.728	0.039	0.961	4.4	374.810	0.012	0.988
1.5	5.063	0.229	0.771	3	81.000	0.036	0.964	4.5	410.063	0.011	0.989
1.6	6.554	0.196	0.804	3.1	92.352	0.032	0.968	4.6	447.746	0.010	0.990
1.7	8.352	0.169	0.831	3.2	104.858	0.030	0.970	4.7	487.968	0.010	0.990
1.8	10.498	0.146	0.854	3.3	118.592	0.027	0.973	4.8	530.842	0.009	0.991
1.9	13.032	0.127	0.873	3.4	133.634	0.025	0.975	4.9	576.480	0.008	0.992
2	16.000	0.111	0.889	3.5	150.063	0.023	0.977	5	625.000	0.008	0.992
2.1	19.448	0.097	0.903	3.6	167.962	0.021	0.979	5.1	676.520	0.007	0.993
2.2	23.426	0.086	0.914	3.7	187.416	0.019	0.981	5.2	731.162	0.007	0.993
2.3	27.984	0.076	0.924	3.8	208.514	0.018	0.982	5.3	789.048	0.007	0.993
2.4	33.178	0.067	0.933	3.9	231.344	0.017	0.983	5.4	850.306	0.006	0.994
2.5	39.063	0.060	0.940	4	256.000	0.015	0.985	5.5	915.063	0.006	0.994

根据以上讨论，我们知道，四边有支承的板，有两个受力方向，当边长比＝2.5 的时候，短边是主要的受力方向，它承担了荷载的 94%，长边是次要受力方向，它只分配到 6% 的荷载。因此沿短边排布的钢筋是主要受力钢筋，沿长边排布的钢筋是次要受力钢筋。

有关建筑结构设计规范中对房屋某些结构部位的最小楼板厚度要求：

① 现行建筑行业标准《高层建筑混凝土结构技术规程》JGJ 3 规定：高层建筑顶层现浇混凝土屋面板厚度不宜小于 120mm；普通地下室顶板厚度不宜小于 160mm；作为上部结构嵌固部位的地下室顶板厚度不宜小于 180mm；部分框支剪力墙结构中的框支转换层楼板厚度不宜小于 180mm。

② 现行国家标准《建筑抗震设计规范》GB 50011 规定：底部框架-抗震墙砌体房屋的过渡层现浇钢筋混凝土底板厚度不应小于 120mm。

③ 现行国家标准《人民防空地下室设计规范》GB 50038 规定：防空地下室结构顶板及中间层楼板的最小厚度为 200mm。

④ 现行国家标准《砌体结构设计规范》GB 50003 规定：有墙梁的房屋，在托梁两边各一个开间及相邻开间处应采用现浇混凝土楼板，其厚度不宜小于 120mm。

5.3 无梁楼盖板

无梁楼盖板的构造要求见图5.3-1。

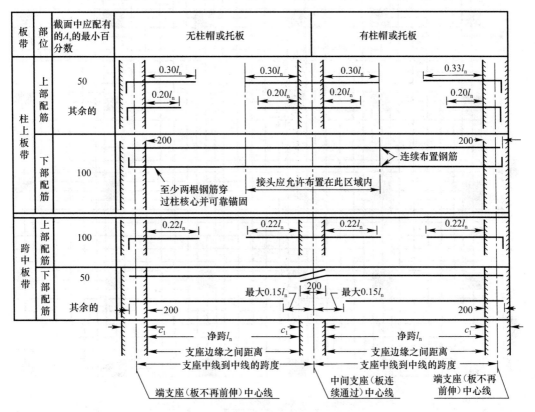

板带	部位	截面中应配有的A_s的最小百分数	无柱帽或托板		有柱帽或托板	
柱上板带	上部配筋	50 其余的	$0.30l_n$ $0.20l_n$	$0.30l_n$ $0.20l_n$	$0.30l_n$ $0.20l_n$	$0.33l_n$ $0.20l_n$
	下部配筋	100	200 至少两根钢筋穿过柱核心并可靠锚固	接头应允许布置在此区域内	连续布置钢筋	200
跨中板带	上部配筋	100	$0.22l_n$	$0.22l_n$	$0.22l_n$	$0.22l_n$
	下部配筋	50 其余的	200	最大$0.15l_n$ 200 最大$0.15l_n$		200

净跨l_n　c_1
支座边缘之间距离
支座中线到中线的跨度

端支座（板不再前伸）中心线　中间支座（板连续通过）中心线　端支座（板不再前伸）中心线

图5.3-1 无梁楼板中钢筋的最小延伸长度

C_1—沿需要确定弯矩的跨度方向柱、柱帽或托板尺寸

提到板类钢筋的排布，不少人的第一反应就是起步距离，或50mm，或半个间距，或一个间距，在无梁筏板和无梁楼盖中，通常不使用第一间距的概念。

图5.3-2所示是一个无梁筏板板带划分示意图。位于跨中的，称为"跨中板带"。邻近柱子的板带，在筏板中，11G101-3《混凝土结构施工图平面整体表示方法制图规则和构造详图》（独立基础、条形基础、筏型基础、桩基承台）图集中叫做"柱下板带"；上部结构的楼面与屋面板11G101-1《混凝土结构施工图平面整体表示方法制图规则和构造详图》（现浇混凝土框架、剪力墙、梁板）图集中叫做"柱上板带"。其实这两个叫法都不够精确，板带既不全在柱上，也不全在柱下，仅仅只是少部分钢筋穿过柱子，更多钢筋是从柱的旁边通过，恐怕称其为"近柱板带"更加贴切。在非平法的科技图书和施工图纸中，不管是筏板还是楼面与屋面板，统统将"近柱板带"称为"柱上板带"。

无梁板的"近柱板带"配筋强于"跨中板带"的配筋。在无梁板的钢筋排布中，"近柱板带"与"跨中板带"的临界处，配置"近柱板带"钢筋，因此，"近柱板带"配筋是包含临界点的，其钢筋道数＝（"近柱板带"宽度/配筋间距，1)向上＋1；而跨中板带的

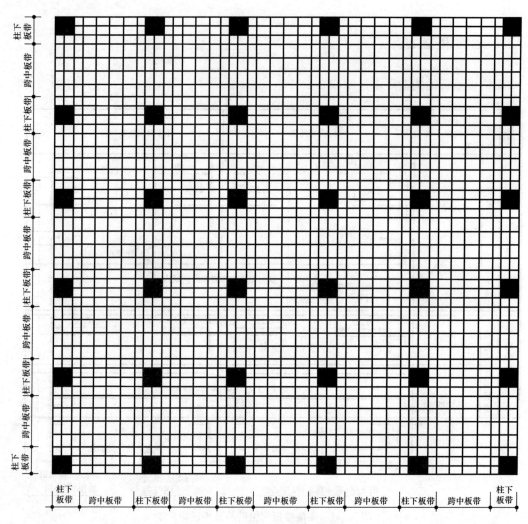

图 5.3-2　无梁板的板带划分示意图

配筋是不包含临界点的，其钢筋道数＝（"跨中板带"宽度/配筋间距）向上取整后＋1。

图 5.3-3 所示是一个横向 3 跨带外伸、纵向 5 跨无外伸的无梁楼盖。

横向柱上板带的配筋的标注是 B $\oplus$ 16@100；T $\oplus$ 18@200。即顶部 $\oplus$ 16@100；底部 $\oplus$ 18@200。

横向跨中板带的配筋的标注是 B $\oplus$ 14@100；T $\oplus$ 16@200。即顶部 $\oplus$ 14@100；底部 $\oplus$ 16@200。

横向柱上板带的底部配筋（含两临界点，需＋1）

$$（3600/100）+1 = 37 \text{ 支}$$

横向柱上板带的顶部配筋（含两临界点，需＋1）

$$3600/200+1 = 19 \text{ 支}$$

横向跨中板带的底部配筋范围是

$$6400 - 3600 = 2800 \text{mm}$$

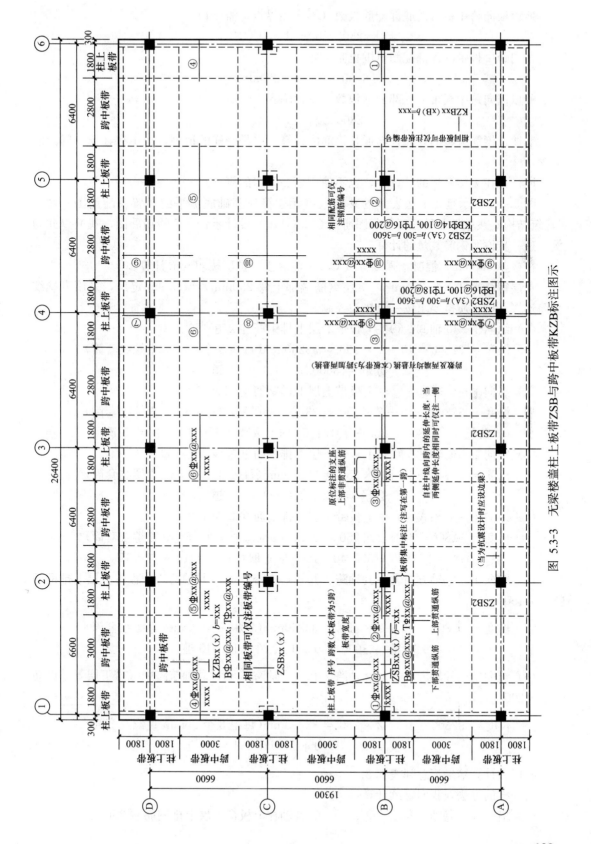

图 5.3-3　无梁楼盖柱上板带ZSB与跨中板带KZB带KZB标注图示

129

所以横向跨中板带的底部配筋根数（不含临界点，需－1）
$$2800/200－1 = 13 支$$
横向跨中板带的顶部配筋范围也是
$$6400－3600 = 2800mm$$
所以横向跨中板带的底部配筋根数（不含临界点，需－1）
$$2800/200－1 = 13 支$$

非通长钢筋道数的计算，与通长钢筋的计算，也是一样的道理，也不存在第一间距的概念。

同样，在无梁筏板的计算中，也不使用第一间距的概念。

图 5.3-4 所示是非平法表达的某配电房无梁筏板基础底板平面布置及配筋图。这是《建筑结构实践教学及见习工程师图册》（05SG110）设计示例 7-7 的拓展图，我们以此为例，进一步说明钢筋数量的计算。

筏板厚 500mm，混凝土强度等级 C30。混凝土保护层按 40mm 计算。

上层钢筋端部下弯 250mm，下层钢筋端部上弯 250mm，钢筋 9m 定尺，采用直螺纹套筒连接，接头质量要求按一级接头控制。

(1) 纵向①～⑥轴Ⓑ&Ⓒ柱上板带上层上排钢筋 Φ25@150
$$长度 = 32800－40＋2×250 = 33260mm（每根 3 个 25mm 直螺纹套筒）$$
$$数量 = 3600/150＋1 = 25 道$$

(2) 纵向①～⑥轴Ⓐ&Ⓓ柱上板带上层上排钢筋 Φ25@150
$$长度 = 32800－40＋2×250 = 33260mm（每根 3 个 25mm 直螺纹套筒）$$
$$数量 = [(1800＋300－40)/150]向上取整＋1 = 14＋1 = 15 道$$

(3) 纵向①～⑥轴Ⓑ&Ⓒ柱上板带下层下排钢筋也是 Φ25@150
$$长度 = 32800－40＋2×250 = 33260mm（每根 3 个 25mm 直螺纹套筒）$$
$$数量 = 3600/150＋1 = 25 道$$

(4) 纵向①～⑥轴Ⓐ&Ⓓ柱上板带下层下排钢筋 Φ25@150
$$长度 = 32800－40＋2×250 = 33260mm（每根 3 个 25mm 直螺纹套筒）$$
$$道数 = [(1800＋300-40)/150]向上取整＋1 = 14＋1 = 15$$

(5) 纵向①～⑥轴方向Ⓐ～Ⓑ轴跨、Ⓑ～Ⓒ轴跨&Ⓒ～Ⓓ轴跨跨中板带上层上排钢筋 Φ22@150
$$长度 = 32800－40＋2×250 = 33260mm（每根 3 个 22mm 直螺纹套筒）$$
$$数量 = 3000/150－1 = 20－1 = 19 道$$

(6) 纵向①～⑥轴方向Ⓐ～Ⓑ轴跨、Ⓑ～Ⓒ轴跨&Ⓒ～Ⓓ轴跨跨中板带下层下排钢筋 Φ20@200
$$长度 = 32800－40＋2×250 = 33260mm（每根 3 个 20mm 直螺纹套筒）$$
$$数量 = 3000/200＋1 = 15－1 = 14 道$$

我们将计算结果汇总到表 5.3。

用同样的方法，我们继续计算：

(7) 横向Ⓐ～Ⓓ轴方向②、③、④、⑤各轴柱上板带上层上排钢筋 Φ25@150

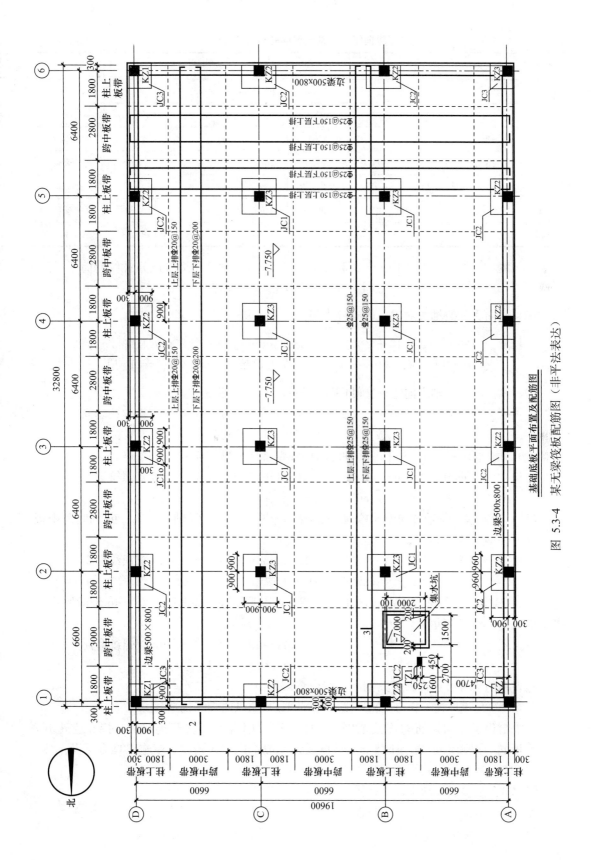

基础底板平面布置及配筋图

图 5.3-4　某无梁筏板配筋图（非平法表达）

131

计算序号	单根长度 (m)	直径	根数	总长度	重量 (kg)	单根套筒数量	套筒总数	备注
1	33.26	25	50	1663	6402.55	3	150	25 套筒
2	33.26	25	30	997.8	3841.53	3	90	25 套筒
3	33.26	25	50	1663	6402.55	3	150	25 套筒
4	33.26	25	30	997.8	3841.53	3	90	25 套筒
5	33.26	22	57	1895.82	5649.54	3	114	22 套筒
6	33.26	20	42	1396.92	3450.39	3	84	20 套筒
合计	—	—	—	—	29588.09		678	3 种规格总数

长度 $= 19800 - 2 \times 40 + 2 \times 300 = 20320$ mm(每根 2 个 25mm 直螺纹套筒)

数量 $= 3600/150 + 1 = 25$ 道

(8) 横向Ⓐ~Ⓓ轴方向①、⑥轴柱上板带上层上排钢筋 $\Phi 25@150$

长度 $= 19800 - 2 \times 40 + 2 \times 300 = 20320$ mm(每根 2 个 25mm 直螺纹套筒)

数量 $= [(1800 + 300 - 40)/150]$ 向上取整 $+ 1 = 14 + 1 = 15$ 道

(9) 横向Ⓐ~Ⓓ轴方向①~②轴间跨中板带上层下排钢筋 $\Phi 22@150$

长度 $= 19800 - 2 \times 40 + 2 \times 300 = 20320$ mm(每根 2 个 25mm 直螺纹套筒)

数量 $= 3000/150 - 1 = 19$ 道

(10) 横向Ⓐ~Ⓓ轴方向①~②轴间跨中板带下层上排钢筋 $\Phi 20@200$

长度 $= 19800 - 2 \times 40 + 2 \times 300 = 20320$ mm(每根 2 个 25mm 直螺纹套筒)

道数 $= 3000/200 - 1 = 15 - 1 = 14$ 道

(11) 横向Ⓐ~Ⓓ轴方向②~③轴间、③~④轴间、④~⑤轴间、⑤~⑥轴间跨中板带上层下排钢筋 $\Phi 22@150$

长度 $= 19800 - 2 \times 40 + 2 \times 300 = 20320$ mm(每根 2 个 25mm 直螺纹套筒)

数量 $= (2800/150)$ 向上取整 $- 1 = 18$ 道

(12) 横向Ⓐ~Ⓓ轴方向②~③轴间、③~④轴间、④~⑤轴间、⑤~⑥轴间跨中板带下层上排钢筋 $\Phi 20@200$

长度 $= 19800 - 2 \times 40 + 2 \times 300 = 20320$ mm(每根 2 个 25mm 直螺纹套筒)

道数 $= 2800/200 - 1 = 14 - 1 = 13$ 道

感兴趣的读者可自行将横向钢筋进行汇总。

图 5.3-5 是筏板柱下板带 ZXB、跨中板带 KZB 的纵向钢筋构造。

图中给出了纵向钢筋的连接范围,具体工程采用直螺纹套筒连接时,接头应错开,基础平板同一层面的钢筋上下排布,具体设计一般都应交代清楚,使施工具有可操作性。

图 5.3-6 是楼板加腋平面图。

图 5.3-7 是楼板加腋平面大样图。

图 5.3-8 是楼板加腋剖面大样图。

图 5.3-9 是楼板加腋剖面图。

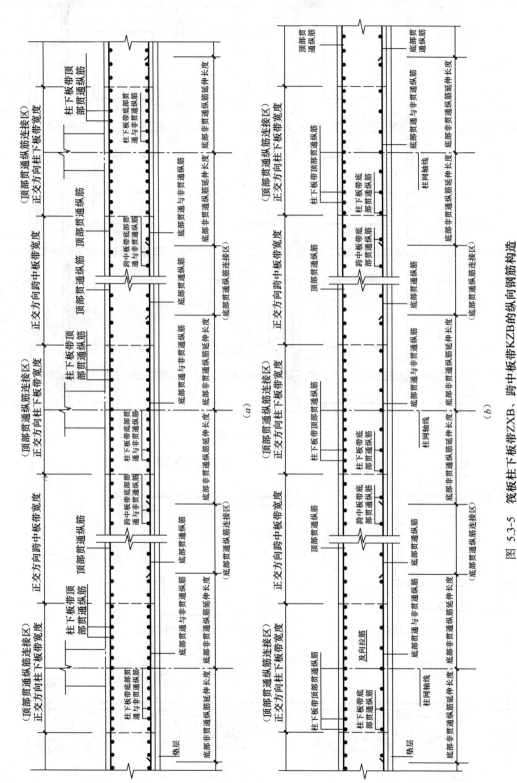

图 5.3-5 筏板柱下板带ZXB、跨中板带KZB的纵向钢筋构造

(a) 柱下板带ZXB纵向钢筋构造; (b) 跨中板带KZB纵向钢筋构造

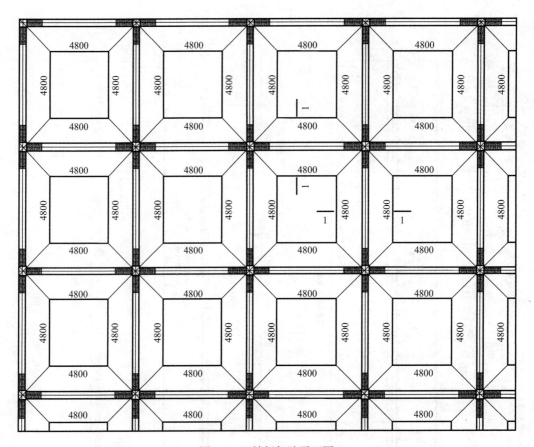

图 5.3-6　楼板加腋平面图

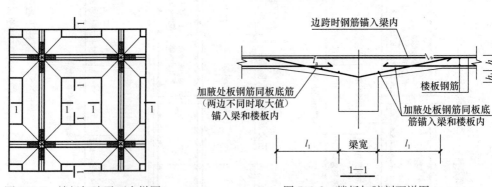

图 5.3-7　楼板加腋平面大样图　　　　图 5.3-8　楼板加腋剖面详图

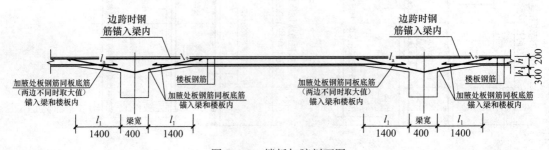

图 5.3-9　楼板加腋剖面图

5.4 有梁板

有梁板平法示例见图 5.4-1。实际工程施工图有画成图 5.4-1 这个样子的，但是不多见。实际工程往往开间进深变化比较多，像图 5.4-1 直接写都交代不清楚，一般都会画出上下层钢筋的基本形状和始点、终点位置，还要表示与板相关联的外墙线条、空调室外机板、飘窗板等，需要说明许多不同部位的做法。

图 5.4-2（a）所示是某实际工程的三层平面板配筋图（局部），在区格的中心位置画出矩形框，框内写明 h＝110 表示板的厚度为 110mm，还画出了各区格板筋的形状和始点、终点位置。

我们来看①轴以北的⑩轴～⑬轴～⑮轴～⑱轴板顶标高都是 8.670m，⑩轴～⑬轴跨和⑮轴～⑱轴跨板厚 120mm，板底标高 8.550m，⑬轴～⑮轴跨板厚 110mm，板底标高8.560m，所以板上部钢筋在⑩轴～⑬轴～⑮轴～⑱轴拉通，板底标高不同，所以各跨断开。

再看⑤轴～⑦轴～⑨轴～⑪轴的三跨板，顶标高都是 8.670m，⑤轴～⑥轴～⑨轴跨板厚 110mm，板底标高 8.560m，⑨轴～⑪轴跨板厚多少？厚度没标注，怎么办？看图 5.4-2（b）有梁板施工图实例——板配筋平面图说明注 2，未注楼板厚度均为 100mm，板底标高 8.570m，所以底部钢筋在⑨轴断开。

再看⑤轴～⑦轴～⑨轴～⑪轴的三跨板，顶标高都是 8.670m，⑤轴～⑦轴～⑨轴跨板厚 110mm，板底标高 8.560m，⑨轴～⑪轴跨板厚多少？厚度没标注，怎么办？看图 5.4-2（b）有梁板施工图实例——板配筋平面图说明注 2，未注楼板厚度均为 100mm，板底标高 8.570m，所以底部钢筋在⑨轴断开。

图 5.4-2（b）是有梁板施工图实例（板配筋平面图说明），配合图 5.4-2（a）板配筋平面图施工。

图 5.4-3、图 5.4-4 是有梁板施工实例大样图。

图 5.4-5 是有梁板施工实例照片。

5.5 板筋计算

以图 5.5-1 的某工程首层楼板为例，阐述板筋计算。周围梁宽 300mm，②、③、④轴和Ⓑ、Ⓒ轴框架梁宽 400mm，内部其他梁宽 300mm，混凝土强度等级为 C30。板筋采用HRB400 级带肋钢筋。外围板边在地下室外墙锚固，内部搁置在钢筋混凝土梁上，按铰支设计施工。

查 11G101-1《混凝土结构施工图平面整体表示方法制图规则和构造详图》（现浇混凝土框架、剪力墙、梁板）第 53 页，得到 l_{ab}＝35d，板筋均为 12mm 直径。l_{ab}＝35×12＝420mm，$0.4l_{ab}$＝0.4×420＝168mm（用于混凝土墙），$0.35l_{ab}$＝0.35×420＝147mm（用于混凝土梁）。

楼板外围搁置在混凝土墙上，在计算长度时，要充分考虑安装间隙。由于板搁置在地下室外墙，迎土面保护层 45mm 加上墙钢筋直径 12＋12＝24mm，考虑 15mm 安装间隙，总共扣减 85mm，锚固长度水平段还有 215mm＞$0.4l_{ab}$＝168mm，见图 5.5-2（b）。

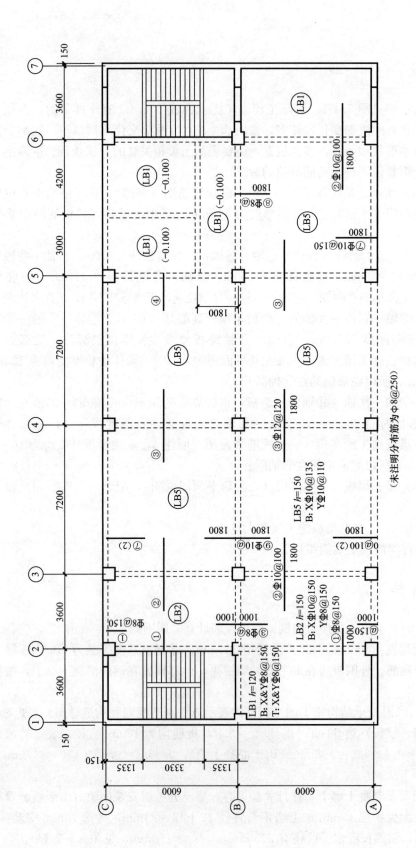

图 5.4-1　有梁板平法示例

（未注明分布筋为Φ8@250）

136

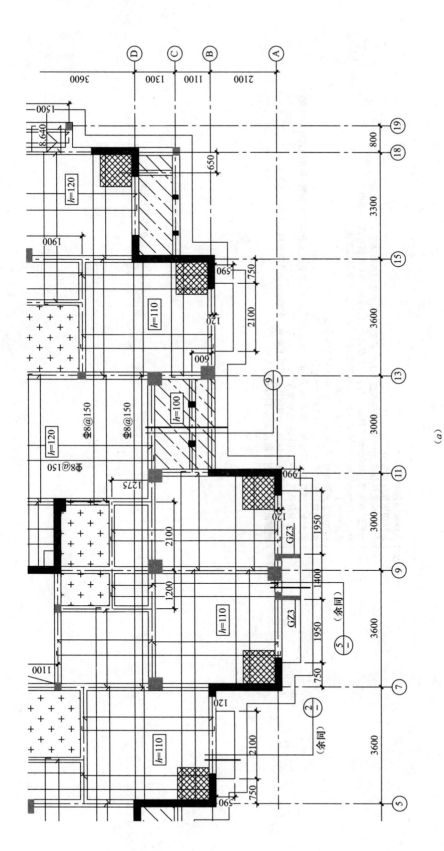

图 5.4-2 有梁板施工图实例

(a) 板配筋平面图局部

(a)

137

注：1.未注板面标高为8.670。
2.未注楼板厚度均为100。
3.E2区域未注板厚为90mm，未注板筋为上、下双层双向为Φ8@200，板面标高为8.640
主干区域板厚为100mm，未注板筋为上、下双层双向为Φ8@150，板面标高为8.640
120mm、130mm厚板未注板筋为上、下双层双向为Φ8@150；其他区域未注
板筋均为上、下双层双向为Φ8@200。
4.轻质墙下无梁处板附加钢筋上下各2Φ14，钢筋锚入梁内。
5.图中洞口位置详见平面图，洞口两侧各加2Φ12。
6.水专业、强弱电竖井随板面标高不同时，梁两侧Φ8@150双层双向配筋，水专业竖井钢筋先预留，水管放置好后浇筑。
7.竖井中开孔尺寸与与方式以其他专业为准。
8.未注梁顶标高随板面标高不同时，梁顶标高随板顶标高（卫生间除外）。
9.未注板角部附加钢筋布置有置区域，详板角部大样。

(b)

图 5.4-2 有梁板施工图实例（续）

(b) 板配筋平面图说明

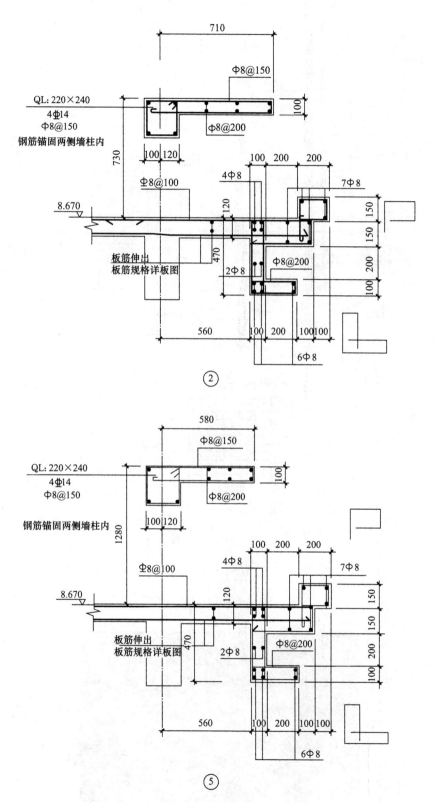

图 5.4-3 有梁板施工图实例（大样图 1）

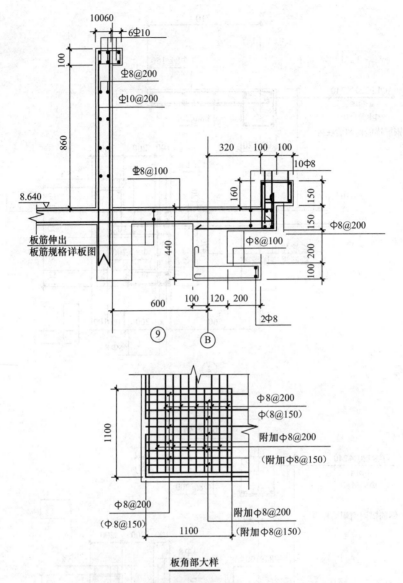

图 5.4-4　有梁板施工图实例（大样图 2）

图 5.4-5　有梁板施工实例照片

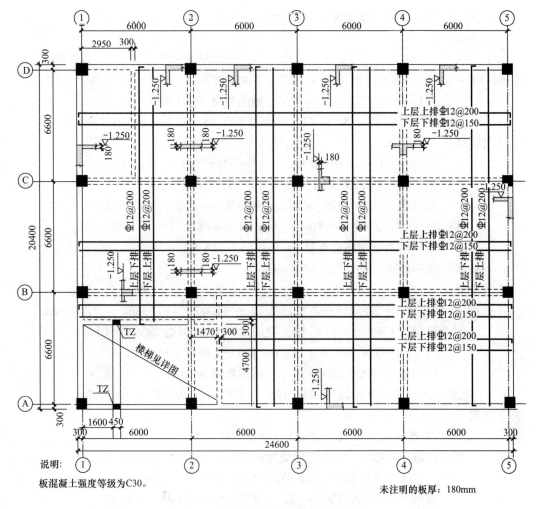

图 5.5-1 首层楼板平面布置及配筋图

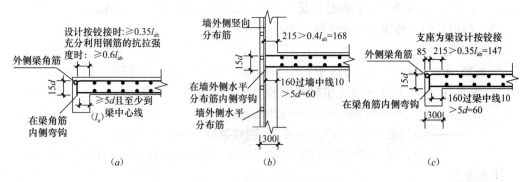

图 5.5-2 楼板支座计算用图

(a) 端部支座为梁；(b) 端部支座为墙；(c) 端部支座按铰接

　　楼板内部搁置在混凝土梁上，在计算长度时，要充分考虑安装间隙。梁保护层 25mm 加梁箍筋钢筋直径 10mm 加梁纵向钢筋直径 25mm，总计为 60mm，考虑 25mm 安装间隙，总共扣减 85mm，锚固长度水平段还有 215mm＞0.35l_{ab}＝147mm，见图 5.5-2 (c)。

(1) 横向Ⓓ轴～Ⓒ轴，轴线间距 6600mm。

上部钢筋：

$$长度 = 4 \times 6000 + 2 \times 215 + 2 \times 15 \times 12 = 24000 + 430 + 360 = 24790mm$$

$$排布区域 = 6600 - 200(Ⓒ轴梁宽的 1/2) - 2 \times 200/2 = 6600 - 200 - 200 = 6200mm$$

$$空挡数 = 6200/200 = 31, \quad 钢筋数量 = 31 + 1 = 32 道$$

$$总长度 = 24.79 \times 32 = 793.28m, \quad 793.28 \times 0.888 = 704.43kg$$

下部钢筋：

$$长度 = 4 \times 6000 + 2 \times 160 = 24000 + 320 = 24320mm$$

$$排布区域 = 6600 - 200(Ⓒ轴梁宽的 1/2) - 2 \times 150/2 = 6600 - 200 - 150 = 6250mm,$$

$$空挡数 = 6250/150 \approx 42, \quad 钢筋数量 = 42 + 1 = 43 道$$

$$总长度 = 24.32 \times 43 = 1045.76m, \quad 1045.76 \times 0.888 = 928.63kg$$

$$该区格上下钢筋总重量 = 704.43 + 928.63 = 1633.06kg$$

(2) 横向Ⓒ轴～Ⓑ轴，轴线间距 6600mm。

上部钢筋：

$$长度 = 4 \times 6000 + 2 \times 215 + 2 \times 15 \times 12 = 24000 + 430 + 360 = 24790mm$$

$$排布区域 = 6600 - 200(Ⓒ轴梁宽的 1/2) - 200(Ⓑ轴梁宽的 1/2)$$

$$- 2 \times 200/2 = 6600 - 400 - 200 = 6000mm,$$

$$空挡数 = 6000/200 = 30, \quad 钢筋数量 = 30 + 1 = 31 道$$

$$总长度 = 24.79 \times 31 = 768.49m, \quad 768.49 \times 0.888 = 682.42kg$$

下部钢筋：

$$长度 = 4 \times 6000 + 2 \times 160 = 24000 + 320 = 24320mm$$

$$排布区域 = 6600 - 200(Ⓒ轴梁宽的 1/2) - 200(Ⓑ轴梁宽的 1/2)$$

$$- 2 \times 150/2 = 6600 - 400 - 150 = 6050mm,$$

$$空挡数 = 6050/150 \approx 41, \quad 钢筋数量 = 41 + 1 = 42 道$$

$$总长度 = 24.32 \times 42 = 1021.44m, \quad 1021.44 \times 0.888 = 907.04kg$$

$$该区格上下钢筋总重量 = 682.42 + 907.04 = 1589.46kg$$

(3) 横向Ⓑ轴～楼梯梁，轴线间距 6600 - 5000 = 1600mm。

上部钢筋：

$$长度 = 4 \times 6000 + 2 \times 215 + 2 \times 15 \times 12 = 24000 + 430 + 360 = 24790mm$$

$$排布区域 = 1600 - 200(Ⓑ轴梁宽的 1/2) - 2 \times 200/2$$

$$= 1600 - 200 - 200 = 1200mm,$$

$$空挡数 = 1200/200 = 6, \quad 钢筋数量 = 6 + 1 = 7 道$$

$$总长度 = 24.79 \times 7 = 173.53m, \quad 173.53 \times 0.888 = 154.09kg$$

下部钢筋：

$$长度 = 4 \times 6000 + 2 \times 160 = 24000 + 320 = 24320mm$$

$$排布区域 = 1600 - 200(Ⓑ轴梁宽的 1/2) - 2 \times 150/2$$

$$= 1600 - 200 - 150 = 1250mm,$$

$$空挡数 = 1250/150 \approx 9, \quad 钢筋数量 = 9 + 1 = 10 道$$

$$总长度 = 24.32 \times 10 = 243.24m, \quad 243.24 \times 0.888 = 215.96kg$$

该区格上下钢筋总重量 = 154.09 + 215.9 = 369.99kg

（4）横向楼梯梁靠Ⓑ轴侧面~Ⓐ轴，轴线间距 4700＋300＝5000mm。

上部钢筋：

$$长度 = 3 \times 6000 - 1470 - 300 + 2 \times 215 + 2 \times 15 \times 12$$
$$= 16230 + 430 + 360 = 17020mm$$

排布区域 = 5000 - 200/2 + 200/2 = 5000mm，

空挡数 = 5000/200 = 25，　钢筋数量 = 25 + 0 = 25 道

总长度 = 17.02 × 25 = 425.8m，　425.8 × 0.888 = 377.84kg

下部钢筋：

长度 = 3 × 6000 - 1470 - 300 + 2 × 160 = 16230 + 320 = 16550mm

排布区域 = 500 - 2 × 150/2 + 150/2 = 5000mm，

空挡数 = 5000/150 约 = 34，　钢筋数量 = 34 + 0 = 34 道

总长度 = 16.55 × 34 = 562.7m，　562.7 × 0.888 = 499.68kg

该区格上下钢筋总重量 = 377.84 + 499.68 = 877.52kg

（5）第 3 和第 4 两个不同长度的分界点计算比较复杂，我们把上部钢筋画在图 5.5-3，下部钢筋画在图 5.5-4 帮助读者感悟这样计算的道理。

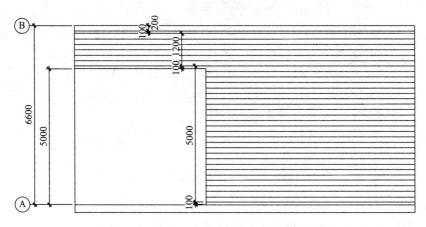

图 5.5-3　Ⓐ轴~Ⓑ轴之间上部钢筋数量图解

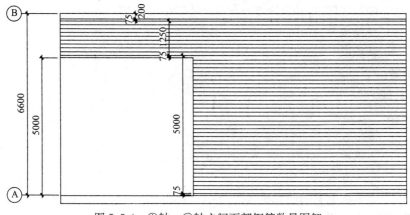

图 5.5-4　Ⓐ轴~Ⓑ轴之间下部钢筋数量图解

（6）纵向①轴～②轴，轴线间距6000mm。

上部钢筋：

$$长度 = 1600 + 2 \times 6600 + 2 \times 215 + 2 \times 15 \times 12$$

$$= 14800 + 430 + 360 = 15590mm$$

$$排布区域 = 6000 - 200/2 - 2 \times 200/2 = 5600mm，$$

$$空挡数 = 5600/200 = 28，\quad 钢筋数量 = 28 + 1 = 29 道$$

$$总长度 = 15.59 \times 29 = 452.11m，\quad 452.11 \times 0.888 = 401.47kg$$

下部钢筋：

$$长度 = 1600 + 2 \times 6600 + 2 \times 160 = 14800 + 320 = 15120mm$$

$$排布区域 = 同上部 = 5600mm，$$

$$空挡数 = 28，\quad 钢筋数量 = 29 道$$

$$总长度 = 15.12 \times 29 = 438.48m，\quad 438.48 \times 0.888 = 389.37kg$$

$$该区格上下钢筋总重量 = 401.47 + 389.37 = 790.84kg$$

（7）纵向②轴～楼梯梁东侧外缘，轴线间距 = 1770mm，见图5.5-5。

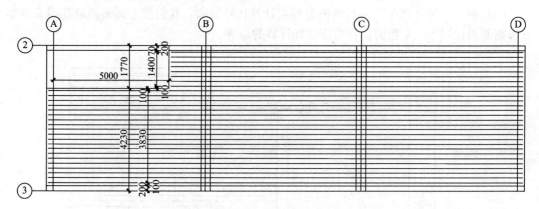

图 5.5-5　②轴～③轴之间钢筋数量图解

上部钢筋：

$$长度 = 1600 + 2 \times 6600 + 2 \times 215 + 2 \times 15 \times 12$$

$$= 14800 + 430 + 360 = 15590mm$$

$$排布区域 = 1770 - 200/2 - 2 \times 200/2 = 1370mm，$$

$$空挡数 = 1370/200 \approx 7，\quad 钢筋数量 = 7 + 1 = 8 道$$

$$总长度 = 15.59 \times 8 = 124.72m，\quad 124.72 \times 0.888 = 110.75kg$$

下部钢筋：

$$长度 = 1600 + 2 \times 6600 + 2 \times 160$$

$$= 14800 + 320 = 15120mm$$

$$排布区域 = 同上部 = 1370mm，$$

$$空挡数 = 1370/200 \approx 7，\quad 钢筋数量 = 7 + 1 = 8 道$$

$$总长度 = 15.12 \times 8 = 120.96m，\quad 120.96 \times 0.888 = 107.41kg$$

$$该区格上下钢筋总重量 = 110.75 + 107.41 = 218.16kg$$

（8）纵向楼梯梁东侧外缘～③轴，轴线间距 = 6000 - 1770 = 4230mm，见图5.5-5。

上部钢筋：

　　　　长度 = 1600 + 2 × 6600 + 2 × 215 + 2 × 15 × 12
　　　　　　 = 14800 + 430 + 360 = 15590mm
　　　　排布区域 = 4230 − 200/2 − 2 × 200/2 = 3830mm，
　　　　空挡数 = 3830/200 ≈ 19，　钢筋数量 = 19 + 1 = 20 道
　　　　总长度 = 15.59 × 20 = 303.8m，　303.8 × 0.888 = 269.77kg

下部钢筋：

　　　　长度 = 1600 + 2 × 6600 + 2 × 160
　　　　　　 = 14800 + 320 = 15120mm
　　　　排布区域 = 同上部 = 3830mm，
　　　　空挡数 = 3830/200 ≈ 19，　钢筋数量 = 19 + 1 = 20 道
　　　　总长度 = 15.12 × 20 = 302.4m，　302.4 × 0.888 = 268.53kg
　　　　该区格上下钢筋总重量 = 269.77 + 268.53 = 538.3kg

（9）纵向③轴～④轴，轴线间距 = 6000 − 1770 = 4230mm。

上部钢筋：

　　　　长度 = 1600 + 2 × 6600 + 2 × 215 + 2 × 15 × 12
　　　　　　 = 14800 + 430 + 360 = 15590mm
　　　　排布区域 = 6000 − 200/2 − 2 × 200/2 = 5600mm，
　　　　空挡数 = 5600/200 = 28，　钢筋数量 = 28 + 1 = 29 道
　　　　总长度 = 15.59 × 29 = 452.11m，　303.8 × 0.888 = 401.47kg

下部钢筋：

　　　　长度 = 1600 + 2 × 6600 + 2 × 160
　　　　　　 = 14800 + 320 = 15120mm
　　　　排布区域 = 6000 − 200/2 − 2 × 200/2 = 5600mm，
　　　　空挡数 = 5600/200 = 28，　钢筋数量 = 28 + 1 = 29 道
　　　　总长度 = 15.12 × 29 = 438.48m，　438.48 × 0.888 = 389.37kg
　　　　该区格上下钢筋总重量 = 401.47 + 389.37 = 790.74kg

（10）纵向④轴～⑤轴，同纵向③轴～④轴。

　　　　该区格上下钢筋总重量 = 401.47 + 389.37 = 790.74kg

（11）板钢筋小计

　　　　　　　1 + 2 + 3 + 4 + 6 + 7 + 8 + 9 + 10 + 11
　　　　钢筋小计 = 1633.06 + 1589.46 + 369.99 + 877.52 + 790.84
　　　　　　 + 218.16 + 538.3 + 790.74 + 790.74
　　　　　　 = 7598.81kg

表 5.5-1 是 1m 板宽内各种钢筋间距的钢筋截面面积，图 5.5-6 是每米板宽配筋面积表编制说明图示，表 5.5-2 是钢筋理论重量表。

表 5.5-1

1m板宽内各种钢筋间距的钢筋截面面积（mm²）

钢筋间距(mm)	钢筋直径 (mm)																						
	6	6/8	6.5	6.5/8	8	8/10	10	10/12	12	12/14	14	14/16	16	16/18	18	18/20	20	20/22	22	22/25	25	25/28	28
70	404	561	474	596	719	920	1121	1369	1616	1907	2199	2536	2872	3254	3635	4062	4488	4959	5430	6221	7012	7904	8796
75	377	524	442	556	671	859	1047	1277	1508	1780	2053	2367	2681	3037	3393	3791	4189	4629	5068	5807	6545	7378	8210
80	354	491	415	522	629	805	981	1198	1414	1669	1924	2218	2513	2847	3181	3554	3927	4339	4752	5444	6136	6916	7697
85	333	462	390	491	592	758	924	1127	1331	1571	1811	2088	2365	2680	2994	3345	3696	4084	4472	5124	5775	6510	7244
90	314	437	369	464	559	716	872	1064	1257	1484	1710	1972	2234	2531	2827	3159	3491	3857	4224	4839	5454	6148	6842
95	298	414	349	439	529	678	826	1008	1190	1405	1620	1868	2116	2398	2679	2993	3307	3654	4001	4584	5167	5824	6482
100	283	393	332	417	503	644	785	958	1131	1335	1539	1775	2011	2278	2545	2843	3142	3471	3801	4355	4909	5533	6158
110	257	357	302	379	457	585	714	871	1028	1214	1399	1614	1828	2071	2313	2585	2856	3156	3456	3959	4462	5030	5598
120	236	327	277	348	419	537	654	798	942	1112	1283	1479	1676	1898	2121	2369	2618	2893	3168	3629	4091	4611	5131
125	226	314	265	334	402	515	628	766	905	1068	1232	1420	1608	1822	2036	2275	2513	2777	3041	3484	3927	4427	4926
130	218	302	255	321	387	495	504	737	870	1027	1184	1365	1547	1752	1957	2187	2417	2670	2924	3350	3776	4256	4737
140	202	281	237	298	359	460	561	684	808	954	1100	1268	1436	1627	1818	2031	2244	2480	2715	3111	3506	3952	4398
150	189	262	221	278	335	429	523	639	754	890	1026	1183	1340	1518	1696	1895	2094	2314	2534	2903	3272	3689	4105
160	177	246	207	261	314	403	491	599	707	834	962	1109	1257	1424	1590	1777	1963	2170	2376	2722	3068	3458	3848
170	166	231	195	245	296	379	462	564	665	786	906	1044	1183	1340	1497	1672	1848	2042	2236	2562	2887	3255	3622
180	157	218	184	232	279	358	436	532	628	742	855	986	1117	1265	1414	1580	1745	1929	2112	2419	2727	3074	3421
190	149	207	175	220	265	339	413	504	595	702	810	934	1058	1199	1339	1496	1653	1827	2001	2292	2584	2912	3241
200	141	196	166	209	251	322	393	479	565	668	770	887	1005	1139	1272	1422	1571	1736	1901	2178	2454	2757	3079
220	129	178	151	190	228	293	357	436	514	607	700	807	914	1035	1157	1292	1428	1578	1728	1980	2231	2515	2799
240	118	164	138	174	209	268	327	399	471	556	641	740	838	949	1060	1185	1309	1446	1584	1815	2045	2305	2565
250	113	157	133	167	201	258	314	383	452	534	616	710	804	911	1018	1137	1257	1389	1521	1742	1963	2213	2463
260	109	151	128	160	193	248	302	368	435	514	592	683	773	876	979	1094	1208	1335	1462	1675	1888	2128	2368
280	101	140	119	149	180	230	281	342	404	477	550	634	718	813	909	1015	1122	1240	1358	1555	1753	1976	2199
300	94	131	111	139	168	215	262	319	377	445	513	592	670	759	848	948	1047	1157	1267	1452	1636	1844	2053

注：1. 本表 d_1 与 d_2@间距的意义及 d_1 与 d_1 的间距是标注间距的2倍，d_2 与 d_2 间距也是标注间距的2倍，d_1 与 d_2 间隔一个标注间距。这是世界各国混凝土结构施工图标注的通用规则。

2. 表中一种直径钢筋 A_s=单根钢筋截面积×1000/间距所得到，它既不需取整数，也不应该加1。

3. 表中两种直径钢筋的 A_s=(d_1 单根钢筋截面积+d_2 单根钢筋截面积)×500/间距，它同样既不需取整数，也不应该加1。

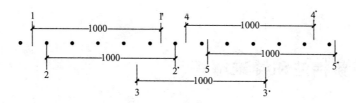

图 5.5-6　每米板宽配筋面积表编制说明图示

钢筋理论重量表（kg/m）　　　　　　　　　　表 5.5-2

直径	6	6.5	8	10	12	14	16	18
理论重量	0.222	0.2605	0.395	0.617	0.888	1.21	1.58	2.00
直径	20	22	25	28	32	36	40	50
理论重量	2.47	2.98	3.85	4.83	6.31	7.99	9.87	15.42

6 平法创新标注和疑难解答

6.1 墙板类平面构件配置两种不同直径钢筋的设计表述

墙板类平面构件钢筋的标注，一般采用"钢筋代号和直径@间距"来表示。

【例1】 Φ18@200，表示采用 HRB400 级钢筋，直径 18mm，间距 200mm，其每米板宽钢筋截面面积为 1272mm²。

【例2】 Φ14@200，表示采用 HRB500 级钢筋，直径 14mm，间距 200mm，其每米板宽钢筋截面面积为 770mm²。

墙板类平面构件钢筋之所以这样标注，是因为在设计时，取墙板类平面构件中 1000mm 宽有代表性的墙板带进行结构分析和截面设计，国家建筑标准设计图集《建筑结构设计常用数据》（06G112）给出了 1m 板宽内各种钢筋间距的钢筋截面面积（表 5.5-1）。

在工程实践中，往往需要采用两种不同直径钢筋间隔排布来选用钢筋，此时，两种直径可用"/"隔开。

【例3】 Φ16/18@140，表示钢筋强度为 HRB400 级，Φ16mm 和 Φ18mm 两种不同直径间隔排布，Φ16 到 Φ18 的间距 140mm，Φ16 到 Φ16 的间距 280mm，Φ16 钢筋的每米板宽钢筋截面面积 $A_s=718mm^2$，Φ18 到 Φ18 间距也是 280mm，Φ18 钢筋的每米板宽钢筋截面面积 $A_s=909mm^2$，两种不同直径钢筋的截面面积相加，每米板宽钢筋截面面积为 1627mm²。

【例4】 Φ14/16@150，表示采用 HRB500 级钢筋，直径 Φ14mm 和 Φ16mm 两种不同直径间隔排布，Φ14 到 Φ16 的间距 150mm，Φ14 到 Φ14 的间距 300mm，Φ14 钢筋的每米板宽钢筋截面面积 $A_s=513mm^2$，Φ16 到 Φ16 间距也是 300mm，Φ16 钢筋的每米板宽钢筋截面面积 $A_s=670mm^2$，两种不同直径钢筋的截面面积相加，每米板宽钢筋截面面积为 1183mm²。

（1）板的自定义标注

墙板类平面构件钢筋有许多创新标注。如用 M 表示板上部钢筋，因为俗称面筋，所以用"面"字的汉语拼音字头，用 D 表示板下部钢筋，因为俗称底筋，所以用"底"字的汉语拼音字头。

（2）板上部非贯通受力钢筋与其下分布钢筋的搭接长度

板上部非贯通受力钢筋与其下分布钢筋的搭接长度为 150mm（图 6.1-1），这在 12 G901—1《混凝土结构施工钢筋排布规则与构造详图》（现浇混凝土框架、剪力墙、梁板）的第 4-10 页至第 4-14 页作出了明确标注。由于第 4-10 页等各页都是单一节点，于是就使得一些读者对板支座上部非贯通筋下面的分布筋的计算长度存在疑惑。这些分布筋到底需要布置多长，有人说是按轴线通长布置；也有人说是轴线长度减去顶部非贯通筋的长度，然后再加 150mm，这两种说法都不对。

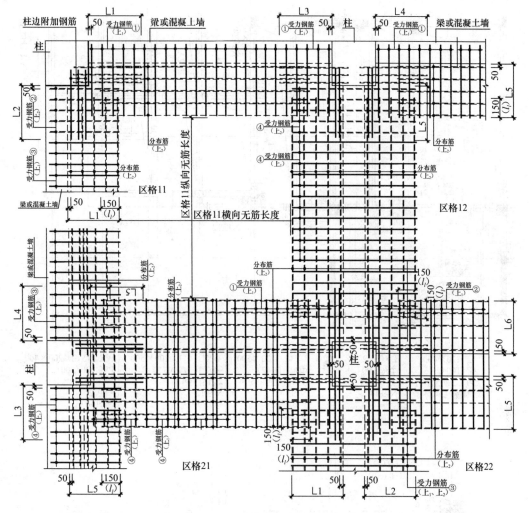

图 6.1-1

　　板上部的非贯通受力钢筋与其下分布钢筋的长度要分区格、逐个计算，每个区格横向分布筋的长度＝该区格纵向无筋长度＋300mm；每个区格纵向分布筋的长度＝该区格横向无筋长度＋300mm，当分布筋采用 HPB235 级或 HPB300 级钢筋时，可以不设 180°回弯。

　　位于屋面两端四大角的区格，温度应力对板的影响很大。分布筋一般兼作温度筋，此时的连接长度应该按照 l_1 来确定，当采用 HPB300 级光面钢筋时，应设 180°回弯。

　　（3）梁的图内标注与图外标注

　　梁的平面布置图一般都非常拥挤，当集中标注写不下时，就将集中标注移到平面布置图外面注写，在平面布置图只给出梁的编号和原位标注，这是对平法制图规则的创新活用。图 6.1-2 所示为梁的集中标注在平面布置图的外面空档区域集中注写示例。

　　（4）梁的吊筋标注

　　吊筋处线条比较多，具体设计人员往往在集中标注中加写吊筋，或在原位用字母 V 引导，见图 6.1-3～图 6.1-5。这也是设计人员对平法标注的创新，已经被许多设计人员所采用。

　　（5）非抗震框架梁和 L 形梁的箍筋加密

　　许多读者说，G101 系列图集和 G901 系列图集都没说非抗震框架梁和 L 形梁要设箍筋加

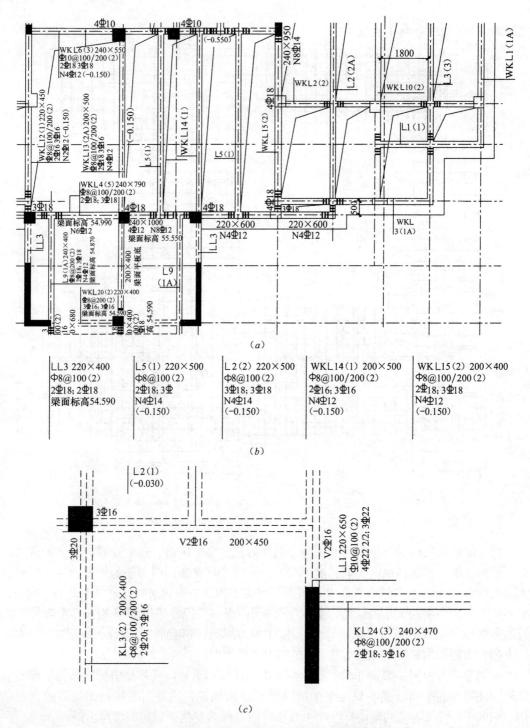

图 6.1-2　梁的集中标注在平面布置图外面空档区域集中注写

(a) 结构平面图；(b) 梁信息在结构平面图外标注；(c) 用 V 打头标注吊筋

密区，但是见到不少图纸有很多非抗震框架梁和 L 形梁标注箍筋间距为 100/200mm 的情况，即箍筋也有加密和非加密之区别，那么，非抗震框架梁和 L 形梁到底应该不应该加密呢？

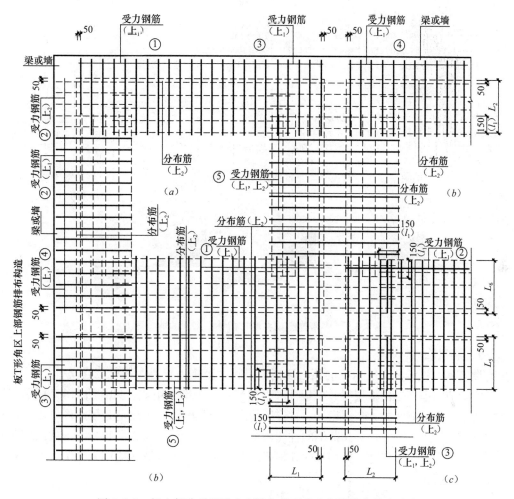

图 6.1-3　板上部非贯通受力钢筋与其下分布钢筋排布构造示意

(a) 板 L 形角区上部钢筋排布构造；(b) 板 T 形角区上部钢筋排布构造；

(c) 板十字形角区上部钢筋排布构造

如图 6.1-6 所示，三跨连续梁在均布荷载作用下，各跨在两端支座产生最大剪力 V_{max}，而跨中剪力最小值趋于 0。

箍筋在梁中起什么作用，主要是用来抵抗剪力 V，既然支座剪力为 V_{max}，就要多放箍筋。梁是两端剪力最大，应该多放；越向跨中剪力越小，就要逐步少放箍筋，所以在靠近梁两端箍筋间距比跨中区段密一些，是符合力学道理的。

抗震设防要求的两端箍筋加密与非抗震框架梁和 L 形梁的箍筋间距不同，其物理意义是不同的，前者是抗震设防的需要，后者是满足抗剪强度要求之后的物尽其用。

综上所述，非抗震框架梁采用不同间距的箍筋是合理的。通常在施工图设计文件中，我们可以看到标注为 $\Phi 8@5 \times 150/4 \times 200/250$。这样标注的意思是该梁有三种箍筋间距，紧靠梁两端（离开竖向构件表皮 50mm）设置 5 道 $\Phi 8@150$，再设置 4 道 $\Phi 8@200$，其余部分间距为 250mm，即一种箍筋直径，不同间距。一般会在图纸总说明和所在页次分别说明。这里符号表示 HRB500 级钢筋。

非抗震框架梁 150mm 箍筋间距很少用到，一般也就 5～8 道箍筋，间距为 200mm。

L1(5A)	L3(1)	KL8(2)	KL7(2)
200×400	200×400	250×550	250×550
Φ8@200(2)	Φ8@200(2)	Φ8@100/200(2)	Φ8@100/200(2)
(2Φ12); 2Φ16	2Φ12; 2Φ16	2Φ20; 4Φ18	2Φ18; 4Φ18

KL3(5B)	L2(1)	L4(2)	KL9(2)
250×550	200×400	200×400	250×550
Φ8@100/200(2)	Φ8@200(2)	Φ8@200(2)	Φ8@100/200(2)
2Φ18; 3Φ18	2Φ14; 2Φ16	(2Φ12); 2Φ14	2Φ20; 4Φ18

L1(1)	L2(1)
200×400	200×400
Φ8@200(2)	Φ8@200(2)
(2Φ12); 2Φ16	(2Φ12); 2Φ16
V2Φ16	V2Φ16

图 6.1-4　梁的集中标注注写在平面布置图区域外示例　　　图 6.1-5　梁的集中标注加注吊筋示例

图 6.1-6　多跨连续梁在均布荷载作用下的剪力图

（6）截面核心区识读

有读者问：图 6.1-7 所示柱的核心区指的是哪个范围，核心区有什么含义？

大家知道，框架是由框架梁、框架柱和框架节点 3 个部分组成。只看图 6.1-7 所示截面图，当然看不出核心区的大小。设计对柱详图给出这个截面已经标注清楚了（图 6.1-8），核心区的范围就是梁高范围，梁高范围的柱叫做框架节点核心区。所以节点核心区的高度要到梁平法施工图中去找出与这个柱相交的几根梁的最低梁底和最高梁顶之间的距离，就是这个柱的核心区高度。

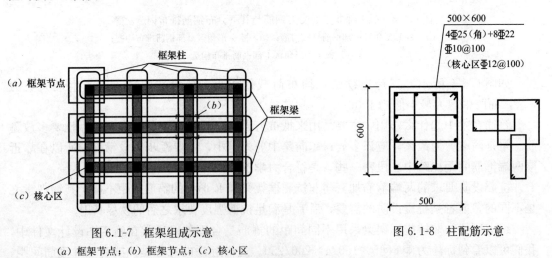

图 6.1-7　框架组成示意　　　　　　　　　　　　　　图 6.1-8　柱配筋示意
（a）框架节点；（b）框架节点；（c）核心区

譬如与这个柱相交有 4 根梁，梁顶标高分别是 5.100m、5.150m、5.100m、4.800m，梁底标高分别是 4.300m、4.350m、4.300m、4.000m，那么此时这个节点核心区的高度就是 5.150−4.000＝1.150m。

在 1.150m 这个核心区高度范围内，箍筋要由 Φ10@100 加强到 Φ12@100，即加强一档。

7 11G101 新图集详解

7.1 11G101 图集的修订特点

建设部 2011 年 7 月 21 日发文批准新版 11G101 图集自 2011 年 9 月 1 日起施行。新版 11G101 图集由下列四本组成,全面替代原图集。

(1)《混凝土结构施工图平面整体表示方法制图规则和构造详图(现浇混凝土框架、剪力墙、梁、板)》(11G101-1)替代原 03G101-1、04G101-4 图集。

(2)《混凝土结构施工图平面整体表示方法制图规则和构造详图(现浇混凝土楼梯)》(11G101-2)替代原 03G101-2 图集。

(3)《混凝土结构施工图平面整体表示方法制图规则和构造详图(独立基础、条形基础、筏形基础及桩基承台)》(11G101-3)替代原 04G101-3、08G101-5、06G101-6 图集。

(4)《混凝土结构施工图平面整体表示方法制图规则和构造详图(剪力墙边缘构件)》(12G101-4)系新编图集。

新版 11G101-1 图集依据新版《混凝土结构设计规范》(GB 50010—2010)、《高层建筑混凝土结构技术规程》(JGJ 3—2010)和《建筑抗震设计规范》(GB 50011—2010)进行了修编,并将框架、剪力墙、梁、板结构构件归并为 11G101-1 一本图集,又将原 08G101-5 图集中的地下室部分内容与上部结构协调统一后编入,适用于基础顶面以上结构的设计与施工,减少了不必要的重复,给设计与施工人员带来了便利。

新版 11G101-2 图集是一本关于现浇混凝土板式楼梯的图集,依据新版设计规范对原 03G101-2 图集进行了修编,修编过程中汲取了汶川大地震宏观震害经验,将框架结构之楼梯按照参与结构整体抗震计算和不参与结构整体抗震计算两种情况,分别采取不同的抗震构造措施,肯定了混凝土板式楼梯在框架房屋抗震设防中的重大影响和重要作用,匡正了钢筋混凝土工程业界在汶川地震前以"楼梯不需要抗震设防"的不当宣传。

新版 11G101-3 图集是一本涵盖独立基础、条形基础、筏形基础及桩基承台的图集,依据新版设计规范对原 04G101-3、08G101-5、06G101-6 图集进行了修编和汇总,修编过程中,认真汲取了汶川大地震宏观震害经验,统一了基础主梁和基础梁的代号"JL",取消了原图集对"有梁筏形基础、多跨基础主梁下部非贯通除了满足不小于 $l_n/3$ 外,尚需满足 $a = 1.2l_a + h_b + 0.5h_c$,$a = 1.2l_a + h_b + 0.5b_b$"的要求。详细说明了混凝土板采用两种规格钢筋"隔一布一"时的表达方式和意义。适时遏阻了 08G101-11 图集第 58 页注 1 的错误说法对钢筋混凝土工程业界制造的混乱。

(1)总说明

总说明表述了 11G101-1 图集的适用范围是非抗震和抗震设防烈度为 6~9 度地区的现浇混凝土框架、剪力墙、框架-剪力墙和部分框支剪力墙等主体结构的设计与施工,以及各类结构中的现浇混凝土板（包括有梁楼盖和无梁楼盖）、地下室结构部分现浇混凝土墙体、柱、梁、板结构施工图的设计与施工。

新图集的抗震构造还是一级～四级，没有涉及特一级的专用构造。当涉及特一级抗震构件时，需要具体设计提供抗震构造详图并且明确施工要求。

总说明删除了原图集04G101-4图集说明中与《建筑抗震设计规范》（GB 50011—2010）第5.2.6条相悖的"对于楼面与屋面板本身的各种构造则未考虑抗震措施"的说法。

（2）第一章　新平法施工图制图规则与钢筋构造

新版11G101-1图集在总则前面增加了"平面整体表示方法制图规则"，尽管与目录的第一部分制图规则不能对应，但是还是比原图集总则前面什么都没有好一些。

新版11G101-1图集在总则还是10条，第1.0.2条调整了适用范围，进一步明确楼板部分也适用于砌体结构。

第1.0.9条由9款增加到12款，第4款增加了"当采用机械锚固形式时，设计者应指定机械锚固的具体形式、必要的构件尺寸以及质量要求"。

第4款增加了对设计人员自动授权施工人员可以任选一种构造做法进行施工的范围进行了举例说明：顶层端节点构造、复合箍中拉筋做法、无支撑板端部封边构造。

非框架梁（板）的上部纵向钢筋在端支座锚固时，究竟是"铰接"还是"充分利用钢筋的抗拉强度"、地下室外墙与顶板的"连接"方式、墙上起柱QZ的构造方式等必须要求具体设计人员明确，不能由施工人员任选。

第6款关于"轴心受拉及小偏心受拉构件的纵向受力钢筋不得采用绑扎搭接，设计者应在平法施工图中注明其平面位置及层数"的要求，是原图集第36页注2，修编专家考虑到这个问题有必要引起具体设计人员的高度重视，所以将其放到总则，并且在新图集第57页的注4依然写明。

施工具体工程遇到就要照办，如果具体设计仅注明其平面位置及层数，没给出采用何种非绑扎搭接形式，施工人员还要求具体设计人员予以明确。

第8款是新条文。要求具体设计人员在施工图注明上部结构（柱）的嵌固部位位置。这是必需的，因为上部结构（柱）的嵌固部位位置是设计人员根据《高层建筑箱形与筏形基础技术规范》（JGJ 6—2011）第5.1.3条各款规定的原则确定的，不是经手某个项目的结构设计人员就不可能知道这个项目的上部结构（柱）的嵌固部位位置究竟在哪里。

第9款是新条款。要求具体设计人员在施工图中注明后浇带的位置、浇筑时间、强度等级以及其他特殊要求。

第10款是原图集第2.4.2条的内容。要求具体设计人员在施工图中明确填充墙是否需要拉结，当柱与填充墙需要拉结时要指定或自行绘制构造详图。

7.2　11G101-1图集关于柱的规定

（1）柱平法施工图制图规则

第2.1.3条，增加了"尚应注明上部结构嵌固部位位置"。

第 2.2.2 条 1 款的注，增加了"但应在图中注明截面与轴线的关系"。对这句话，在第 23 页的剪力墙平法施工图截面注写方式示例中的构造边缘柱 GBZ2 就有标注。

第 2 款增加的具体内容如下：

注：对剪力墙上柱 QZ 本图集提供了"柱纵筋锚固在墙顶部"、"柱与墙重叠一层"两种构造做法（见第 61、66 页），设计人员应注明选用哪种做法。当选用"柱纵筋锚固在墙顶部"做法时，剪力墙平面外方向应设梁。

第 6 款增加了"当框架节点核心区内箍筋与柱端箍筋设置不同时，应在括号内注明核心区箍筋直径及间距"。具体内容如下：

注写柱箍筋，包括钢筋级别、直径与间距。

当为抗震设计时，用斜线"/"区分柱端箍筋加密区与柱身非加密区长度范围内箍筋的不同间距。施工人员需根据标准构造详图的规定，在规定的几种长度值中取其最大者作为加密区长度。当框架节点核心区内箍筋与柱端箍筋设置不同时，应在括号中注明核心区箍筋直径及间距。

【例1】 Φ10@100/250，表示柱端箍筋为 HPB300 钢筋，直径为 10mm，加密区间距为 100mm，非加密区间距为 250mm。

Φ10@100/250(Φ12@100)，表示柱中箍筋为 HPB300 钢筋，直径为 10mm，加密区间距为 100mm，非加密区间距为 250mm，框架节点核心区箍筋为 HPB300 级钢筋，直径为 12mm，间距为 100mm。

当箍筋沿柱全高为一种间距时，则不使用斜线"/"。

【例2】 Φ10@100，表示沿柱全高范围内箍筋均为 HPB300 级钢筋，直径为 10mm，间距为 100mm。

当圆柱采用螺旋箍筋时，需在箍筋前加"L"。

【例3】 LΦ10@100/200，表示采用螺旋箍筋，HPB300 级钢筋，直径为 10mm，加密区间距为 100mm，非加密区间距为 200mm。

删除了原《混凝土结构施工图平面整体表示方法制图规则和构造详图》（03G101-1）图集中第 2.2.2 条里的以下内容：

当柱（包括芯柱）纵筋采用搭接连接，且为抗震设计时，在柱纵筋搭接长度范围内（应避开柱端的箍筋加密区）的箍筋均应按不大于 5d（d 为柱纵筋较小直径）及不大于 100mm 的间距加密。

当为非抗震设计时，在柱纵筋搭接长度范围内的箍筋加密，应由设计者另行注明。第 11 页柱平法施工图列表注写方法示例，是 11G101-1 新图集第 2.2.1 条的附图，由原图集第 10 页图 2.2.4 修改而成，主要修改内容如下：

在结构层楼面标高结构层高下方，明确了上部结构嵌固部位：-0.030m。

柱纵向钢筋由 HRB335 级（5Φ22）提高到 HRB400 级（5Φ22），这是依据《混凝土结构设计规范》（GB 50010—2010）中第 4.2.1 条 2 款："梁、柱纵向受力普通钢筋应采用 HRB400、HRB500、HRBF400、HRBF500 钢筋"的规定修编的。

11G101-1 图集第 12 页柱平法施工图截面注写方法示例的修编，明确嵌固部位与钢筋强度等级提高与第 11 页的修订一样，还增加了同一平面坐标点、不同楼层采用不同配筋的标注（图 7.2-1），这在老图中没有出现。

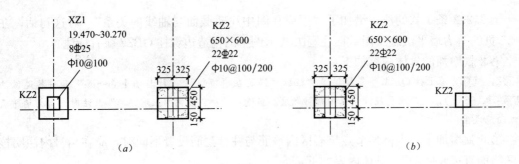

图 7.2-1 柱平法施工图截面注写方法示意

(a) 新图；(b)（老图）

（2）11G101-1 图集第 57 页抗震 KZ 纵向钢筋连接构造

取消了原图集第 36 页图中绑扎搭接、机械连接和焊接连接各图尺寸注写中的"≥0"；取消了原图集第 36 页图中绑扎搭接、机械连接和焊接连接各图起始位置的"基础顶面"字样，只保留"嵌固部位"。

增加了图 7.2-2（d）下柱较大直径钢筋连接节点（图 7.2-2）。并在图 7.2-2（c）中删除了"按上柱的钢筋直径计算"这句话。在图注解第 4 条中，将原图集中"框架柱纵筋 >28 不宜采用绑扎接头"做了删除。

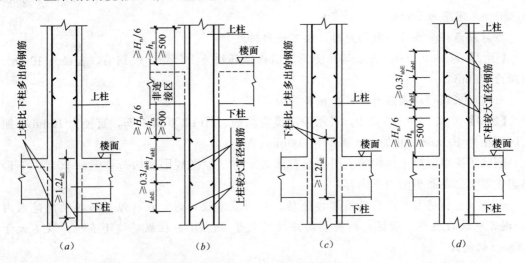

图 7.2-2 抗震 KZ 纵向钢筋连接构造示意

(a) 上柱钢筋比下柱多；(b) 上柱钢筋直径比下柱钢筋直径大；(c) 下柱钢筋比上柱多；
(d) 下柱钢筋直径比上柱钢筋直径大

（3）11G101-1 图集第 58 页地下室部位纵向钢筋连接构造

11G101-1 图集第 58 页是将原 G101-5 图集中的地下室部位 KZ 纵向钢筋的连接构造及箍筋加密区范围协调到这里，便于设计施工运用。这个图形就要求摒弃以前的地下室钢筋接头高度以及箍筋加密区在层高的 $H_n/3$ 的不当做法，而应按 $H_n/6$ 设计施工，同时增加了地下一层钢筋在嵌固部位的锚固构造图（图 7.2-3）。图 3 仅限于按《建筑抗震设计规范》第 6.1.14 条在地下 1 层增加的 10% 钢筋，由设计指定，未指定时表示地下一层比上层柱多出的钢筋。

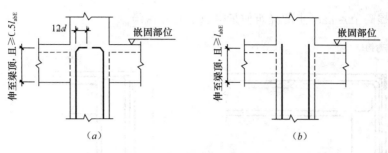

図 7.2-3 地下 1 层增加钢筋在嵌固部位的锚固构造

(*a*) 弯锚；(*b*) 直锚

（4）11G101-1 第 59 页柱顶弯折钢筋连接构造

11G101-1 第 59 页不同点：增加了柱顶弯折部位的钢筋构造（图 7.2-4）。

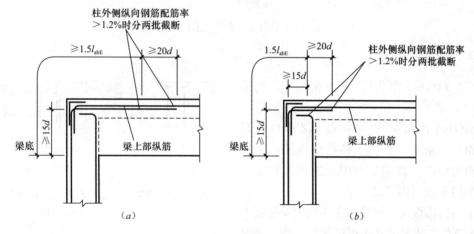

图 7.2-4 柱外侧钢筋入梁连接的两种不同构造

(*a*) 从梁底算起 $1.5l_{abE}$ 超过柱内侧边缘；(*b*) 从梁底算起 $1.5l_{abE}$ 未超过柱内侧边缘

柱外侧钢筋伸到梁顶部钢筋紧下方后开始弯折，弯折的水平段如果小于 $15d$，必须加长到足 $15d$。这是 11G101-1 新图集的新要求。

【例 1】 某二级抗震框架，KZ 400mm×500mm，混凝土强度等级 C50，柱外侧钢筋 6 Φ 22，WKL 350mm×500mm，混凝土强度等级 C30，试确定柱外侧钢筋伸到梁顶部钢筋紧下方开始弯折后的水平段长度。

【解】 11G101-1 图集第 53 页，二级抗震 HRB500 级钢筋，在 C50 时 $l_{abE}=37d=814$mm，$1.5l_{abE}=1221$mm，弯折后的水平段长度 $=1221-(500-75)=796$mm 大于柱内侧面高度 $h_c=500$mm，此时，进入梁内的长度为 $796-500=296$mm。需要按梁的混凝土强度等级重新确定 l_{abE}，二级抗震 HRB500 级钢筋，在 C30 时，$l_{abE}=49d=1078$mm，$1.5l_{abE}=1617$mm，可直接在 $1.5l_{abE}$（1617mm）处截断，再看是否需要分两次截断，$400×500×1.2\%=2400$mm²，柱外侧 6 Φ 22 的钢筋截面面积 $=2281$mm²，柱外侧配筋率 $=(2281/400×500)×100\%=1.14\%<1.2\%$，不需要分两批截断。

顶层端节点的梁上部钢筋入柱连接节点，相对于 03G101-1 第 56 页的节点做法，取消了柱外侧钢筋到顶后水平拐 $12d$ 的要求（图 7.2-5），节约了材料，方便了钢筋绑扎和混凝土浇筑，对提高节点混凝土的浇筑质量提供了有力保障。

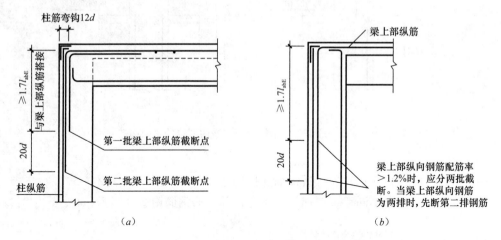

图 7.2-5　柱外侧钢筋入梁连接的两种不同构造

(*a*) 旧图；(*b*) 新图

(5) 11G101 图集第 60 页抗震 KZ 构造措施

11G101 图集第 60 页抗震 KZ 中柱柱顶纵向钢筋构造中，新增了柱纵向钢筋端头增加锚板的构造。直锚节点中，继续强调了伸至柱顶的要求（图 7.2-6）。

增加的锚板这个构造，在实践中安装是有极大困难的，或者说几乎很难实现，施工还必

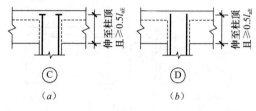

图 7.2-6　中柱顶部锚板构造、直锚构造示意

(*a*) 柱纵向钢筋端头加锚头（锚板）；

(*b*) 当直锚长度 l_{aE} 时

须兼顾梁上部两排钢筋、两个方向有 4 排钢筋的复杂情形，不能闭门造车（图 7.2-7）。

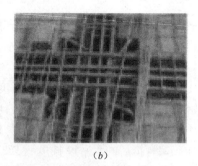

图 7.2-7　中柱顶部收头示例

(*a*) 示例 1；(*b*) 示例 2

抗震 KZ 柱变截面位置纵向钢筋构造由 2 个增加到 5 个，新增了 3 个构造图。对内侧收进的下柱纵向钢筋在柱顶的水平段长度进行了修改，原图长度取收进值＋200mm，新图不管收进多少，均取 $12d$。上柱纵向钢筋插入长度由原来的 $1.5l_{aE}$ 减小到 $1.2l_{aE}$，减小了 $0.3l_{aE}$。

158

对边柱外侧收进，下柱外侧纵向钢筋在柱顶的水平段长度＝Δ＋l_{aE}－保护层厚度－柱箍筋直径，一般可取 Δ＋l_{aE}－35（图 7.2-8）。

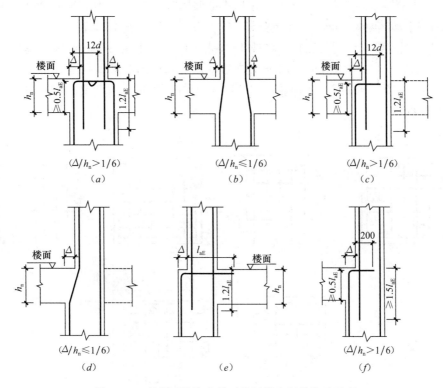

图 7.2-8　抗震 KZ 柱变截面位置纵向钢筋构造示意

（a）新图；（b）新图同原图；（c）新图；（d）新图；（e）新图；（f）原图

（6）11G101-1 图集第 61 页柱纵筋构造措施

11G101-1 图集第 61 页中，柱纵筋锚固在墙顶部的构造，钢筋下伸的长度由原来的 $1.6l_{aE}$ 调整为 $1.2l_{aE}$（图 7.2-9）。

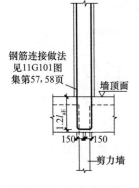

图 7.2-9　柱纵筋锚固在墙顶部时柱根构造示意

【特别提示 1】 除具体工程设计标注有箍筋全高加密的柱外，柱箍筋加密区按图 7.2-9 所示。

【特别提示 2】 当柱纵筋采用搭接连接时，搭接区范围内箍筋构造见 11G101 图集第 54 页。

【特别提示 3】 为便于施工时确定柱箍筋加密区的高度，可按 11G101 图集第 62 页的图表查用。

【特别提示 4】 当柱在某楼层各向均无梁连接时，计算箍筋加密范围采用的 H_n 按该跃层柱的总净高取用，其余情况同普通柱。

【特别提示 5】 墙上起柱，在墙顶面标高以下锚固范围内的柱箍筋按上柱非加密区箍筋要求配置，梁上起柱，在梁高范围内设两道柱箍筋。

【特别提示 6】 墙上起柱（柱纵筋锚固在墙顶部时）和梁上起柱时，墙体和梁的平面外方向应设梁，以平衡柱脚在该方向的弯矩；当柱宽度大于梁宽时，梁应设水平加腋。

(7) 11G101 图集第 62～67 页修改部分

11G101 图集第 62 页注 3 将原来的小墙肢的定义范围作了修改。小墙肢即墙肢长度不大于（≤）4 倍厚度的剪力墙。还要求矩形小墙肢厚度≤300mm 时，箍筋全高加密。

11G101 图集第 63～66 页的非抗震 KZ 的构造变更情况基本同抗震 KZ。

11G101 图集第 67 页所注的内容与原图要求不同。图中矩形复合箍筋的基本复合方式如图 7.2-10 所示。原图内箍可全部采用拉筋，新图未提到，未提到不等于不允许。拉筋对减少外箍的"无支长度"比内箍给力，当对框架柱的极限压应变要求较高时，还是采用拉筋比内箍要好。

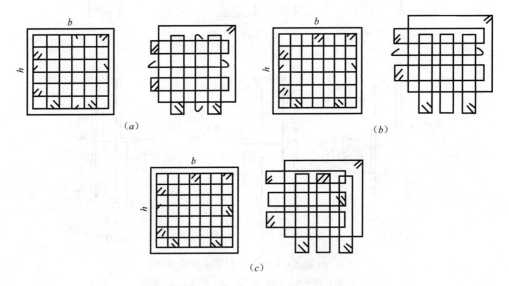

图 7.2-10　矩形复合箍筋的基本复合方式
(a) 7×7；(b) 8×7；(c) 8×8

1) 沿复合箍筋周边，箍筋局部重叠不宜多于两层，以复合箍筋最外围的封闭箍筋为基准，柱内的横向箍筋紧贴其设置在下（或在下）。尤其是双向均采用拉筋，两个方向的横向钢筋叠合只有 2 层；采用内箍，两个方向的箍筋叠合至少有 4 层，从这个角度考虑问题，拉筋比内箍要好得多。

2) 若同一柱内复合箍箍筋各肢位置不能满足对称性要求时，沿柱竖向相邻两组箍筋应交错放置。见图 7.2-11。

3) 矩形箍筋复合方式也适用于芯柱。

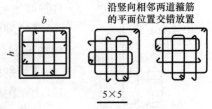

沿竖向相邻两道箍筋
的平面位置交错放置

5×5

图 7.2-11　同一柱内复合箍箍筋交错放置

7.3　11G101-1 图集关于剪力墙的规定

(1) 墙柱编号方法

墙柱编号由墙柱类型、代号和序号组成，表达形式应符合表 7.3-1 的规定。表中约束边缘构件包括约束边缘暗柱、约束边缘端柱、约束边缘翼墙、约束边缘转角墙 4 种。构造边缘构件包括构造边缘暗柱、构造边缘墙柱、构造边缘翼墙，构造边缘转角墙 4 种。

墙柱编号

表 7.3-1

墙柱类型	代　号
约束边缘构件	YBZ
构造边缘构件	GBZ
非边缘暗柱	AZ
扶壁柱	FBZ

（2）墙柱类型分类

11G101-1 图集第 3.1.3 条要求应注明上部结构嵌固部位位置，并将墙柱类型归并为 4 类分别是：

1）约束边缘构件 YBZ（含约束边缘暗柱、约束边缘端柱、约束边缘翼墙、约束边缘转角墙等 4 种）；

2）构造边缘构件 GBZ（含构造边缘暗柱、构造边缘端柱、构造边缘翼墙、构造边缘转角墙等 4 种）；

3）非边缘暗柱 AZ；

4）扶壁柱 FBZ。

（3）剪力墙实例

图 7.3-1 是《混凝土结构施工图平面整体表示方法制图规则和构造详图》（现浇混凝土框架、剪力墙、梁板）11G101-1 第 21 页底部加强部位及其上一层约束边缘构件列表，与图集第 22 页的不完全一样，图集第 22 页边缘构件列表的实际上是图集第 23 页 12.270～30.270m 构造边缘构件的端柱，不是 0.030～12.270m 约束边缘构件的端柱。

（4）约束边缘构件与原图集比较

新版图集中 4 种约束边缘构件与原图集中一样，没有改动（图 7.3-2～图 7.3-5）。

新版图集中 4 种构造边缘构件与原图集相比，构造边缘暗柱、构造边缘端柱没有改动；构造边缘翼墙和构造边缘转角墙构造边缘转角墙由墙厚加 300mm，减少为总墙厚加 200mm，且总尺寸不小于 400mm（图 7.3-6～图 7.3-13）。

（5）剪力墙墙梁编号

剪力墙墙梁编号，无交叉暗撑及无交叉钢筋的普通连梁 LL、暗梁 AL、边框梁 BKL 没有变化；LL(JC) 定义为连梁（对角暗撑配筋），与原来连梁（有交叉暗撑）稍有不同；LL(JX) 是新增编号，意义是连梁（交叉斜筋配筋）；LL(DX) 也是新增编号，意义是连梁（集中对角斜筋配筋）；取消了编号 LL(JG)，意义是连梁（有交叉钢筋）。墙梁编号总数由 5 种修改扩充为 6 种。表 2 和表 3 分别为 03G101-1 图集和 11G101-1 图集墙梁编号。

剪力墙柱表

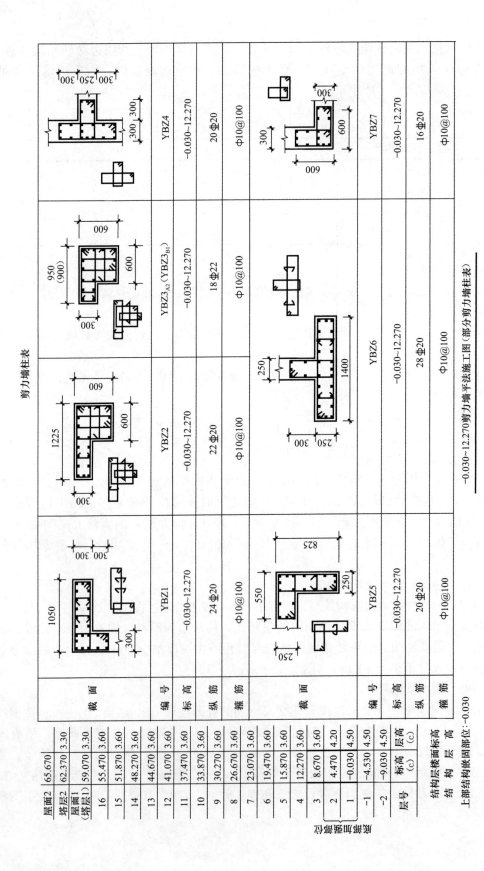

截面			
编号	YBZ1	YBZ2	YBZ3$_{A2}$(YBZ3$_{B1}$)	YBZ4
标高	-0.030~12.270	-0.030~12.270	-0.030~12.270	-0.030~12.270
纵筋	24Φ20	22Φ20	18Φ22	20Φ20
箍筋	Φ10@100	Φ10@100	Φ10@100	Φ10@100
编号	YBZ5	YBZ6	YBZ7
标高	-0.030~12.270	-0.030~12.270	-0.030~12.270
纵筋	20Φ20	28Φ20	16Φ20
箍筋	Φ10@100	Φ10@100	Φ10@100

-0.030~12.270剪力墙平法施工图 (部分剪力墙柱表)

图 7.3-1 剪力墙底部加强部位及其上一层约束边缘构件列表

层号	标高(m)	层高(m)
屋面2	65.670	
塔层2	62.370	3.30
屋面1(塔层1)	59.070	3.30
16	55.470	3.60
15	51.870	3.60
14	48.270	3.60
13	44.670	3.60
12	41.070	3.60
11	37.470	3.60
10	33.870	3.60
9	30.270	3.60
8	26.670	3.60
7	23.070	3.60
6	19.470	3.60
5	15.870	3.60
4	12.270	3.60
3	8.670	4.20
2	4.470	4.50
1	-0.030	4.50
-1	-4.530	4.50
-2	-9.030	4.50

结构层楼面标高
结构层高
上部结构嵌固部位:-0.030

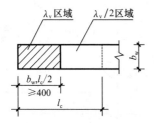

图 7.3-2 约束边缘暗柱示意

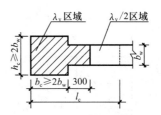

图 7.3-3 约束边缘端柱示意

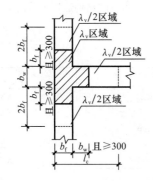

图 7.3-4 约束边缘翼墙示意

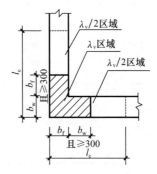

图 7.3-5 约束边缘转角墙示意

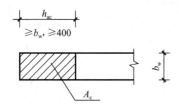

图 7.3-6 原图集构造边缘暗柱 GAZ 示意

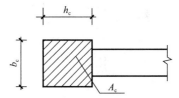

图 7.3-7 原图集构造边缘端柱 GDZ 示意

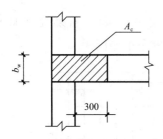

图 7.3-8 原图集构造边缘翼墙（柱）GYZ 示意

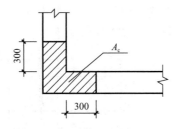

图 7.3-9 原图集构造边缘转角墙（柱）GJZ 示意

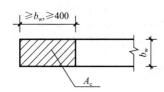

图 7.3-10 新版图集构造边缘暗柱示意

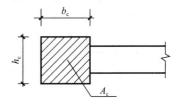

图 7.3-11 新版图集构造边缘端柱示意

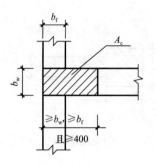

图 7.3-12　新版图集构造边缘翼墙示意

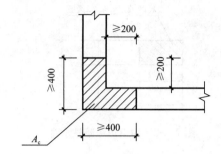

图 7.3-13　新版图集构造边缘转角墙示意

03G101-1 墙梁编号　　　　　　　　　　　　　　　　表 7.3-2

墙梁类型	代　号	序　号
连梁（无交叉暗撑及无交叉钢筋）	LL	XX
连梁（有交叉暗撑）	LL(JA)	XX
连梁（有交叉钢筋）	LL(JG)	XX
暗梁	AL	XX
边框梁	BKL	XX

11G101-1 墙梁编号　　　　　　　　　　　　　　　　表 7.3-3

墙梁类型	代　号	序　号
连梁	LL	XX
连梁（对角暗撑配筋）	LL(JC)	XX
连梁（交叉斜筋配筋）	LL(JX)	XX
连梁（集中对角斜筋配筋）	LL(DX)	XX
暗梁	AL	XX
边框梁	BKL	XX

（6）剪力墙拉筋

剪力墙拉筋分为矩形双向（间隔奇数档）和梅花形双向（间隔偶数档）两种（图 7.3-14），其中：a 为竖向分布钢筋间距；b 为水平分布钢筋间距。

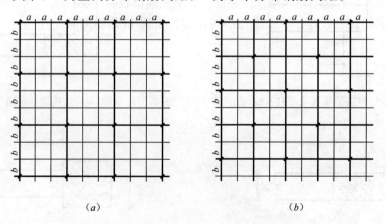

（a）　　　　　　　　　　　　　　　　（b）

图 7.3-14　矩形双向拉筋与梅花双向拉筋示意

（a）拉筋@3a3b 矩形双向（$a \leqslant 200$，$b \leqslant 200$）；（b）拉筋@4a4b 梅花双向（$a \leqslant 150$，$b \leqslant 150$）

03G101-1 图集第 19 页，剪力墙平法施工图的平面与结构层高图没有呼应，结构层高有规范要求的底部加强部位，平法施工图的平面图却未标注约束边缘构件。11G101-1 图集将 03G101-1 图集第 19 页的平法施工图－0.030～59.070m 分成三张图，21 页的第一张图－0.030～12.270m 剪力墙平法施工图用于底部加强部位，是各类约束边缘柱 YBZ，23 页的第二张平法施工图 12.270～30.270m 用于高层房屋中部较强部位，是各类较强大构造边缘柱 YBZ，第三张平法施工图 30.270～59.070m 用于高层房屋上部一般部位，是各类一般构造边缘柱 YBZ，图集没有给出，这样修改是符合设计实际的。

（7）剪力墙端部构造

11G101-1 图集第 68 页，一字形剪力墙端部无暗柱构造，水平筋拐长，由原来的 15d 减小到 10d，并且增加了墙厚较小时，端头设置 U 形钢筋集中连接 l_{lE}（l_l）的构造，此处 $l_{lE}=1.2l_{aE}$（$l_{lE}=1.2l_{aE}$），不套用 100% 接头率的 1.6 系数。

怎么判断墙厚较小，墙厚较小是一个相对概念，当剪力墙厚度小于 10d（d 为剪力墙水平分布钢筋直径）+15mm 时，10d 的端头就会冒出墙厚，此时就不再适用两面水平钢筋 90°拐 10d 收头的方式，就要改用 U 形钢筋收头的方式（图 7.3-15）。

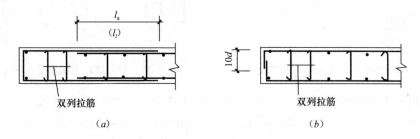

图 7.3-15　剪力墙无暗柱水平钢筋端部做法示意
（a）做法 1；（b）做法 2

11G101-1 图集第 68 页，一字形剪力墙端部有暗柱水平钢筋收头构造，回归到 96G101 图集和 00G101 图集的正确做法，摒弃了 03G101-1 修订版图集所谓扎入的不当做法，这在理论与构造实践的结合上对 03G101-1 修订版图集做了扬弃，暗柱不是柱，既然暗柱不是柱，剪力墙的水平筋就不得在暗柱内锚固，只能在端部收头。拐长也由原来的 15d 减小到 10d（图 7.3-16），并且增加了墙厚较小时，端头设置 U 形钢筋集中连接 l_{lE}（l_l）的构造，此处 $l_{lE}=1.2l_{aE}$。

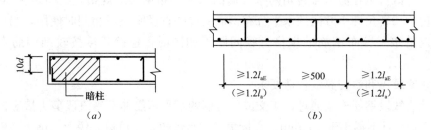

图 7.3-16　端部有暗柱剪力墙水平钢筋收头、剪力墙水平筋搭接示意
（a）水平钢筋端部做法；（b）水平钢筋交错搭接

剪力墙斜交折角构造，阳角水平分布连续通过，阴角水平分布钢筋断开，升至阳角竖

直分布钢筋内侧后沿阳角水平分布钢筋方向前行 $15d$，且不小于 150mm 后截断，两向构造相同（图 7.3-17）。

（8）剪力墙转角的三种构造

1）阳角水平分布连续通过，阴角水平分布钢筋断开，伸至阳角竖直分布钢筋内侧后沿阳角水平分布钢筋方向前行 $15d$，且不小于 150mm 后截断，两向构造相同（图 7.3-18）。该构造是有条件的，即剪力墙转角两个方向的水平分布钢筋的规格直径、间距必须相同，否则就不能采用。

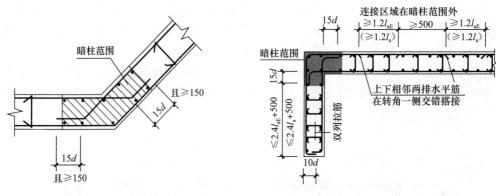

图 7.3-17　剪力墙斜交折角水平分布钢筋构造　　　图 7.3-18　剪力墙转角墙水平钢筋配筋

2）阳角水平分布钢筋在转角位置设置 L 形短钢筋，L 形短钢筋肢长取暗柱肢长＋$1.2l_{aE}$（$1.2l_a$），阴角水平分布钢筋断开，升至阳角竖直分布钢筋内侧后沿阳角水平分布钢筋方向前行 $15d$，且不小于 150mm 后截断，两向构造相同，见图 7.3-19。该构造可以在剪力墙转角两个方向的水平分布钢筋的规格直径间距相同或不相同均可使用，当剪力墙转角两个方向的水平分布钢筋的规格直径间距不相同时，L 形短钢筋的规格直径间距与较大的配筋肢相同，较小配筋肢的连接长度按较细直径查表确定。

3）阳角水平分布钢筋在转角位置直接搭接连接，连接长度取 $l_{lE}(l_l)=1.6l_{aE}(1.6l_a)$。阴角水平分布钢筋断开，升至阳角竖直分布钢筋内侧后沿阳角水平分布钢筋方向前行 $15d$，且不小于 150mm 后截断，两向构造相同，这与 06G901-1 图集的要求是一致的（图 7.3-20）。该构造是"7·28"唐山大地震后修改的 CG329 图集建筑物抗震构造详图的成熟做法。它既可以在剪力墙转角两个方向的水平分布钢筋的规格直径间距相同时使用，更可以在剪力墙转角两个方向的水平分布钢筋的规格直径间距不相同时使用，当剪力墙转角两个方向的水平分布钢筋的规格直径间距不相同时，连接长度按较细钢筋直径查表确定。

（9）正交翼墙和斜交翼墙构造要求

剪力墙直线段钢筋连续通过，正交或斜交墙的水平钢筋伸至平直段剪力墙竖向钢筋的内侧弯折 $15d$，且不得小于 150mm。弯折角必须是钝角，不可以是锐角（图 7.3-21）。

（10）剪力墙不同厚度时配筋排数的构造要求

1）剪力墙厚度不大于 400mm 时，剪力墙水平分布钢筋和竖直分布钢筋均配置 2 排，见图 7.3-22（a）。

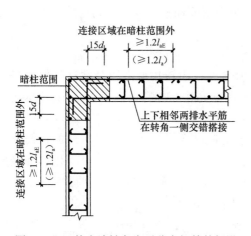

图 7.3-19 剪力墙转角水平分布钢筋外侧设置 L 形短钢筋连接

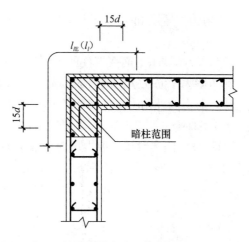

图 7.3-20 剪力墙转角水平分布钢筋外侧钢筋在转角连接 $1.6l_{lE}$ ($1.6l_l$)

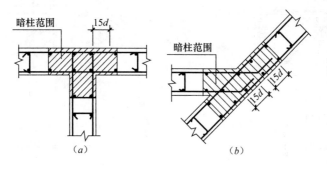

图 7.3-21 剪力墙不同厚度的钢筋构造

(a) 正交翼墙；(b) 斜交翼墙

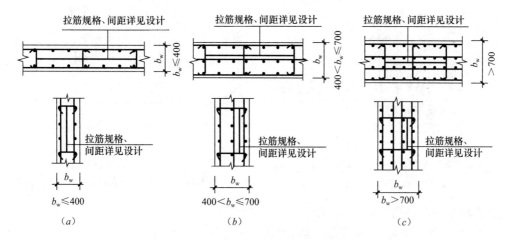

图 7.3-22 剪力墙不同厚度的钢筋构造示意

(a) 剪力墙 2 排配筋；(b) 剪力墙 3 排配筋；(c) 剪力墙 4 排配筋

2）剪力墙厚度大于 400mm、不大于 700mm 时，剪力墙水平分布钢筋和竖直分布钢筋均配置 3 排，见图 7.3-22 (b)。

3）剪力墙厚度大于 700mm 时，剪力墙水平分布钢筋和竖直分布钢筋均配置 4 排，见图 7.3-22（c）。

（11）转角墙水平筋在端柱的锚固构造要求

转角墙水平筋在端柱的锚固构造 03G101-1 图集只给出转角剪力墙与端柱外侧水平一种构造，剪力墙外侧水平钢筋弯折连续通过，内侧伸至对边内侧且不小于 $0.4l_{aE}$（$0.4l_a$），见图 7.3-23。

11G101-1 图集对转角剪力墙与端柱外侧水平构造进行了修改，将双向外侧钢筋弯折连续通过，改为伸入端柱满 $0.6l_{abE}$（$0.6l_{ab}$）后 90°弯折 $15d$，内侧钢筋伸至端柱端部竖向钢筋的内侧弯折 $15d$，见图 7.3-24。此外，还增加了图 7.3-25、图 7.3-26 两种锚固构造。

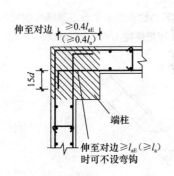

图 7.3-23　转角剪力墙在端柱的
钢筋锚固构造（一）

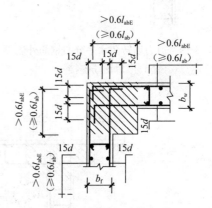

图 7.3-24　转角剪力墙在端柱的
钢筋锚固构造（二）

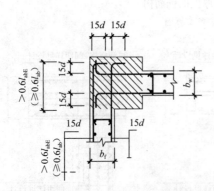

图 7.3-25　转角剪力墙在端柱
的钢筋锚固构造（三）

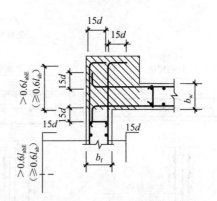

图 7.3-26　转角剪力墙在端柱
的钢筋锚固构造（四）

剪力墙水平筋在端柱内够 l_{aE}（l_a），就不需要弯折 $15d$。

（12）水平筋在端柱端部的锚固构造要求

当墙体水平筋伸入端柱的直锚长度不小于 l_{aE}（l_a）时，可不必向上、向下弯折，但必须伸至端柱对边竖向钢筋的内侧位置，其他情况必须伸至端柱对边竖向钢筋的内侧位置，11G101-1 图集不再考虑锚入段长度是否不小于 $0.4l_{aE}$（不小于 $0.4l_a$），然后向上、向下弯折（图 7.3-27、图 7.3-28）。

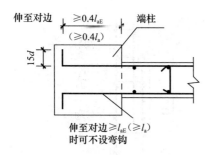

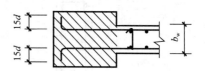

图 7.3-27　端柱端部墙的钢筋锚
固构造（03G101-1 图集）

图 7.3-28　端柱端部墙的钢筋锚
固构造（11G101-1 图集）

如剪力墙水平筋在端柱内够 l_{aE}（l_a），就不需要弯折 $15d$。

（13）剪力墙水平变截面水平筋构造要求

当墙体水平变截面时，较厚墙的水平筋在变薄边界处 $90°$ 拐 $15d$，较薄墙的水平钢筋自变薄界面起伸入较厚剪力墙的直锚长度不小于 $1.2l_{aE}$（不小于 $1.2l_a$）；未变的一侧连续通过（图 7.3-29）。

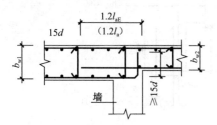

图 7.3-29　水平变截面墙水平钢筋
构造 $b_{w1} > b_{w2}$

（14）剪力墙竖向变截面竖向筋构造要求

当墙体竖向变截面时，下层较厚墙的竖向筋在变薄边界处水平 $90°$ 拐 $12d$，较薄墙的竖向钢筋自变薄界面起伸入较厚剪力墙的直锚长度不小于 $1.2l_{aE}$（不小于 $1.2l_a$），与 03G101-1 图集相比，一是明确给出了水平拐的最小长度 $12d$ 的要求，二是减小了 $0.3l_{aE}$（不小于 $0.3l_a$）的插入长度；未变的一侧竖向连续通过；此外，还增加了内侧不变，外侧收进的构造做法，斜向连续的竖向钢筋 $1:6$ 收进，与 03G101-1 图集没有变化（图 7.3-30～图 7.3-33）。

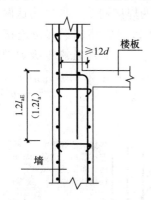

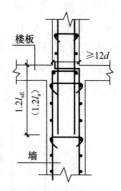

图 7.3-30　剪力墙单侧变截面处
竖向分布钢筋构造

图 7.3-31　剪力墙双侧变截面处
竖向分布钢筋构造

（15）剪力墙竖向筋顶部收头构造要求

当墙体竖向筋顶部收头构造，新图集将构造修改为升到顶板上部钢筋以下水平拐 $12d$，旧图集自板底起一个锚固长度的要求不再考虑，此外还增加了墙体竖向筋在顶部边框梁内直锚长度不小于 l_{aE}（不小于 l_a）的构造做法（图 7.3-34）。

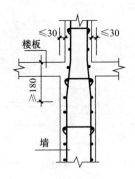

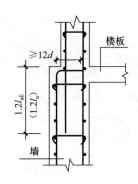

图 7.3-32　剪力墙竖向收进变截面　　　图 7.3-33　剪力墙外侧收进变截
　　　竖向分布钢筋构造　　　　　　　　　　面竖向分布钢筋构造

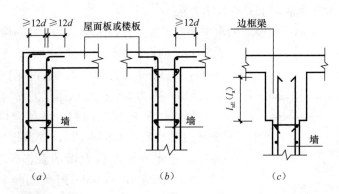

图 7.3-34　剪力墙竖向钢筋顶部构造
（a）端墙；（b）中间墙；（c）边框梁

（16）剪力墙墙身竖向筋连接构造要求

墙身竖向筋连接，新图集增加了各级抗震和非抗震的焊接构造，焊接构造两批接头间距需错开 $35d$ 且不小于 $500mm$；取消了一、二级抗震等级剪力墙加强部位连接的光圆加设 $180°$ 弯钩的构造；在同一截面绑扎连接的详图上增加了一、二级抗震等级剪力墙非底部加强部位，删除了光圆钢筋端头设置 $90°$ 弯 $5d$ 直钩的做法，可以采用绑扎搭接连接的直径范围，由旧图集的不大于 $28mm$，统一调整为新图集的不大于 $25mm$（图 7.3-35）。

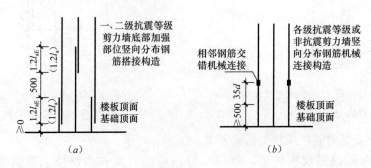

图 7.3-35　剪力墙墙身竖向分布钢筋连接构造
（a）构造示意1；（b）构造示意2

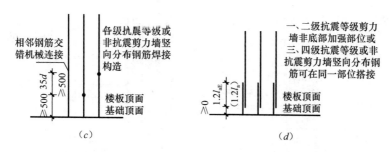

图 7.3-35　剪力墙墙身竖向分布钢筋连接构造（续）

(c) 构造示意 3；(d) 构造示意 4

（17）剪力墙约束边缘暗柱构造要求

11G101-1 图集将剪力墙约束边缘暗柱由 03G101-1 图集的一个构造拆分为非阴影区设置拉筋和非阴影区设置封闭箍筋两个构造，见图 7.3-36。

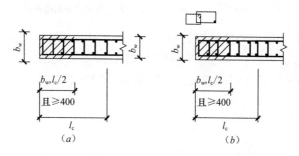

图 7.3-36　剪力墙约束边缘暗柱构造示意

(a) 非阴影区设置拉筋；(b) 非阴影区外圈设置封闭箍筋

（18）剪力墙约束边缘端柱构造要求

11G101-1 图集将剪力墙约束边缘端柱由 03G101-1 图集的一个构造拆分为非阴影区设置拉筋和非阴影区外圈设置封闭箍筋两个构造，见图 7.3-37。

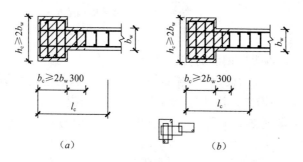

图 7.3-37　剪力墙约束边缘端柱构造示意

(a) 非阴影区设置拉筋；(b) 非阴影区外圈设置封闭箍筋

（19）剪力墙约束边缘翼墙构造要求

11G101-1 图集将剪力墙约束边缘翼墙由 03G101-1 图集的一个构造拆分为非阴影区设置拉筋和非阴影区外圈设置封闭箍筋两个构造，见图 7.3-38。

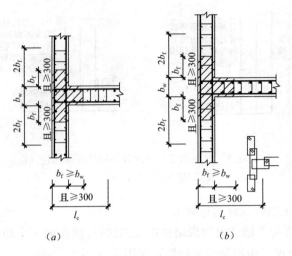

图 7.3-38　剪力墙约束边缘翼墙构造示意
(a) 非阴影区设置拉筋；(b) 非阴影区外圈设置封闭箍筋

（20）剪力墙约束边缘转角墙构造要求

11G101-1 图集将剪力墙约束边缘转角墙由 03G101-1 图集的一个构造拆分为非阴影区设置拉筋和非阴影区外圈设置封闭箍筋两个构造，见图 7.3-39。

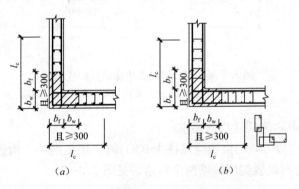

图 7.3-39　剪力墙约束边缘转角墙构造示意
(a) 非阴影区设置拉筋；(b) 非阴影区外圈设置封闭箍筋

（21）剪力墙边缘构件纵向钢筋的构造要求

11G101-1 图集将剪力墙约束边缘构件阴影部分纵向钢筋连接和构造边缘构件纵向钢筋连接合并在一起，统一构造，并且对于绑扎搭接连接，提高了标准，要求从离开楼地面不小于 500mm 处向上实施连接（图 7.3-40），图 7.3-40 中的 $l_{lE} = 1.2l_{aE}$，$l_l = 1.2l_a$。高低桩错开不再是固定值 500mm，而是 $0.3l_{lE}(0.3l_l)$。

11G101-1 图集将剪力墙约束边缘构件非阴影部分纵向钢筋连接要求合并到墙身竖向分布钢筋的连接构造，对于绑扎搭接连接仍然从底部 $\geqslant 0$ 处开始向上连接。

此外，11G101-1 图集还给出了剪力墙约束边缘构件阴影部分纵向钢筋和构造边缘构件纵向钢筋的对接焊接之连接要求，焊接连接高低桩错开长度取 $35d$ 和 500mm 中的较大值，对接焊接连接在工程实际中被广泛使用，但是在 03G101-1 图集中没有给出构造，现场一般也就套用机械连接的错开要求。

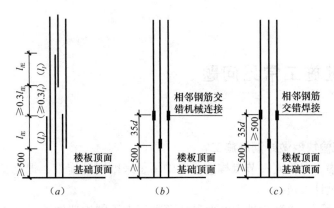

图 7.3-40　剪力墙边缘构件纵向钢筋连接构造示意

（a）绑扎搭接；（b）机械连接；（c）焊接

03G101-1 图集对约束边缘构件的阴影区和非阴影区一样要求，要求比较不太严格，03G101-1 图集对构造边缘构件虽然与约束边缘构件分开两张图，但是要求是一样的。

11G101-1 图集还增加了"墙上起约束边缘构件纵向钢筋构造"，所谓"墙上起约束边缘构件纵向钢筋构造"是指下层对应部位没有约束边缘构件，而上层设有约束边缘构件，此时上层约束边缘构件的纵向钢筋从该层楼板顶面算起插入下层剪力墙 $1.2l_{aE}$（图 7.3-41）。

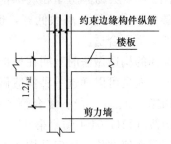

图 7.3-41　剪力墙上起约束边缘构件纵筋构造示意

8 平法钢筋施工常见问题

8.0.1 如何愉快地做好钢筋施工?

跳出各种图集、书籍同一节点构造矛盾的圈子来做钢筋施工,把究竟该如何做的决定权优先交给具体设计人员。

不同图集,对同一类型构件存在两种或两种以上不同构造做法时,首先看具体设计有没有选定,设计没有选定,按照 11G101-1《混凝土结构施工图平面整体表示方法制图规则和构造详图》(现浇混凝土框架、剪力墙、梁、板)的话叫做视为自动授权施工人员任选一种构造做法。当具体设计把选择权交给现场时,做钢筋工程的要与参与各方事先协商一致,用设计联系单、图纸会审纪要(扩大版)、技术核定单、技术洽商等形式,请设计人决定,作为施工、监理和结算的依据。因为不同做法的用工用料是不一样的,所以授权归授权,确定做法后要书面告知,且得到书面认可,立据备查。国家建筑标准设计图集 11G329-2《建筑物抗震构造详图》(多层砌体房屋和底部框架砌体房屋)可以作为框架填充墙之圈梁、构造柱的参考。避免多做少算、高做低算,也可防止少做多算、低做高算,市场经济一分价钱一分货,亏了谁都不合适。

当标准构造详图有多种可选择的构造做法时写明在何部位选用何种构造做法。当未写明时,则为设计人员自动授权施工人员可以任选一种构造做法进行施工。例如:框架顶层端节点配筋构造(11G101-1 图集第 59、64 页)、复合箍中拉筋弯钩做法(11G101-1 图集第 56 页)、无支撑板端部封边构造(11G101-1 图集第 95 页)等。

某些节点要求设计者必须写明在何部位选用何种构造做法,例如:非框架梁(板)的上部纵向钢筋在端支座的锚固(需注明"设计按铰接"或"充分利用钢筋的抗拉强度时")、地下室外墙与顶板的连接(11G101-1 图集第 77 页)、剪力墙上柱 QZ 纵筋构造方式(11G101-1 图集第 61、66 页)等、剪力墙水平钢筋是否计入约束边缘构件体积配箍率计算(11G101-1 图集第 72 页)等。

我们施工一定要事先审图,看看这些非自动授权的,设计究竟有没有写明,没有写明的,要求设计写明:

顶层板在端支座设计按铰接,还是弹性嵌固连接(即充分利用钢筋抗拉强度);

梁 L 在端支座设计按铰接,还是弹性嵌固连接(即充分利用钢筋抗拉强度);

地下室顶板作为地下室外墙的简支支承,还是弹性嵌固支承;

剪力墙墙上柱 QZ 纵向钢筋连接方式,进入下层板内,还是在本层梁内锚固;

剪力墙水平筋是否部分计入约束边缘构件的体积配箍率计算;

上部结构的嵌固部位;

本工程是否存在刚性地坪;

本工程是否存在填充墙短柱。

我们作为标准图集的一个读者,不要去甄别图集的是非,图集不存在是对是错、谁对谁错的问题。所有建设部审查、批准、发布的标准图集，都是经过法定顺序的有效图集，是对是错是建设部及其专家委员会的工作，不是基层工作人员要做的工作。

其次要把决定权交给建设单位有决定权的人员。

接头形式及有关要求，图集要求由设计明确，设计又偏偏不予明确。譬如钢筋连接接头形式，不同接头形式的工程成本不同，设计不说，就找建设单位说，牵涉到造价，监理单位也是找建设单位要监理服务费，监理并没有确定设计文件的主体资格，工程项目不可能到监理公司结算到工程款。

写明柱（包括墙柱）纵筋、墙身分布筋、梁上部贯通筋等在具体工程中需接长时所采用的连接形式及有关要求。必要时，尚应注明对接头的性能要求。

轴心受拉及小偏心受拉构件的纵向受力钢筋不得采用绑扎搭接，设计者应在平法施工图中注明其平面位置及层数。

当具体设计未予明确又不肯书面明确时，请建设单位说话管用的人决定后写下来。

顶层端节点，11G101-1《混凝土结构施工图平面整体表示方法制图规则和构造详图》（现浇混凝土框架、剪力墙、梁、板）是柱外侧钢筋自梁底往上够 $1.5l_{aE}$ 可伸至柱顶截断，12G901-1《混凝土结构施工钢筋排布规则和构造详图》是柱外侧钢筋自梁底往上够 $1.5l_{aE}$ 且过柱内侧≥500mm 方可伸至柱顶截断，不一样，事先请设计定夺。作出文字记载，签名画押作为施工的准绳、监理的尺码和结算的依据。

施工要未雨绸缪，监理要事先控制。

不要在项目部按照某个图集施工好全部钢筋、准备浇筑混凝土前再闹腾个你对我错。

更不必在钢筋对量时无凭无据地争吵不休。钢筋对量以参与各方共同签署的书面文件为依据，既不是以施工单位聘请的造价专家个人对图集的"理解"为依据，也不是以审计单位权威人员对图集的个人"理解"为依据。

8.0.2 全面审看图纸，对图纸的 BUG 作出处理

下料计算之前要全面审看图纸。结构图纸的结构总说明十分重要。用料、符号、代号、连接、开洞等。具体图纸说明，某些构件具体要求。譬如外伸梁要求跨内长度＞1/3 且≥1.5L 外伸。

施工必须要以蓝图为准，电子版施工图，由于各家软件不统一，图像显示有问题，譬如设计院用理正或天正画图，现场用非商业渠道得来的破解版 CAD，钢筋符号等全是??，笔者参加过一些工程的会商，其中有个项目，设计院一开始未提供蓝图，甲方为了抢进度，先发来电子版施工图，整个地下室钢筋符号全是??，建设单位现场代表、施工、监理三方都根据以往做地下室的经验把?? 当作 HRB335 级钢筋，在做的过程中，虽然也感到这个地下室钢筋用得特别小，就是没往钢筋强度等级上想，等地下室顶板混凝土打完，蓝图到，一看所有钢筋全是 HRB500 级，破解版 CAD 显示的?? 酿成一个大事故。

浏览平面全图，各到各处，用尺压着图纸由上而下、从左到右一一查看，看有没有漏注、有没有错注。

对错注、漏注一一记录在案，与设计取得沟通。错注有各种错注，譬如某梁高为500mm，主跨梁标注为 H，外伸部分为 $H-0.600$m，也就是讲主跨梁底高于外伸梁梁顶，根本就是 2 根梁毫不关联的梁，无法按标准节点看作一根梁进行连通构造，只能以各自为准（图 8-1）。

再譬如梁的左右两侧，左侧板的相对标高 H-0.500，右侧板为 H。而梁高只有 500mm，左侧板右边没有地方搁置，右侧板左边有搁置点（图 8-2）。

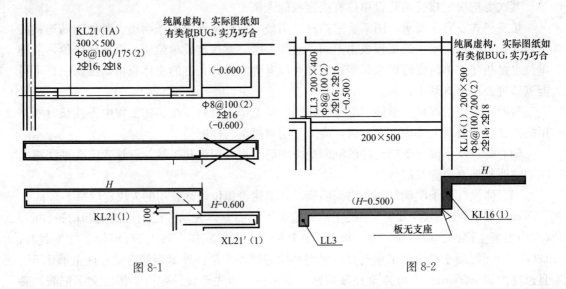

图 8-1   图 8-2

关注细部，做好每一件小事，筏板室外无相连地下室外墙做法，即筏板外伸部分无插筋。地下室外墙开了多道"口子"（图 8-3）。

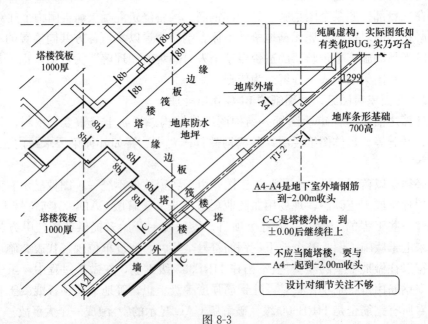

图 8-3

后浇带有电缆井穿越等不合理的 BUG 要纠正（图 8-4）。

非标准的标注，问具体设计（图 8-5）。

这是"翻样专家"对一个 BUG 的优化（图 8-6、图 8-7）

对其 DEBUG，优化。

DEBUG 出效益。

176

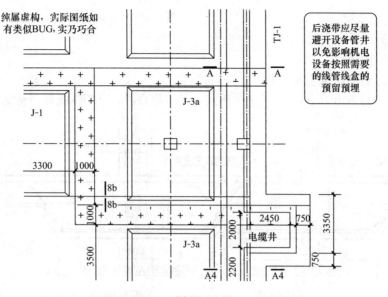

图 8-4

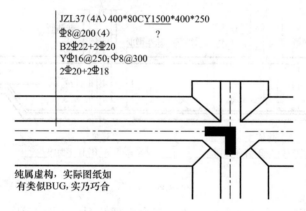

图 8-5

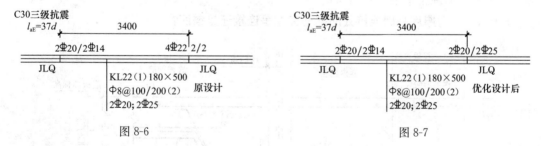

图 8-6   图 8-7

8.0.3 大处着眼，全盘把握

某斜交筏板

1）阳角加筋；

2）在斜交部位，要进行合理处理界线划分。

究竟是连接？

还是锚固？

还是各自收头？

还是转折连续？

3）某独立基础

顶面与配筋防水板连通一平

单个看，看不出BUG；动手按比例画一画（集合看），BUG就显而易见（图8-8）。

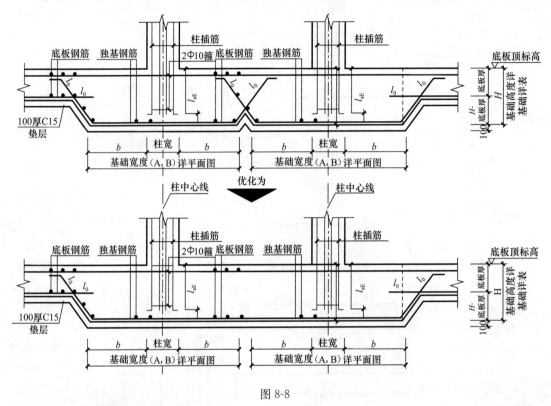

图 8-8

两个60°斜面相连，再做这个小三角，就会出现状况。不进行优化，就会给垫层砖胎膜、防水和钢筋施工带来一系列问题。

8.0.4 不同厚度基础连接处的钢筋究竟是连接还是锚固？

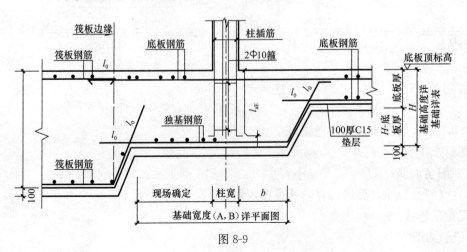

图 8-9

178

由体量比决定：可用 $1:2.5$ 来控制，锚固与连接相比，钢筋长度可以少用 60%。

8.0.5 钢筋强度等级与力学指标

普通钢筋的强度等级及力学指标见表 8-1。

普通钢筋强度标准值、强度设计值、总伸长率、弹性模量 表 8-1

牌　号	符号	公称直径 d（mm）	屈服强度标准值 f_{yk}（N/mm²）	极限强度标准值 f_{stk}（N/mm²）	抗拉强度设计值 f_y（N/mm²）	抗压强度设计值 f'_y（N/mm²）	总伸长率 δ_{gt}（%）	弹性模量 E_S（×10⁵N/mm²）
HPB300	Φ	6～22	300	420	270	270	10.0	2.10
HRB335 HRBF335	Φ ΦF	6～50	335	455	300	300	7.5	
HRB400 HRBF400 RRB400	Φ ΦF ΦR	6～50	400	540	360	360	7.5 7.5 5.0	2.00
HRB500 HRBF500	Φ ΦF	6～50	500	630	435	410	7.5	

（1）混凝土结构的钢筋应按下列规定选用：

1）纵向受力普通钢筋宜采用 HRB400、HRB500、HRBF400、HRBF500 钢筋，也可采用 HPB300、HRB335、HRBF335、RRB400 钢筋；

2）梁、柱纵向受力普通钢筋应采用 HRB400、HRB500、HRBF400、HRBF500 钢筋；

3）箍筋宜采用 HRB400、HRBF400、HPB300、HRB500、HRBF500 钢筋，也可采用 HRB335、HRBF335 钢筋；

4）预应力筋宜采用预应力钢丝、钢绞线和预应力螺纹钢筋。

（2）有较高要求的抗震结构适用牌号为：在表 8-1 中已有牌号后加 E（例如：HRB400E、HRBF400E）的钢筋。该类钢筋除应满足以下 1）、2）、3）的要求外，其他要求与相对应的已有牌号钢筋相同。

1）钢筋实测抗拉强度与实测屈服强度之比 R_m°/R_{eL}° 不小于 1.25。

2）钢筋实测屈服强度与规范规定的屈服强度特征值之比 R_{eL}°/R_{eL} 不大于 1.30。

3）钢筋的最大力总伸长率 A_{gt} 不小于 9%。

注：R_m° 为钢筋实测抗拉强度；R_{eL}° 为钢筋实测屈服强度。

8.0.6 钢筋锚固

1. 阅读标准图集，一定要注意区别执行性说明和告知性说明，像表 8-3 的注 2 是执行性说明，直锚碰到表 8-4 所列各种情况，就需要乘以修正系数；注 3 则属于告知性说明，告诉读者，表 8-2 的一、二级抗震和三级抗震的 l_{abE} 是怎么计算得到的，并不要求读者另行计算，只要直接从表 8-2 中取用各级抗震的基本锚固长度。

2. 受拉钢筋锚固长度 l_a、l_{aE} 不应小于 200mm，图集第 86 页特别注明非框架梁下部钢筋搁置长度为 $12d$ 不是受拉钢筋锚固长度，不受 200mm 约束。从表 8-2 看，受拉钢筋最短锚固长度 $21d$，$21d$ 小于 200，只有当 $d<9.5$ 的时候才发生，所以 $l_a(l_{aE})\not<200$ 仅仅是针对 Φ8 及以下受拉钢筋锚固的一项补充要求。

表 8-2

$l_{ab}=\alpha\dfrac{f_y}{f_t}d$	α	光圆 0.16	带肋 0.14	受拉钢筋基本锚固长度 l_{ab}、受拉钢筋基本抗震锚固长度 l_{abE}无需进行任何修正的受拉钢筋锚固长度 l_a、无需进行任何修正的受拉钢筋抗震锚固长度 l_{aE}								
钢筋牌号 钢筋种类	钢筋 符号	抗震等级 f_t		混凝土强度等级								
				C20	C25	C30	C35	C40	C45	C50	C55	≥C60
				1.10	1.27	1.43	1.57	1.71	1.80	1.89	1.96	2.04
HPB300 f_y 270	Φ	一、二级（l_{abE}）		$45d$	$39d$	$35d$	$32d$	$29d$	$28d$	$26d$	$25d$	$24d$
		三级（l_{abE}）		$41d$	$36d$	$32d$	$29d$	$26d$	$25d$	$24d$	$23d$	$22d$
		四级（l_{abE}） 非抗震（l_{ab}）		$39d$	$34d$	$30d$	$28d$	$25d$	$24d$	$23d$	$22d$	$21d$
2014 年，光荣退休 HRB335 HRBF335 f_y 300	Φ Φ^F	一、二级（l_{abE}）		$44d$	$38d$	$33d$	$31d$	$29d$	$26d$	$25d$	$24d$	$24d$
		三级（l_{abE}）		$40d$	$35d$	$31d$	$28d$	$26d$	$24d$	$23d$	$22d$	$22d$
		四级（l_{abE}） 非抗震（l_{ab}）		$38d$	$33d$	$29d$	$27d$	$25d$	$23d$	$22d$	$21d$	$21d$
HRB400 HRBF400 RRB400 f_y 360	Φ Φ^F Φ^R	一、二级（l_{abE}）		—	$46d$	$40d$	$37d$	$33d$	$32d$	$31d$	$30d$	$29d$
		三级（l_{abE}）		—	$42d$	$37d$	$34d$	$30d$	$29d$	$28d$	$27d$	$26d$
		四级（l_{abE}） 非抗震（l_{ab}）		—	$40d$	$35d$	$32d$	$29d$	$28d$	$27d$	$26d$	$25d$
HRB500 HRBF500 f_y 435	Φ Φ^F	一、二级（l_{abE}）		—	$55d$	$49d$	$45d$	$41d$	$39d$	$37d$	$36d$	$35d$
		三级（l_{abE}）		—	$50d$	$45d$	$41d$	$38d$	$36d$	$34d$	$33d$	$32d$
		四级（l_{abE}） 非抗震（l_{ab}）		—	$48d$	$43d$	$39d$	$36d$	$34d$	$32d$	$31d$	$30d$

1	当一个具体项目没有出现表 8-4 所列各款情况，就无需对表 8-2 所列的受拉钢筋基本抗震锚固长度进行任何修正，直接从表 8-2 中取用。
2	直锚用 l_{aE}、l_a（必须用表 8-4 的直锚系数进行修正），弯锚用 l_{abE}、l_{ab}（无需进行任何修正）。

受拉钢筋锚固长度 l_a、抗震锚固长度 l_{aE} 表 8-3

非抗震	抗震	注：1. l_a 不应小于 200mm。l_{aE} 不应小于 200mm。 2. 锚固长度修正系数 ζ_a 按表 8-3 取用，当多于一项时，可按连乘计算，但不应小于 0.6。 3. ζ_{aE} 为抗震锚固长度修正系数，一、二级抗震等级取 1.15，三级抗震等级取 1.05，四级抗震等级取 1.00。 在此列出 ζ_{aE}，仅仅说明表 8-2 中 l_{abE} 是由 $l_{abE}=\zeta_{aE}l_{ab}$ 计算得到的。
$l_a=\zeta_a l_{ab}$	$\begin{aligned} l_{aE}&=\zeta_{aE}l_a \\ &=\zeta_{aE}\zeta_a l_{ab} \\ &=\zeta_a\zeta_{aE}l_{ab} \\ &=\zeta_a l_{abE} \end{aligned}$	

受拉钢筋锚固长度修正系数 ζ_a 表 8-4

锚固条件		ζ_a
带肋钢筋的公称直径大于 25		1.10
环氧树脂涂层带肋钢筋		1.25
施工过程中易受扰动的钢筋		1.10
锚固区保护层厚度	$3d$	0.80
	$5d$	0.70

注：中间时按内插值，d 为锚固钢筋直径

注：1. HPB300 级钢筋末端应做 180°弯钩，弯后平直段长度不应小于 $3d$，但作受压钢筋时可不做弯钩。

2. 当锚固钢筋的保护层厚度不大于 $5d$ 时，锚固钢筋长度范围内应设置横向构造钢筋，其直径不应小于 $d/4$（d 为锚固钢筋的最大直径）；梁、柱等构件间距不应大于 $5d$，板、墙等构件间距不应大于 $10d$，且均不应大于 100mm（d 为锚固钢筋的最小直径）。

$3d$	$3.2d$	$3.4d$	$3.6d$	$3.8d$	$4d$	$4.2d$	$4.4d$	$4.6d$	$4.8d$	$5d$
0.8	0.79	0.78	0.77	0.76	0.75	0.74	0.73	0.72	0.71	0.7

受拉钢筋基本锚固长度 l_{ab}、受拉钢筋锚固长度 l_a、受拉钢筋抗震锚固长度 l_{aE}、受拉钢筋锚固长度修正系数 ζ_a	图集号	11G101		
		−1	−2	−3
	页	53	16	54

3. 关于表 8-3 注 2,目前接触到的资料,仅仅在墙柱纵向钢筋插入无外伸基础时需要设置横向钢筋,梁柱外平时,梁纵向钢筋锚入柱内的保护层仅仅只有 25＋10＋25＝65mm,远小于 5d＝125mm,但是 11G101-1 第 79～81 页并没有提出在节点内配置横向钢筋的要求,这表明规范的这一条规定,现阶段在上部结构中可以不作考虑。

4. 关于表 8-4 锚固区保护层 3d (0.8) 和 5d (0.7) 的规定,目前敢这样做的工程师还不多到,墙柱纵向钢筋在筏板基础内植栽锚固,锚固区保护层一般多大于 5d,可是图集没说插入长度可以打 7 折,王文栋先生主编的《混凝土结构构造手册第四版》,写了柱四角钢筋插到基础底,其余钢筋锚入 0.8l_a,但是真正在施工图设计文件中运用的,尚不多见,要慎用。

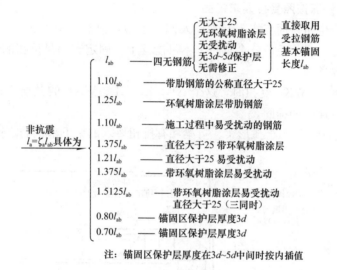

图 8-10　受拉钢筋锚固长度 l_a 计算汇总

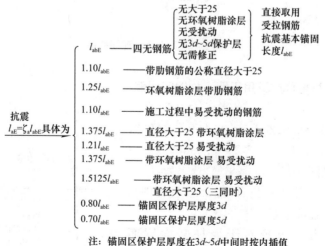

图 8-11　受拉钢筋锚固长度 l_{aE} 计算汇总

钢筋混凝土结构有 4 种不同的锚固状态,各对应有不同的最小锚固长度:

（1）受拉钢筋的锚固状态，采用受拉钢筋的锚固长度 l_a，l_a 有最低限制≥200mm 的限制（表 8-2、表 8-3）。

（2）受拉钢筋抗震锚固状态，采用受拉钢筋的抗震锚固长度 l_{aE}，l_{aE} 也有最低限制≥200mm 的限制（表 8-2、表 8-3）。

（3）钢筋混凝土简支梁和连续梁的简支端的下部纵向受力钢筋，其伸入梁支座范围内的锚固长度在受拉钢筋的锚固状态，根据支座设计剪力的不同分别采用 $5d$（设计剪力较小）、$12d$（设计剪力较大，带肋钢筋）和 $15d$（设计剪力较大，光面钢筋）。

（4）受拉钢筋的人防工程锚固，采用受拉钢筋的人防锚固长度 l_{aF}，l_{aF} 有最低限制≥200mm 的限制。

8.0.7 受扭钢筋按照受拉要求锚固

只有固端才产生扭，简支扭不起来。人们拧毛巾，只有 2 只手捏住两头，相向使劲，方可拧干，只捏住一头，毛巾就会打转，不可能拧干。固定支座是抗扭的必要条件，l_a 又是固端支座的必要条件。

当 XL、L、KL、WKL 受扭时，这个 XL、L、KL、WKL 的其所有纵向钢筋均必须按照受拉要求进行连接和锚固。

图 8-12 中的≥$0.6l_{ab}$ 用于弧形梁、折梁和有抗扭要求的梁下部钢筋之锚固。

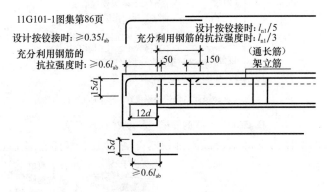

图 8-12 非框架梁 L 配筋构造

8.0.8 1∶6 打弯可广泛用于墙、柱钢筋纠偏

1∶6 合 $9°27'44''$，$T=0.9865$，1∶7 时 $T=0.9899$，1∶8 时 $T=0.9923$，1∶9 时 $T=0.9939$，1∶10 时 $T=0.9950$，1∶11 时 $T=0.9959$，1∶12 时 $T=0.9965$，见图 8-13。

1∶6 已经被广泛用于变截面梁、墙、柱构件在变截面位置的钢筋连续通过。

了解了这个力学道理对于墙柱竖向钢筋 100mm 以内的偏位，就可以在≥600mm 的高度内逐步借调到位，完全没必要通过植筋等措施重新插入。

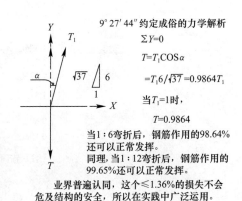

图 8-13 1∶6 力学分析

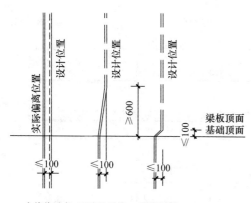

图 8-14 1：6 弯折用于竖筋纠偏

用 1：6 进行竖筋偏位之纠偏（图 8-14），钢筋受力的力学道理与 11G101-1《混凝土结构施工图平面整体表示方法制图规则和构造详图》（现浇混凝土框架、剪力墙、梁、板）第 60 页第 2 行第 2 图、第 4 图的受力道理一模一样，变截面连续弯折可以，不得已情况下，等截面连续弯折同样应该可以。

8.0.9 剪力墙的变形趋势是水平纤维层间的相互错动

剪力墙的变形或变形趋势是水平纤维层间的相互错动，抵抗这种相互错动需要水平钢筋和水平钢筋所围合的核心混凝土共同作用，水平钢筋放在外侧，水平钢筋所围合的核心混凝土面积比水平钢筋放在内侧大得多，它的抗震抗剪能力也大得多，所以设计施工要求将剪力墙水平钢筋放在外侧。

请读者注意这个说法与一些人水平筋放在外面仅仅只是方便施工的说法是不同的。

这是 08G101-5（箱形基础与地下室结构）关于在 15d 弯钩外不再设置回头钩（6.25d）的一段说明可供理解力学道理以后的人们参考。力学道理不会随图集的更迭而作废。

挡土墙是受垂直于平面的水和土的共同作用，所以竖向钢筋要放在水平钢筋的外面，以争取更大的抗弯能力。

8.0.10 地下室箍筋、拉筋

地下室箍筋究竟是上下两端加密、还是全高加密？底部加密是 1/6 还是 1/3，由设计确定。

一般地下室底板不作为上部结构嵌固部位时，各层地下室柱底部加密都是 1/6。

箱形基础底部非通长钢筋向跨内延伸长度由具体设计确定。

《混凝土结构施工规范》GB 50666 对拉钩形式有所放宽。

8.0.11 箱形基础与地下室结构（08G101-5）

囿于箱形基础不能给地下设施带来巨大空间，只能提供一个个小房间，既不利于平时的商业利用，更不利于地下战斗指挥和战争避难，因此已经在 20 世纪 70 年代国家实施"深挖洞"之战略决策期间，就开始逐步淘汰。

值得称道的是，第一次在平法系列图集给出中间支座未显示下部钢筋连接或锚固的构造，把结构做成框架结构，本意就是为了得到较多的冗余度。

8.0.12 一次连接？二次连接？

支座上部钢筋与上部通长筋等直径，在跨中连续通过或者在跨中 1/3 区段任意位置错开连接（图 8-15、图 8-16）

支座上部钢筋非通长钢筋与上部通长筋不等直径，在支座上部非通长钢筋断点二次连接，这个连接长度按 l_{aE}（l_a）采用，最多按 1.2l_{aE}（1.2l_a）采用，不必用 1.6l_{aE}（1.6l_a）。我们需要告诉大家的是：凡是规范允许在同一连接区域搭接的，就不受接头百分率的制约，一律采用 1.2l_{aE}（1.2l_a）。

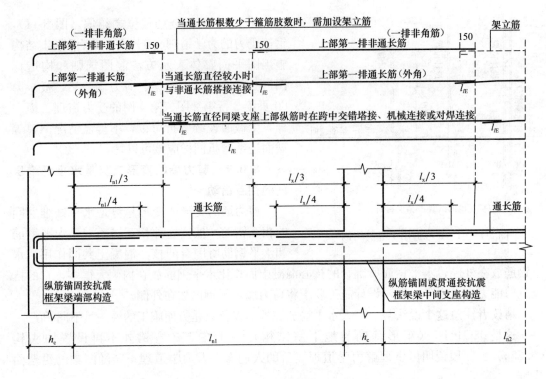

图 8-15　一至四级抗震等级框架梁 KL 纵向钢筋构造

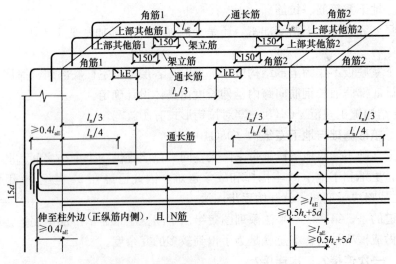

图 8-16　楼层框架梁上部钢筋、N 筋的连接与锚固

8.0.13　填充墙形成的短柱

填充墙形成的柱净高度减短，与建筑施工图结合起来看。减短之后将出现两种情况，一种是柱净高度$\geqslant 4h_c$，还是普通柱，不需要全高加密；另外一种就是：柱净高度$< 4h_c$，形成短柱，就需要全高加密。

墙肢长度不大于墙厚 4 倍　　　　　　　　　　　　　　　　　　　表 8-5

柱净高 H_n(mm)	柱截面长边尺寸h_c或圆柱直径D或小墙肢长度(mm)																		
	400	450	500	550	600	650	700	750	800	850	900	950	1000	1050	1100	1150	1200	1250	1300
1500																			
1800	500																		
2100	500	500	500																
2400	500	500	500	550															
2700	500	500	500	550	600	650													
3000	500	500	500	550	600	650	700												
3300	550	550	550	550	600	650	700	750	800										
3600	600	600	600	600	600	650	700	750	800	850									
3900	650	650	650	650	650	650	700	750	800	850	900	950							
4200	700	700	700	700	700	700	700	750	800	850	900	950	1000						
4500	750	750	750	750	750	750	750	750	800	850	900	950	1000	1050	1100				
4800	800	800	800	800	800	800	800	800	800	850	900	950	1000	1050	1100	1150			
5100	850	850	850	850	850	850	850	850	850	850	900	950	1000	1050	1100	1150	1200	1250	
5400	900	900	900	900	900	900	900	900	900	900	900	950	1000	1050	1100	1150	1200	1250	1300
5700	950	950	950	950	950	950	950	950	950	950	950	950	1000	1050	1100	1150	1200	1250	1300
6000	1000	1000	1000	1000	1000	1000	1000	1000	1000	1000	1000	1000	1000	1050	1100	1150	1200	1250	1300
6300	1050	1050	1050	1050	1050	1050	1050	1050	1050	1050	1050	1050	1050	1050	1100	1150	1200	1250	1300
6600	1100	1100	1100	1100	1100	1100	1100	1100	1100	1100	1100	1100	1100	1100	1100	1150	1200	1250	1300
6900	1150	1150	1150	1150	1150	1150	1150	1150	1150	1150	1150	1150	1150	1150	1150	1150	1200	1250	1300
7200	1200	1200	1200	1200	1200	1200	1200	1200	1200	1200	1200	1200	1200	1200	1200	1200	1200	1250	1300

表中区域标注：500 控制区；箍筋全高加密；h_c 或 D 或肢长控制区；$H_n/6$ 控制区。

框架填充墙形成短柱示意图：如图如果 $H_n/h_c \leqslant 4$ 就是填充墙形成的短柱，柱 4 侧任意一侧的填充墙形成短柱，该柱箍筋就要全高加密，这需要比对建施图才能确定。

注：1. 表内数值未包括框架嵌固部位柱根部箍筋加密区范围。

　　2. 柱净高（包括因嵌砌填充墙等形成的柱净高）与柱截面长边尺寸（圆柱为截面直径）的比值 $H_n/h_c \leqslant 4$ 时，箍筋沿柱全高加密。

　　3. 小墙肢即墙肢长度不大于墙厚 4 倍的剪力墙，矩形小墙肢的厚度不大于 300 时，箍筋全高加密，抗震框架柱和小墙肢箍筋加密区高度按本表选用。

8.0.14　斜向板中的钢筋间距

在斜坡上的分布筋间距，沿受力钢筋方向@标准间距设置。

可以看作仅仅把一个网片的受力筋（组）沿某条线弯折成坡。

有人说：在斜坡上的分布筋间距，因为这个那个，所以要按水平向侧壁投影设置。

我们设问：某坡只斜上来 5°，怎么水平向侧壁投影设置法？

又有人说：在斜坡上的分布筋间距，因为那个这个，所以要按垂直向下投影设置。

我们设问，某个坡弯起来 85°，你又怎么投影设置？

所有说按这投影、那投影的人，都是在舍弃了分布筋的功能本意之后为做学问而做学问造成的口误（笔误），不能用来指导工程实践。

沿受力筋@标准间距，不管这个坡是 5°、10°，还是 70°、80°、90°，都可以将分布筋布置得井井有条。而这投影、那投影是经不起推敲、不具有可操作性的。

我们的说法可以从 0° 说到 90°，其他的说法在 0° 到 90° 里总有卡壳的时候。

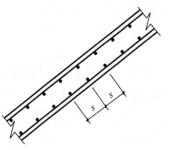

图 8-17　斜板的受力钢筋
或分布筋间距

8.0.15　JZL 节点区箍筋道数应另加

基础主梁 JZL 节点区按第一种箍筋设置，但不计入总道数。03G101 图集的这个原则依然是必需的。

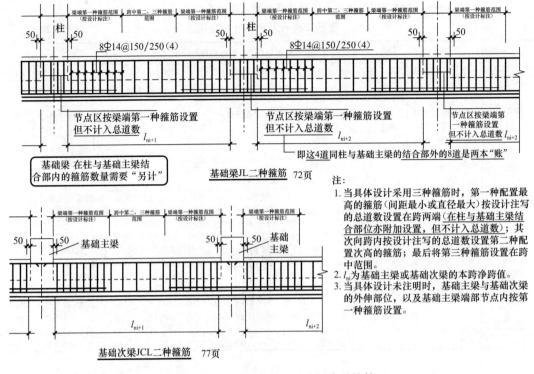

基础梁 在柱与基础主梁结合部内的箍筋数量需要"另计"

基础梁JL二种箍筋 72页

即这4道同柱与基础主梁的结合部外的8道是两本"账"

基础次梁JCL二种箍筋 77页

注:
1. 当具体设计采用三种箍筋时,第一种配置最高的箍筋(间距最小或直径最大)按设计注写的总道数设置在跨两端(在柱与基础主梁结合部位亦附加设置,但不计入总道数);其次向跨内按设计注写的总道数设置第二种配置次高的箍筋;最后将第三种箍筋设置在跨中范围。
2. l_{ni}为基础主梁或基础次梁的本跨净跨值。
3. 当具体设计未注明时,基础主梁与基础次梁的外伸部位,以及基础主梁端部节点内按第一种箍筋设置。

图 8-18　基础主梁与基础次梁多种箍筋

8.0.16　关于地基基础抗震与否的问题

具体项目的基础或地下室是不是抗震设防由具体设计确定。

上部结构剪力墙、框架柱底的嵌固部位由具体设计人注明。

当有抗震设防要求时,应注明地下室结构的抗震等级,以明确选用相应抗震等级的标准构造详图;地下室平面超出上部结构平面范围(即无上部结构)的部分,当其抗震等级与上部结构直下部分的地下室不同时,应分别注明。当箱形基础或地下室整体、局部或某层以下无抗震设防要求时,应加以注明,以明确其结构构件应选用非抗震的标准构造详图。

对于采用筏形基础的单、多层地下室及采用箱形基础的多层地下室,应注明上部结构的嵌固部位,以确定与其相关的抗震框架柱箍筋加密区范围和纵筋连接区范围。

注明箱形基础和地下室结构中各部位或构件所采用的混凝土强度等级和钢筋级别,以确定与其相关的受拉钢筋最小锚固长度及最小搭接长度等。

一个地下室结构、一个房屋的基础有没有抗震设防要求,不是由某个标准设计图集或该图集的主创人员确定,而是由具体设计依据业主委托所提供的场地条件和国家的抗震设防政策来决定。

《高层建筑箱形与筏形基础技术规范》(JGJ 6—2011)5.1.3.2规定:采用箱基的多层地下室及采用筏基的地下室,对于上部结构为框架、剪力墙或框架结构的多层地下室,当地下室的层间侧移刚度大于等于上部结构层间侧移刚度的1.5倍时,地下一层结构顶部可作为上部结构的嵌固部位,否则认为上部结构嵌固在箱基或筏基的顶部。

具体设计有责任明确某个具体的地下室和基础的抗震设防要求,标准设计没有对具体项目的基础或地下室需要不需要抗震设防的确定条件。

8.0.17 非接触"搭接"连接的可靠度尚需继续检验

非接触存在既不能容忍又没法解决的实际问题（图8-19）：

一是起头和收头的大间距问题，没法解决；

二是>$0.3l_{lE}$的连接错开区域，钢筋间距严重不均匀的问题，没法解决；

三是本身的可靠程度，倡导这个做法的工程师自己都不摸底，所以在08G101-5图集中又进行了加码，每组连接又增加了$2\times4=8$道钢筋，是一个不得不计较的比接触连接愣多出来的用量。如果一个新技术成果必须以增加资源投入为代价，就要不得不对这个成果画个问号。非接触搭接的净间距究竟该取多少，2003年是$30+d$，到2008年又说要取净距25mm，将图8-20，净距到底取多少，倡导这个做法的工程师似乎还在斟酌。

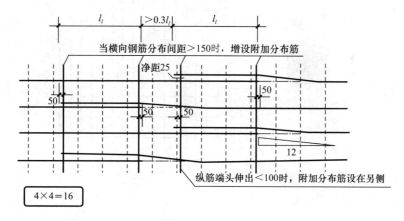

图8-19 纵向钢筋同轴心非接触搭接构造（08G101-5）（箱形基础与地下室结构）33页

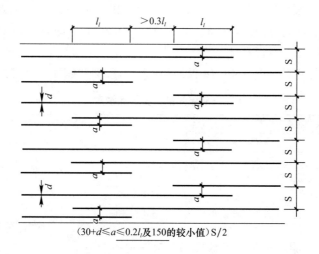

图8-20 非接触纵向钢筋搭接构造

8.0.18 基础钢筋

图8-21所示，在11G101-3《混凝土结构施工图平面整体表示方法制图规则和构造详图》（独立基础、条形基础、筏型基础、桩基承台）被归类在独立基础，真正的独立基础特指"一柱一基础"多柱基础结构分析叫做多柱联合基础，我们权且按照平法图集，称其为独立基础（广义）。

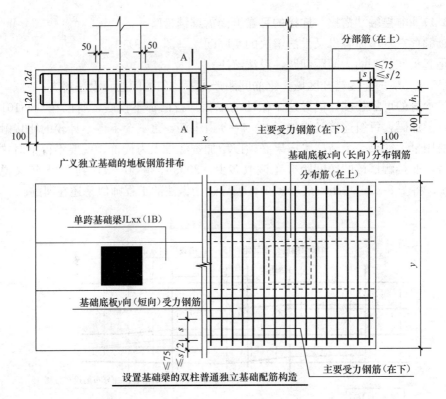

广义独立基础的地板钢筋排布

设置基础梁的双柱普通独立基础配筋构造

图 8-21　独立基础配筋

"一柱一基础"的底板两个方向都是受力钢筋，在基础宽度≥2500mm 时，除四周钢筋外，可以减少 10%长度且错开排布。图 8-21 所示的独立基础（广义）的底板短方向是受力钢筋，长方向不是受力钢筋，在基础短边宽度≥2500mm 时，短边钢筋可以减少 10%长度且错开排布，长方向不管多长，都不允许打折。

8.0.19　基础梁底面保护层 40/70 仅用于底面，顶面和侧面另外考虑（表 8-6）。

基础底板和基础梁的保护层　　　　　　　　　　　　表 8-6

环境类别		基础底板（有垫层/无垫层）		基础梁（有垫层）
		C25~C45		C25~C45
一		—		25
二	a	底筋：40/70，顶筋：20	顶面与侧面：30	底面：≥50 且≥基础底板底筋混凝土保护层最小厚度与底板底筋直径之和
	b	底筋：40/70，顶筋：25	顶面与侧面：35	
三		底筋：40/70，顶筋：30	顶面与侧面：40	

8.0.20　双墙/双梁条形基础底板配筋长度缩短的构造

图 8-22 所示双墙/双梁条形基础底板的短边钢筋缩短，长边分布筋不管多长都不得缩短。

8.0.21　基础边缘的第一道钢筋不宜减少 10%

图 8-23（a）做法合适，图 8-23（b）做法不合适。

基础边缘的第一道钢筋不宜减少 10%，如果减少了，边角部位会出现无筋素混凝土区。钢筋网片在角部没有收头。无筋素混凝土区对基础安全是有不利影响的。

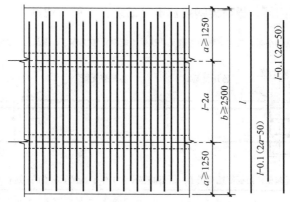

注：进入底板交接区的受力钢筋和无交接底板时端部第一
根钢筋不应减短。

图 8-22 双墙条形基础底板配筋长度减短的构造

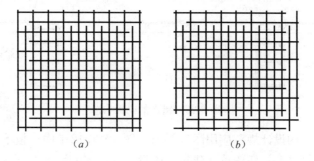

(a) (b)

图 8-23 基础边缘钢筋做法

(a) 边缘不缩减，各角有 2 个方向钢筋相互绑扎；(b) 边缘也缩减，不能保证各角有 2 个方向钢筋相互绑扎

8.0.22 上柱收进、插筋宜整层，上层增加或改变直径值插筋不宜截断（图 8-24）

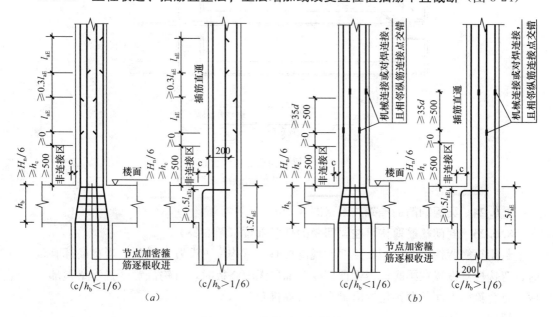

(a) (b)

图 8-24 上柱收进、插筋做法

(a) 绑扎搭接连接；(b) 机械或焊接连接

8.0.23　主次梁钢筋、板与梁钢筋都不得胡来，不可"戏说"

主梁的存在，要托起小梁，把次梁都托开裂了，次梁不能够正常工作了，保证主梁的h_0还有何意义？

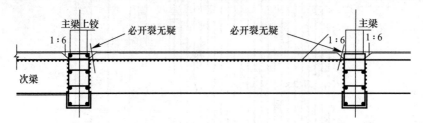

次梁的存在，要托起板，把板都托开裂了，板不能够正常工作了，保证次梁的h_0还有何意义？

听信谗言，以身试阳台，班房就是为没头脑的人准备的，进去蹲上几年、喝几年黄糊涂，醒醒大脑或许也是一件好事！

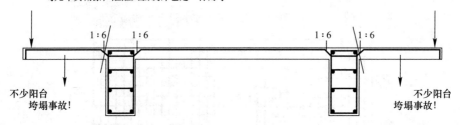

图 8-25　错误的梁板构造

朱丙寅《建筑结构设计规范应用图解手册》图 10.7.12-1 中，板下部钢筋往上稍弯折入梁下部第一排纵筋之上；任庆英《建筑结构设计深度实例范本》第 22 页也有同样说明。只有这样能保证板支座反力传递给梁。见图 8-26。

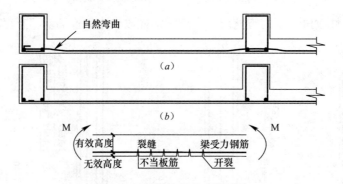

图 8-26　梁板构造的正误比较

(a) 准确做法；(b) 错误做法后果不堪设想

8.0.24　梁板钢筋的准确关系（图 8-27）

8.0.25　封闭箍筋弯钩可在梁四角的任意部位（图 8-28）

封闭箍筋弯钩位置：当梁顶部有现浇板时，弯钩位置设置在梁顶；当梁底部有现浇板时，弯钩位置设置在梁底；当梁顶部或底部均无现浇板时，弯钩位置设置于梁顶部。相邻两组复合箍筋平面及弯钩位置沿梁纵向对称排布。

请问 06G901-1：

当梁顶部或底部均有现浇板时，弯钩位置设置于梁的什么位置？

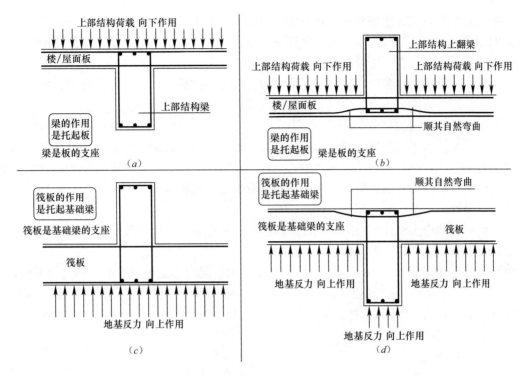

图 8-27　梁板钢筋的准确关系

（a）正楼/屋面板；（b）反楼/屋面板；（c）正筏板；（d）反筏板

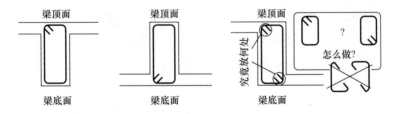

图 8-28　封闭箍筋弯钩可在梁四角任意部位（06G901-1 图集第 2-5 页）

06G101-6 图集第 43 页注：2. 封闭箍的弯钩可在四角的任何部位，开口箍的弯钩宜设在基础底板内。

房屋结构物，在风荷载作用下，或在地震作用影响下，构件受到往复振动。

举例：某框架柱上午遇到左来风，框架柱就向右弯曲，框架柱的左侧边缘受拉，右侧边缘受压；于是上午请箍筋活扣弯钩待在右侧，符合箍筋活口待在受压区的要求。

还是这根框架柱下午遇到右来风，框架柱只能向左弯曲，框架柱右侧边缘受拉，框架柱左侧边缘受压。于是下午请箍筋活扣弯钩待在框架柱的左侧，也符合箍筋活扣弯钩待在受压区的要求。

足见封闭箍筋活口待在受压区的要求，除非让箍筋在构件中具有"见风使舵"的功能，否则就无所遵循。凡是自然人经过努力仍不能做到的事情，就不能用于指导工程实践。

箍筋就是箍筋，要义是箍住、箍牢、箍均匀。封闭箍筋活扣弯钩宜在构件四角转圈设置，每个角每 4 个箍筋设置 1 个活扣弯钩，就能实现箍筋实现箍住、箍牢、箍均匀的目标。

咱把这个事再往深里展开来宣传宣传，用生活经验来与读者沟通。读者一般都使用过普通的雨伞。雨天，户外打伞，无风时雨滴向下作用，伞骨的外悬部分，向下弯曲，各伞骨自然上部纤维受拉、下部纤维受压。

一阵大风袭来，将伞反向拉坏，在那被拉将反未反的瞬时，各伞骨外悬部分的上部受压、下部受拉。否则，不会发生反方向拉脱的情况。

我阐述这个事件的目的是要读者了解一个现象：附属于竖向构件的悬臂结构根部下方，当竖向构件水平剧烈振动时，会产生很大的瞬时拉力。就跟我经常讲，没有纯粹的轴心受压构件一样，悬臂构件没有绝对的受压区。我们自己做一个实验，感悟一下这个道理，我们立正，两手臂侧平举，掌心向下，然后来个猛地侧身运动，一个胳肢窝受到压力的同时，另外一个胳肢窝受到了拉力。

我们接触到许多设计院做的高层，顶部若干层外伸梁上下配筋设计成一样的，对下筋直锚长度也有相当高的要求，这是非常好的。

据悉，在北方某省 2002 系列的省标图集中，钢筋混凝土悬挑梁下部钢筋支座处锚固，就规定 8 度设防超过 2m，9 度设防超过 1.5m 时为长臂梁，下部钢筋不得按照受压钢筋的要求进行锚固，其水平段锚固长度应 $\geq 0.4l_{aE}$，且须向上弯锚 $15d$，他这个要求就很科学。

8.0.26　配筋率

梁上部钢筋入柱：

【举例】　梁截面 $b \times h = 300mm \times 800mm$，上部 12C25 6/6，拟采用 KL 纵向钢筋入框架柱 KZ 的构造，试比照图集要求，确定是一次截断，还是分二次截断？

【解】　首先查"钢筋的计算截面及理论重量"，在公称直径 25 的地方，对应 1 根钢筋的截面积是 $490.9mm^2$，小数点右移一位，就是 10 根的截面积 $= 4909mm^2$，对应 2 根的截面积 $= 982mm^2$，所以 12 根钢筋的截面积 $A_s = 4909 + 982 = 5891mm^2$

其次，计算梁的有效高度，本题为二排钢筋时，$h_0 = h - a_s = 800 - (70 \sim 80)$ mm $= 720 \sim 730$ 取 725mm

第三，计算梁上部纵向钢筋配筋率

　　$=$ 上部纵向钢筋计算配筋截面积/(梁宽×梁有效高度)

　　$= 5891/(300 \times 725) \times 100\% = 2.71\%$

第四，比较 $2.71\% > 1.2\%$，要分 2 次截断。

柱外侧钢筋入梁：

【举例】　柱截面 $b \times h = 500mm \times 800mm$，柱外侧 10Φ25，拟采用本页框架柱 KZ 纵向钢筋锚入框架梁 KL 的构造，试比照本页要求，确定该纵向钢筋是一次截断，还是须分二次截断？

【解】　首先查"钢筋的计算截面积及理论重量表"，在公称直径 25 的地方，对应 1 根钢筋的截面积是 $490.9mm^2$，小数点右移一位，就是 10 根的截面积 $= 4909mm^2$，即：$A_s = 4909mm^2$

其次，计算柱外侧纵向钢筋配筋率

　　柱外侧纵向钢筋配筋率

　　$=$ 柱外侧纵向钢筋计算配筋截面积/(柱宽×柱截面高度)

　　$= 4909/(500 \times 800) \times 100\% = 1.23\%$

最后，比较 $1.23\% > 1.2\%$，要分 2 次截断。

8.0.27 板筋标注（表 8-7）

1m 板宽内各种钢筋间距的钢筋截面面积（mm²） 表 8-7

钢筋间距(mm)	钢筋直径（mm）																				
	6	6/8	8	8/10	10	10/12	12	12/14	14	14/16	16	16/18	18	18/20	20	20/22	22	22/25	25	25/28	28
80	354	491	629	805	981	1198	1414	1669	1924	2218	2513	2847	3181	3554	3927	4339	4752	5444	6136	6916	8796
85	333	462	592	758	924	1127	1331	1571	1811	2088	2365	2680	2994	3345	3696	4084	4472	5124	5775	6510	7244
90	314	437	559	716	872	1064	1257	1484	1710	1972	2234	2531	2827	3159	3491	3857	4224	4839	5454	6148	6842
150	189	262	335	429	523	639	754	890	1026	1183	1340	1518	1696	1895	2094	2314	2534	2903	3272	3689	4105
160	177	246	314	403	491	599	707	834	962	1109	1257	1424	1590	1777	1963	2170	2376	2722	3068	3458	3848
170	166	231	296	379	462	564	665	786	906	1044	1183	1340	1497	1672	1848	2042	2236	2562	2887	3255	3622
180	157	218	279	358	436	532	628	742	855	986	1117	1265	1414	1580	1745	1929	2112	2419	2727	3074	3421
190	149	207	265	339	413	504	595	702	810	934	1058	1199	1339	1496	1653	1827	2001	2292	2584	2912	3241
200	141	196	251	322	393	479	565	668	770	887	1005	1139	1272	1422	1571	1736	1901	2178	2454	2767	3079

板筋标注，12/14@200 表示直径 12mm 和 14mm 间隔布置，大小钢筋之间的距离为 200mm。

8.0.28 以板的区格长短为钢筋排布的标准

短跨方向钢筋永远平行于所在区格的主梁（图 8-29）；

板以次梁为支座，就是垂直次梁，必然平行主梁；

区格变换，钢筋上下层交叉，要靠合理的穿筋步骤来实现。

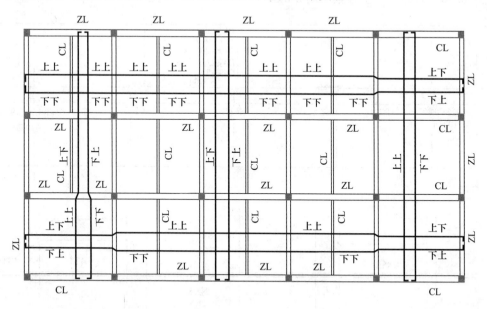

图 8-29 板短跨方向钢筋永远平行于所在区格的主梁；板短跨方向钢筋永远垂直于所在区格的
次梁板→次梁→主梁→柱→基础板以次梁为支座

8.0.29 分布筋的 150mm 连接与温度构造钢筋的 l_l 绑扎搭接连接（图 8-30）

板上部非贯通钢筋的分布筋不需要与同方向的板上部非贯通筋一起伸入支座，只要连接 150mm，分布钢筋即使是圆钢，也不必带钩。

板上部温度构造钢筋，应当与板上部非贯通钢筋连接 l_l，光面钢筋需带 180°钩。

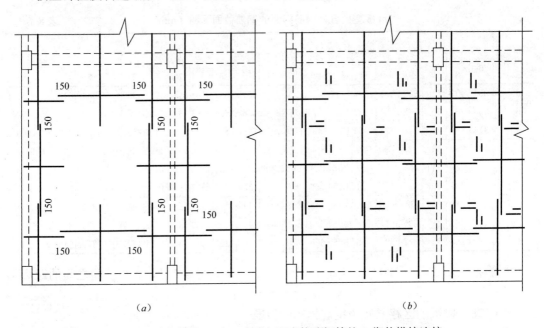

(a) (b)

图 8-30   分布筋的 150mm 连接与温度构造钢筋的 l_l 绑扎搭接连接
(a) 板上部非贯通筋与分布筋连接 150，圆钢不带钩；(b) 板上部非贯通筋与温度构造筋连接 l_a，圆钢带 180°钩

8.0.30　有外伸的基础梁（图 8-31）

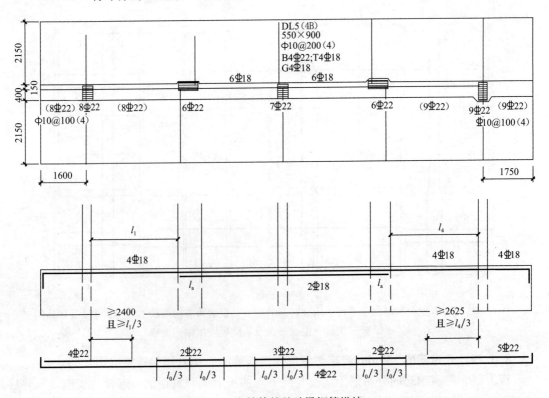

图 8-31　有外伸的基础梁钢筋搭接

8.0.31 主次梁（图 8-32、图 8-33、图 8-34）

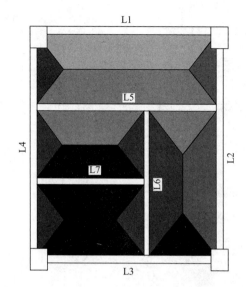

L1

L5

L4

L7

L6

L2

L3

所谓主次：一看传力路径；二看破坏后果。

主梁的破坏，对各级次梁均有影响，后果是全局性的。

次梁的破坏，对主梁没有太大影响，后果是局部性的。

L7 右端以 L6 为支座，L6 是次梁 L7 的主梁；L6 上部以 L5 为支座，L5 是次梁 L6 的主梁；L5 又支承在 L4 和 L2，所以 L4 和 L2 是主梁，L5 是次梁。

不能简单讲，次梁以梁为支座，主梁以柱（墙）为基础。

主

次

梁

图 8-32　主次梁传力路径示意（一）

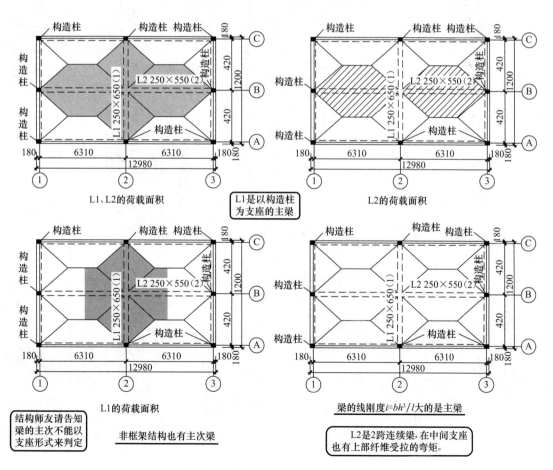

L1、L2的荷载面积

L1是以构造柱为支座的主梁

L2的荷载面积

L1的荷载面积

结构师友请告知梁的主次不能以支座形式来判定

非框架结构也有主次梁

梁的线刚度 $i=bh^3/l$ 大的是主梁

L2是2跨连续梁，在中间支座也有上部纤维受拉的弯矩。

图 8-33　主次梁传力路径示意（二）

195

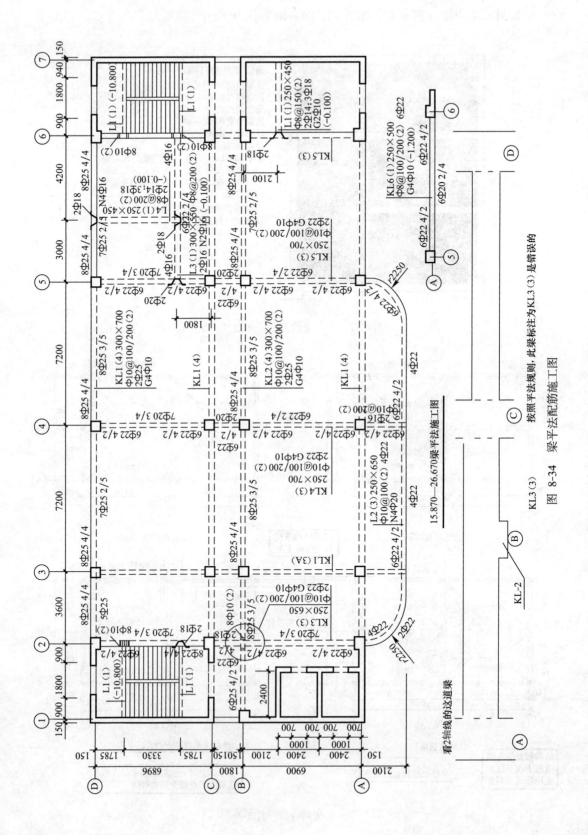

图 8-34 梁平法配筋施工图

196

8.0.32　$0.4l_{aE}+15d$ 的锚固能力远大于 l_{aE}（图 8-35）

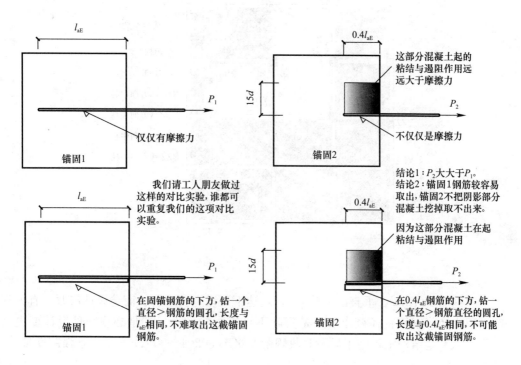

图 8-35　l_{aE} 与 $0.4l_{aE}+15d$ 的比较

8.0.33　混凝土强度等级不同时钢筋的锚固（图 8-36）

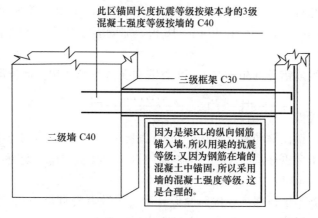

图 8-36　锚固的奥妙

8.0.34　边柱、角柱、中柱（图 8-37）

8.0.35　基础梁钢筋上下圈接没有水平圈接对柱筋的抱箍作用大（图 8-38）

8.0.36　当梁筋遇墙不满足 $\geqslant 0.4l_{aE}$ 时改用小直径钢筋一般行不通（表 8-8）

支座 $\leqslant 0.4l_{aE}$，有人讲，此时可以采用机械锚固。天哪，支座可利用长度已经 $\leqslant 0.4l_{aE}$，还怎么能够不小于 $0.7l_{aE}$，不知道是如何思维的！

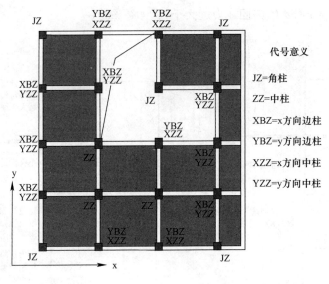

图 8-37 柱的代号

代号意义

JZ＝角柱

ZZ＝中柱

XBZ＝x方向边柱

YBZ＝y方向边柱

XZZ＝x方向中柱

YZZ＝y方向中柱

水平段钢筋≥$0.4l_{aE}$，垂直段钢筋≥$15d$，达不到以上要求时，商请设计修改，有人提出用等面积代换将钢筋直径调小，一是实际不具有可操作性，二是必须办理设计变更文件，这是《混凝土结构工程施工质量验收规范》（GB 50204—2002）5.1.1 条强制性条文，必须严格执行。

譬如有 200mm 的墙厚，Φ 25 的 Ⅱ 级钢钢筋，C25 混凝土，$0.4l_{aE}＝380mm$，按照"墙的厚度较小时，需要将梁的受拉筋（直径）调细"的网络传言，只有选用Φ 12，才可以达到规定要求。这架梁原设计配有 4Φ 25 纵向钢筋，实供 $A_s＝1963mm^2$，选用Φ 12 代换，保护层已经也有 17mm＞15mm，可以满足规范要求，单根钢筋的截面积＝113.1mm^2，需要 1963/113.1＝17.36 根≈18 根，那梁能容得下 18 根纵向钢筋吗，答案显然是不肯定的。

8.0.37 如果钢筋错开 **（30＋d）～150** 对结构受力都没影响，何苦再苛求先打弯再焊接？（图 8-39）

8.0.38 **箍筋代换**

某实际工程的框架柱箍筋原设计直径 8mm 间距@100/200，后因业主要求设计变更扩大柱网尺寸，设计未变更柱截面尺寸，将柱纵向钢筋和箍筋均作了变更，其箍筋变更为直径 10mm，间距还是@100/200。

另外一方面，施工项目部已经按照原设计制备了数万套直径 8mm 的箍筋，弃之对甲方乙方都将是很大的经济损失，于是提出如下变更方案：

用直径 8mm，间距@65/130 代替直径 10mm，间距@100/200

$$8×8/65 ≈ 10×10/100$$

与原设计沟通，办理设计认可代换手续时，设计认为，箍筋间距太密了，不太好，于是我们又提出如下第二套代换方案：

用直径 8/10mm，间距@82/164 代替直径 10mm，间距@100/200

$$(8×8＋10×10)/2/82 ＝ 10×10/100$$

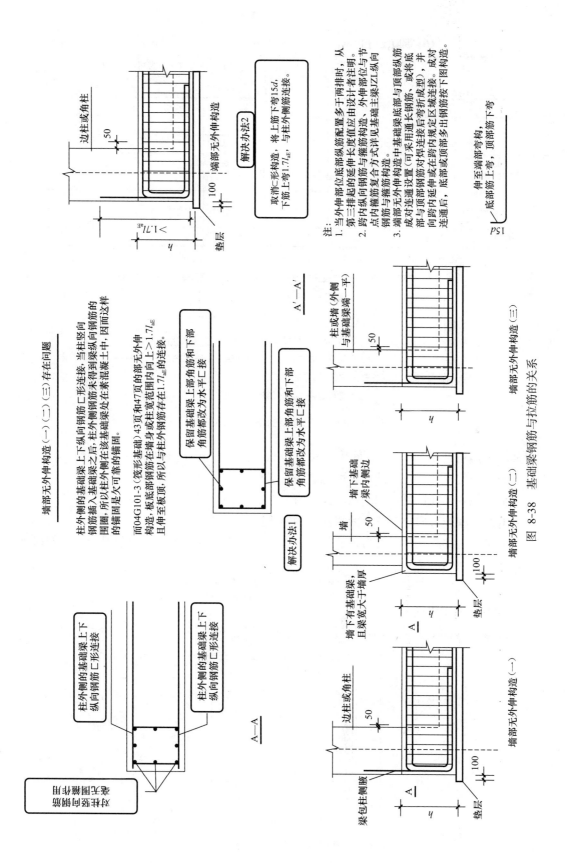

图 8-38 基础梁钢筋与拉筋的关系

直 径	l_{aE}	0.4l_{aE}	剪力墙厚度及其水平段可布筋长度				
			300	250	220	200	180
25	950	380					
22	836	335					
20	760	304					
18	684	274	285				
16	608	244					
14	532	213		235			
12	456	183			205	185	
10	380	152					165

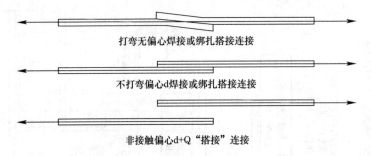

打弯无偏心焊接或绑扎搭接连接

不打弯偏心d焊接或绑扎搭接连接

非接触偏心d+Q "搭接" 连接

图 8-39　三种连接的偏心大小比较

实际采用用直径 8/10mm，间距@80/160 代替直径 10mm，间距@100/200。

这第二套代换方案，设计认为可行。

钢筋等强度代换，要用钢筋强度设计值。

8.0.39　框架顶层端部节点的附加小钢筋（图 8-40）

框架顶层端部节点角部受力钢筋外面，有一个 100～150mm 斜角的素混凝土，如果不

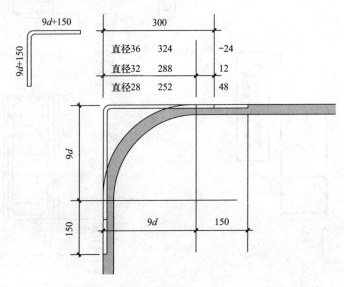

图 8-40　框架顶层端部节点的附加小钢筋

设置小钢筋，这个斜角混凝土在拆模过程中就容易出现被碰而缺棱掉角的现象。另外一方面还在于休现《混凝土结构设计规范》GB 50010—2010对大保护层的处理要求。

当这个100～150mm的素混凝土斜角不慎被碰坏，因为是个斜角，修补就比较困难，自拌一点点高强度等级混凝土在实践中也不是太容易的事情，较真的业主还要求做试块，看看修补用混凝土是不是高于原混凝土5MPa，所以费工费料还贻误工期，直接影响到封顶关键节点的付款。

$8d+150$，首先是钢筋混凝土构件边角必须有钢筋，不能出现较大素混凝土块区；其次是规范对大保护层构件有附加钢筋要求；第三，柱箍筋角部需要钢筋。在另外一方面，过去几十年许多大量的工程未按$8d$弯曲成型，还是$3d$左右，并没有出现较大的素混凝土块区，也不存在大保护层问题个箍筋角部无筋的问题，于是不放这些小钢筋也就没有所谓。

8.0.40 钢筋躲让

《混凝土结构施工钢筋排布规则和构造详图》（06G901-1）（现浇混凝土框架、剪力墙、框架-剪力墙）第2-11页首次在官方文件出现"钢筋躲让"的专业术语（图8-41）。

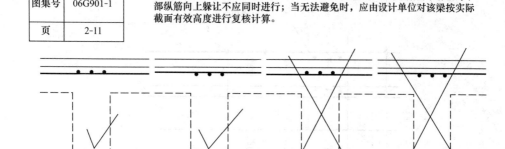

图8-41 梁纵向钢筋在节点处排布躲让

5.4.10 构件交接处的钢筋位置应符合设计要求。当设计无要求时，应优先保证主要受力构件和构件中主要受力方向的钢筋位置。框架节点处梁纵向受力钢筋宜置于柱纵向钢筋内侧；次梁钢筋宜放在主梁钢筋内侧；剪力墙中水平分布钢筋宜放在外部，并在墙边弯折锚固。

钢筋躲让原则：保证主要受力构件和构件中主要受力方向钢筋的设计位置，具体做法是基础筏板让柱墙、柱墙让梁、主梁躲让次梁、次梁让板（图8-42、图8-43）。保护妇女儿童，弱者优先保证。

8.0.41 关于锚板和螺栓（图8-45、图8-46）

从上面这个照片可以看到，锚固板要准确就位到上下、前后、左右各到各处全是钢筋的节点内的准确位置，是无限艰难的一件工作，看来理论创新是一回事，实际可不可操作又是一回事。另外一方面对梁柱构件四角的保护层也是一个严峻的挑战。

8.0.42 度量差值

度量差值，是指弯弧中心线与直线段的差值，系依据20世纪50年代末期、60年代初

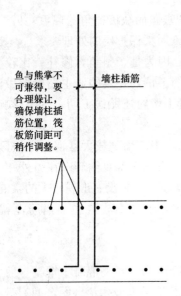

鱼与熊掌不可兼得，要合理躲让，确保墙柱插筋位置，筏板筋间距可稍作调整。

墙柱插筋

图 8-42　钢筋躲让（一）
筏板筋让墙栓筋保证墙、柱位置

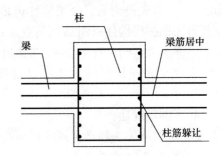

柱

梁

梁筋居中

柱筋躲让

图 8-43　钢筋躲让（二）
柱竖向筋让梁水平筋保证梁筋位置

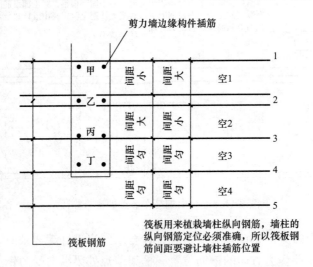

剪力墙边缘构件插筋

筏板钢筋

筏板用来植栽墙柱纵向钢筋，墙柱的纵向钢筋定位必须准确，所以筏板钢筋间距要避让墙柱插筋位置

图 8-44　钢筋躲让（三）

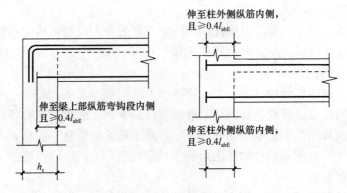

伸至柱外侧纵筋内侧，且≥0.4l_{abE}

伸至梁上部纵筋弯钩段内侧且≥0.4l_{abE}

h_c

伸至柱外侧纵筋内侧，且≥0.4l_{abE}

图 8-45　抗震楼层框架梁端支座加锚头（锚板）

图 8-46 顶层端节点梁下部
钢筋端头加锚头（锚板）锚固

期我国钢筋施工弯折的弯弧内直径等于钢筋直径的 2.5 倍的实践推导出来扣减数据。这在没有计算机的年代，确确实实是发挥了历史作用。现在计算机普及，CAD 已经像傻瓜相机那样人人可以把玩，再走扣减的道路似乎变得非常没有必要，可以借助现代手段得到更精准的结果。用专业软件做下料，再不用中心线精准计算，还是搞扣减，就好比坐软席高铁穿无底的草鞋，非常的不协调。

我国国家标准《混凝土结构工程施工规范》（GB 50666—2011）第 5.3.5 条，对受力钢筋的弯折作出下列规定：

（1）光圆钢筋末端应作 180° 弯钩，弯钩的弯后平直部分长度不应小于钢筋直径的 3 倍。作受压钢筋使用时，光圆钢筋末端可不作弯钩；

（2）光圆钢筋的弯弧内直径不应小于钢筋直径的 2.5 倍；

（3）335MPa 级、400MPa 级带肋钢筋的弯弧内直径不应小于钢筋直径的 4 倍；

（4）直径为 28mm 以下的 500MPa 级带肋钢筋的弯弧内直径不应小于钢筋直径的 6 倍，直径为 28mm 及以上的 500MPa 级带肋钢筋的弯弧内直径不应小于钢筋直径的 7 倍；

（5）框架结构的顶层端节点，对梁上部纵向钢筋、柱外侧纵向钢筋在节点角部弯折处，当钢筋直径为 28mm 以下时，弯弧内直径不宜小于钢筋直径的 12 倍，钢筋直径为 28mm 及以上时，弯弧内直径不宜小于钢筋直径的 16 倍；

（6）箍筋弯折处的弯弧内直径尚不应小于纵向受力钢筋直径。

不同牌号的钢筋，弯折内直径的要求不同，面对不同的弯折内直径，还是采用统一的以 2.5 倍为蓝本演绎得来的度量扣减值，显然与规范要求格格不入。

下面我们遵循《混凝土结构工程施工规范》GB 50666—2011 第 5.3.5 条的各项规定，对箍筋用钢和梁柱弯折钢筋所需的弯折调整值进行推导。

1）WKL 梁柱连接钢筋直径 $d \leqslant 25mm$ 90° 直弯钩增加 $11.21d$ 的推导（$d \leqslant 25mm$，弯心曲直径 $\geqslant 12d$）（图 8-47）

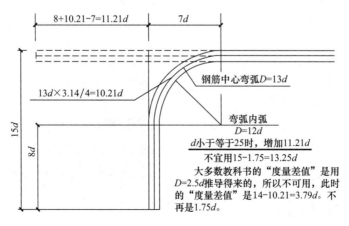

图 8-47　90° 弯直钩（$d \leqslant 25mm$）增加的展开长度推导用图

规范规定，抗震框架纵向钢筋锚固需要$\geq 0.4l_{aE}+15d$，同时规定，当连接钢筋直径$d\leq 25mm$时，弯心内半径$\geq 6d$，弯心直径是$12d$，钢筋中心线1/4圆的直径是$13d$，$90°$圆心角对应的圆周长度$=13\pi d/4=10.21d$。

所以，$90°$钩所需要的展开长度为

$$15d-7d+10.21d-7d=11.21d$$

这个$11.21d$适用于抗震框架梁梁柱纵向钢筋直径$d\leq 25mm$时的转角连接。

2）WKL梁柱连接钢筋直径$d>25mm$ $90°$直弯钩增加$10.35d$的推导（弯心曲直径$\geq 16d$）（图8-48）

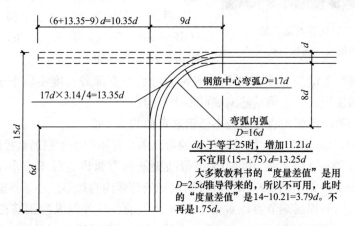

图8-48 $90°$弯直钩（$d>25mm$）增加的展开长度推导用图

现行规范规定，抗震框架纵向钢筋锚固需要$\geq 0.4l_{aE}+15d$，同时规定，当纵向钢筋直径$>25mm$时，弯心内半径$\geq 8d$。弯心半径$8d$，弯心直径是$16d$，钢筋中心线1/4圆的直径是$17d$，$90°$圆心角对应的圆周长度$=13\pi d/4=13.35d$。

所以，$90°$钩所需要的展开长度为

$$15d-9d+13.35d-9d=10.35d$$

这个$10.35d$适用于抗震框架梁梁柱纵向钢筋直径$d>25mm$时的转角连接。

3）335MPa级、400MPa级带肋钢筋的弯弧内直径不应小于钢筋直径的4倍（GB 50666），KL梁柱连接钢筋$90°$直弯钩增加$12.93d$的推导（弯心曲直径$\geq 5d$）（图8-49）

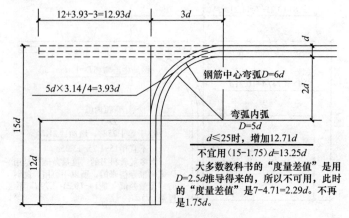

图8-49 $90°$弯直钩增加的展开长度推导用图

现行规范规定，抗震框架纵向钢筋锚固需要$\geqslant 0.4l_{aE}+15d$，同时规定，335MPa级、400MPa级带肋钢筋的弯弧内直径不应小于钢筋直径的4倍，钢筋中心线1/4圆的直径是$6d$，90°圆心角对应的圆周长度$=5\pi d/4=3.93d$。

所以，90°钩所需要的展开长度为

$$15d-6d+3.93d=12.93d$$

这个12.93d适用于335MPa级、400MPa级带肋钢筋的弯锚。

4）直径为28mm以下的500MPa级带肋钢筋的弯弧内直径不应小于钢筋直径的6倍（GB 50666），KL梁锚固钢筋90°直弯钩增加12.5d的推导（弯心曲直径$\geqslant 6d$）（图8-50）

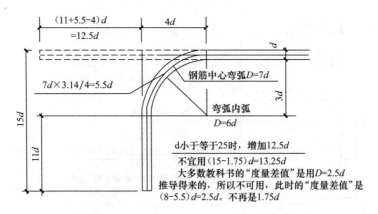

图8-50 90°弯直钩增加的展开长度推导用图

现行规范规定，抗震框架纵向钢筋锚固需要$\geqslant 0.4l_{aE}+15d$，同时规定，直径为28mm以下的500MPa级带肋钢筋的弯弧内直径不应小于钢筋直径的6倍，钢筋中心线1/4圆的直径是$7d$，90°圆心角对应的圆周长度$=7\pi d/4=5.5d$。

所以，90°钩所需要的展开长度为

$$11d+5.5d-4d=12.5d$$

这个12.5d适用于抗震框架梁直径为28mm以下的500MPa级带肋钢筋的弯锚。

5）直径为28mm及以上的500MPa级带肋钢筋的弯弧内直径不应小于钢筋直径的7倍（GB 50666），KL梁柱连接钢筋90°直弯钩增加12.28d的推导（弯弧内直径$=7d$）（图8-51）

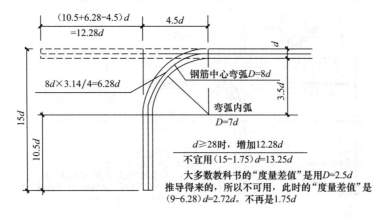

图8-51 90°弯直钩增加的展开长度推导用图适用于HRB500兆帕级，直径>25mm

现行规范规定，抗震框架纵向钢筋锚固需要$\geqslant 0.4l_{aE}+15d$，同时规定，500MPa 级带肋、直径>25mm 钢筋的弯弧内直径不应小于钢筋直径的 7 倍，钢筋中心线 1/4 圆的直径是 $8d$，90°圆心角对应的圆周长度$=8\pi d/4=6.28d$。

所以，90°钩所需要的展开长度为

$$10d+6.28d-5d=11.28d$$

这个 $11.28d$ 适用于抗震框架梁 500MPa 级带肋、直径>25mm 钢筋的弯锚。

6）直径>25mm 的各种 KL 梁柱连接钢筋 90°直弯钩增加 $11.21d$ 的推导（弯弧内直径$=12d$）（图 8-52）

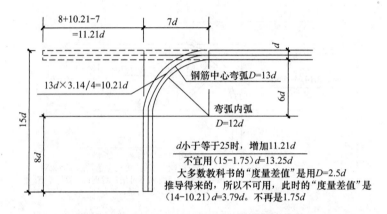

图 8-52 90°弯直钩增加的展开长度推导用图适用于 11G101 第 79 页，直径>25mm

现行规范规定，抗震框架纵向钢筋锚固需要$\geqslant 0.4l_{aE}+15d$，同时规定，500MPa 级带肋、直径>25mm 钢筋的弯弧内直径不应小于钢筋直径的 12 倍，钢筋中心线 1/4 圆的直径是 $13d$，90°圆心角对应的圆周长度$=13\pi d/4=10.21d$。

所以，90°钩所需要的展开长度为

$$8d+10.21d-7d=11.21d$$

这个 $11.21d$ 适用于抗震框架梁 500MPa 级带肋、直径>25mm 钢筋的弯锚。

7）直径$\leqslant 25$mm 的各种 KL 梁柱连接钢筋 90°直弯钩增加 $12.07d$ 的推导（弯弧内直径$=8d$）（图 8-53）

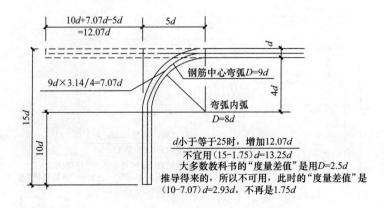

图 8-53 90°弯直钩增加的展开长度推导用图适用于 11G101 第 79 页，直径$\leqslant 25$mm

现行规范规定，抗震框架纵向钢筋锚固需要 $\geqslant 0.4l_{aE}+15d$，同时规定，500MPa 级带肋、直径 $\leqslant$ 25mm 钢筋的弯弧内直径不应小于钢筋直径的 8 倍，钢筋中心线 1/4 圆的直径是 $9d$，90°圆心角对应的圆周长度 $=9\pi d/4=7.07d$。

所以，90°钩所需要的展开长度为

$$10d+7.07d-5d=12.07d$$

这个 $12.07d$ 适用于抗震框架梁各级带肋、直径 $\leqslant$ 25mm 钢筋的弯锚。

8）汇总表，见表 8-9。

90°直角弯 15d 在不同规范规定下增加长度汇总表（mm）　　　　表 8-9

项　目		11G101-1			GB 50666—2011			扣减度量差值	
		WKL		KL		HRB335 HRB400	HRB500		
		$\leqslant$25	>25	$\leqslant$25	>25		$\leqslant$25	>25	
度量实际		−3.79	−4.65	−2.93	−3.79	−2.07	−2.5	−2.72	−2d	−1.75d
增加值 d		11.21	10.35	12.07	11.21	12.93	12.5	12.28		
钢筋直径 mm	12	140		150		155	150		160	160
	14	160		170		181	180		190	190
	16	180		200		207	200		210	220
	18	210	—	220	—	233	230	—	240	240
	20	230		250		259	250		260	270
	22	250		270		284	280		290	300
	25	290		310		323	320		330	340
	28		290		320	362		344	370	380
	32		340		360	414		393	420	430
	36	—	380	—	410	465	—	442	470	480
	40		420		450	517		491	520	530
	50		520		570	647		614	650	670

注：WKL 图集与规范无异，KL 图集与规范不一样。

8.0.43　什么样的基础称为箱形基础？箱基的底板和一般地下室筏板有什么区别？

《高层建筑箱形与筏形基础技术规范》（JGJ 6—99）中的定义是：

（1）箱形基础：由底板、顶板、侧墙及一定数量内隔墙构成的整体刚度较好的单层或多层钢筋混凝土基础。

（2）筏形基础：柱下或墙下连续的平板式或梁板式钢筋混凝土基础。

箱形基础由于一定数量内隔墙的存在，不能做车库等大空间用途；由于一定数量纵横两个方向内隔墙的存在，箱形基础底板可以做得比较薄；筏形基础地下室尺度大、空旷，所以筏板厚度较大。

8.0.44　基础梁两种侧腋构造（图 8-54）

11G101-3 第 75 页，沿用了 06G101-6 的节点做法，收集到的施工反馈意见截然相反，有的钢筋工认为做成箍筋施工非常方便，用 4 根散筋，绑扎就位很不好弄；有的钢筋工认为做成箍筋简直就无法施工，非常困难。用 4 根散筋，穿筋比较简单，具体施工，可根据施工人员的技术水平和熟悉程度选用，封闭的如果可以做到，那么他的整体围箍的作用肯定比 4 根散筋绑扎的作用要大得多，材料也省得多，无疑是节能减排的首选。

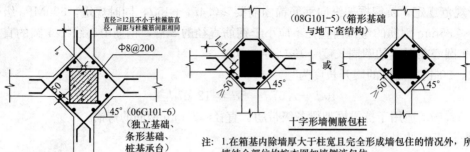

直径≥12且不小于柱箍筋直径，间距与柱箍筋间距相同

Φ8@200

45°（06G101-6）（独立基础、条形基础、桩基承台）

十字交叉基础主梁与柱结合部位侧腋构造

（各迪创腋亮出尺寸与配箍均相同）

侧腋在柱截面边长大于基础梁宽或剪力墙厚度时设置，（08G101-5）减小水平钢筋直径是因为侧腋在竖墙内全高设置。

（08G101-5）（箱形基础与地下室结构）

或

十字形墙侧腋包柱

注：1.在箱基内除墙厚大于柱宽且完全形成墙包住的情况外，所有柱与墙结合部位均按本图加墙侧腋液住。

2.墙侧腋水平构造筋直径≥10mm且不小于柱箍筋直径，其分布间距与柱箍筋间距相同；当侧腋水平构造筋采用箍筋形式时，其挂钩要求与柱箍筋相同。侧腋竖向构造筋直径≥10mm，其分布筋间距≤200mm。

3.每一种墙侧腋包柱均有两种构造方式，应根据墙厚与锚长的具体情况进行选用。

图 8-54　基础梁两种加腋构造

8.0.45　剪力墙在框支梁上的锚固（图 8-55、图 8-56）

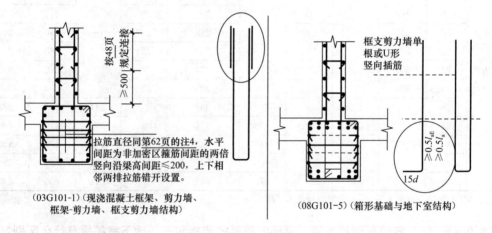

按48页 规定连接

≥500

拉筋直径同第62页的注4，水平间距为非加密区箍筋间距的两倍竖向沿梁高间距≤200，上下相邻两排拉筋错开设置。

（03G101-1）（现浇混凝土框架、剪力墙、框架-剪力墙、框支剪力墙结构）

框支剪力墙单根或U形竖向插筋

≥0.5l_{aE}　≥0.5l_a

15d

（08G101-5）（箱形基础与地下室结构）

图 8-55　老图集的两种做法

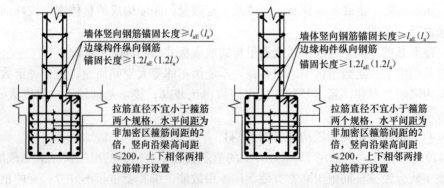

墙体竖向钢筋锚固长度≥l_{aE}(l_a)
边缘构件纵向钢筋锚固长度≥1.2l_{aE}(1.2l_a)

拉筋直径不宜小于箍筋两个规格，水平间距为非加密区箍筋间距的2倍，竖向沿梁高间距≤200，上下相邻两排拉筋错开设置。

墙体竖向钢筋锚固长度≥l_{aE}(l_a)
边缘构件纵向钢筋锚固长度≥1.2l_{aE}(1.2l_a)

拉筋直径不宜小于箍筋两个规格，水平间距为非加密区箍筋间距的2倍，竖向沿梁高间距≤200，上下相邻两排拉筋错开设置。

图 8-56　11G101-1 图集第 90 页之剪力墙在框支梁里锚固要求

　　11G101-1 图集第一次明确提出剪力墙边缘构件在框支梁的锚固要求，边缘构件锚固要求稍高于剪力墙竖向钢筋的锚固要求，在理论和实践的结合上，都是合理的。

8.0.46 顶层端节点在有外伸梁时的构造

采用图 8-57 柱外侧钢筋入梁连接的构造，端节点和外伸两厢兼顾，无论对端节点，还是对外伸梁，都是最安全可靠的做法。

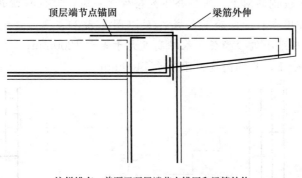

这样排布，兼顾了顶层端节点锚固和梁筋外伸

图 8-57 顶层端节点在有外伸梁时的构造

顶层端节点在有外伸梁时，宜采用柱外侧钢筋入梁（柱锚梁）的构造，梁上部钢筋外伸作为外伸梁的主要受力钢筋，这样，外伸梁的安全性能就更加容易得到保证。

8.0.47 最新基础规范关于剪力墙和柱插筋的规定

11G101-3 图集的插筋要求与最新《建筑地基基础设计规范》GB 50007—2011 关于剪力墙和柱插筋的规定不一样，《建筑地基基础设计规范》GB 50007—2011 是国家标准，高于 11G101-3 图集，当具体设计按照最新《建筑地基基础设计规范》GB 50007—2011 规定设计插筋——不用图集的不规范做法时，当按照具体设计要求进行施工。以下摘录规范条文。

8.2.2 钢筋混凝土柱和剪力墙纵向受力钢筋在基础内的锚固长度应符合下列规定：

1 钢筋混凝土柱和剪力墙纵向受力钢筋在基础内的锚固长度（l_a）应根据现行国家标准《混凝土结构设计规范》GB 50010 有关规定确定；

2 抗震设防烈度为 6 度、7 度、8 度和 9 度地区的建筑工程，纵向受力钢筋的抗震锚固长度（l_{aE}）应按下式计算：

1） 一、二级抗震等级纵向受力钢筋的抗震锚固长度（l_{aE}）应按下式计算：

$$l_{aE} = 1.15 l_a \qquad (8.2.2\text{-}1)$$

2） 三级抗震等级纵向受力钢筋的抗震锚固长度（l_{aE}）应按下式计算：

$$l_{aE} = 1.05 l_a \qquad (8.2.2\text{-}2)$$

3） 四级抗震等级纵向受力钢筋的抗震锚固长度（l_{aE}）应按下式计算：

$$l_{aE} = l_a \qquad (8.2.2\text{-}3)$$

式中 l_a——纵向受拉钢筋的锚固长度（m）。

3 当基础高度小于 $l_a(l_{aE})$ 时，纵向受力钢筋的锚固总长度除符合上述要求外，其最小直锚段的长度不应小于 $20d$，弯折段的长度不应小于 150mm。

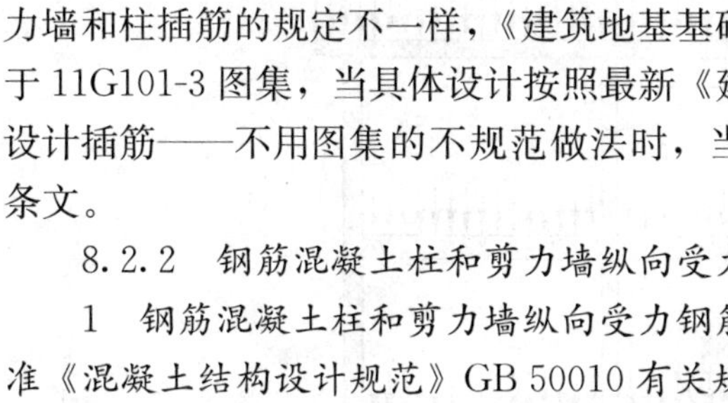

图 8.2.2 现浇柱的基础中插筋构造示意

8.2.3 现浇柱的基础，其插筋的数量、直径以及钢筋种类应与柱内纵向受力钢筋相同。插筋的锚固长度应满足本规范第 8.2.2 条的规定，插筋与柱的纵向受力钢筋的连接方法，应符合现行国家标准《混凝土结构设计规范》GB 50010 的有关规定。插筋的下端宜作成直钩放在基础底板钢筋网上。当符合下列条件之一时，可仅将四角的插筋伸至底板钢筋网上，其余插筋锚固在基础顶面下 l_a 或 l_{aE} 处（图 8.2.3）。

1 柱为轴心受压或小偏心受压，基础高度大于等于 1200mm；

2 柱为大偏心受压，基础高度大于等于 1400mm。

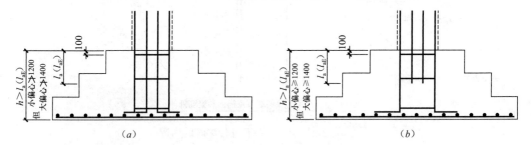

(a)   (b)

图 8.2.3 现浇柱的基础中插筋构造示意

8.0.48 基础梁反什么？怎么反才正确？

从图 8-58 我们看到了上部结构梁与基础系统梁受力方向的不同，变形方向也不一样，

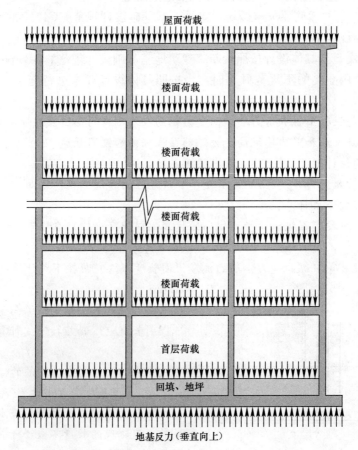

图 8-58 地基反力与上部荷载作用方向相反

因此构造要求也就不同。地基反力远大于底层荷载，地基反力减去底层荷载后，地基反力的作用方向还是向上的。具体要求请看表 8-10。

上部结构梁与基础梁受力方向、配筋构造的对比　　　　　　　　表 8-10

	项　目	上部结构梁	基础系统梁
1	荷载作用方向	重力荷载，垂直向下	地基反力，垂直向上
2	支座上部	有负弯矩，钢筋须连续通过或可靠锚固	无负弯矩，钢筋可连续通过也可靠锚固
3	支座下部部	无负弯矩，钢筋可连续通过也可靠锚固	有负弯矩，钢筋须连续通过也可靠锚固
4	跨中上部	无负弯矩，抗震框架梁通常钢筋可与支座直径相等，也可以比支座钢筋直径小，$100\%l_{aE}$连接；非抗震框架梁，跨中可以只配架立钢筋	跨中有弯矩，跨中受力最大，钢筋必须连续通过，不得在跨中 1/2 区段范围内连接
5	跨中下部	跨中有弯矩，跨中受力最大，钢筋必须连续通过，不得在跨中 1/2 区段范围内连接	无负弯矩，抗震基础梁贯通钢筋宜与支座直径相等，不宜比支座钢筋直径小；非抗震基础梁可不设贯通钢筋，只配"架立"钢筋
6	反，什么反？	上部筋在支座连续 下部筋跨中受力最大	上部筋跨中受力最大 下部筋在支座连续

图 8-59 我们给出了上部结构梁与基础系统梁受力方向的不同带来钢筋连接范围变化。

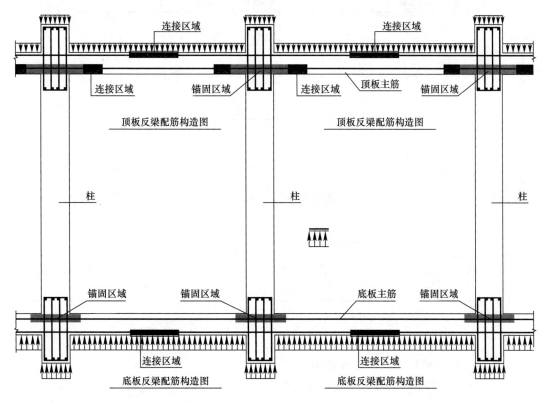

图 8-59　上部结构梁与基础系统梁受力方向的不同带来钢筋连接范围变化

再来看板，筏板钢筋的铺筋顺序和上部楼盖系统板钢筋的铺筋顺序是不反的；仅仅板的弯钩朝向有区别：上部楼板上排钢筋下弯；筏板钢筋底部钢筋上弯。

图 8-60 我们给出上部结构框架梁和基础梁的构造示意图，通过比较，我们进一步体会受力方向相反——内力（弯矩）正负相对——钢筋对应的断连部位上下相反——所谓的基础梁与上部梁的"相反"就"相反"这里，具体的"相反"要求我们通过表 8-10 进行了总结。

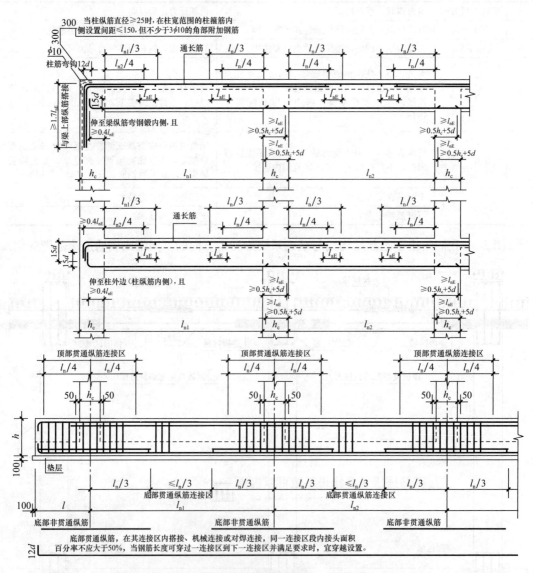

图 8-60　上部结构框架梁和基础梁的构造示意图

8.0.49　板柱结构纵向钢筋连接和箍筋加密

在 11G101-1 图集《混凝土结构施工图平面整体表示方法制图规则和构造详图》（现浇混凝土框架、剪力墙、梁、板）中，给出了无梁楼盖的平法标注和板带构造、柱帽构造，没有看到抗震板柱结构的柱子究竟应如何构造。为此我们在图 8-61 和图 8-62 给出了多年来在设计施工实践的成功做法，供业界借鉴使用。

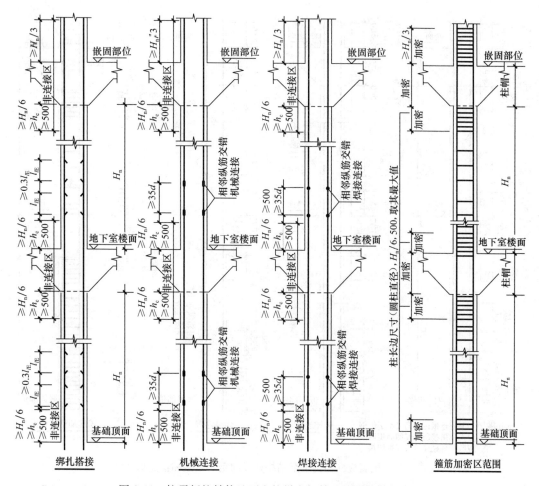

图 8-61 抗震板柱结构地下室柱纵向钢筋连接和箍筋加密区

8.0.50　梁上起柱、墙上起柱和变截面插筋均应在该层连续，不宜设置连接

各种柱插筋均应在该层连续、不宜设置任何连接接头，如图 8-63 所示。节能低碳，绿色施工，加快进度。

8.0.51　受拉钢筋搭接长度修正系数可以内插

钢筋连接可采用绑扎搭接、机械连接或焊接。机械连接接头及焊接接头的类型及质量应符合国家现行有关标准的规定。

混凝土结构中受力钢筋的连接接头宜设置在受力较小处。在同一根受力钢筋上宜少设接头。在结构的重要构件和关键传力部位，纵向受力钢筋不宜设置连接接头。

轴心受拉及小偏心受拉杆件的纵向受力钢筋不得采用绑扎搭接；其他构件中的钢筋采用绑扎搭接时，受拉钢筋直径不宜大于 25mm，受压钢筋直径不宜大于 28mm。

当直径不同的钢筋搭接时，按直径较小的钢筋计算。

位于同一连接区段内的受拉钢筋搭接接头面积百分率：对梁类、板类及墙类构件，不宜大于 25%；对柱类构件，不宜大于 50%。当工程中确有必要增大受拉钢筋搭接接头面积百分率时，对梁类构件，不宜大于 50%；对板、墙、柱及预制构件的拼接处，可根据实际情况放宽。

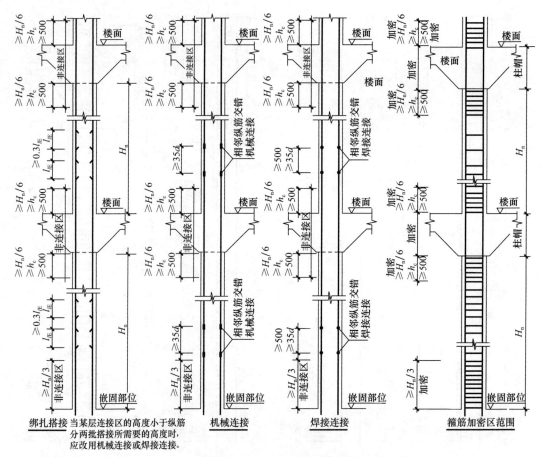

图 8-62　抗震板柱结构上部结构柱纵向钢筋连接和箍筋加密区

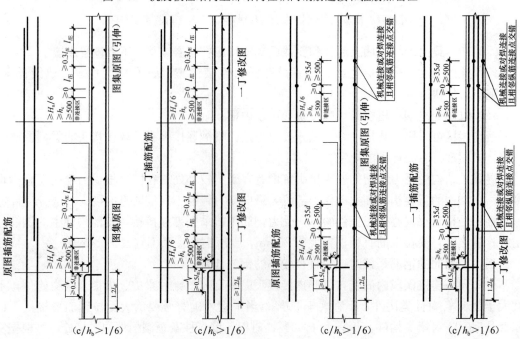

图 8-63　各种柱插筋均应在该层连续、不宜设置任何连接接头

纵向受拉钢筋绑扎搭接接头的搭接长度，应根据位于同一连接区段内的钢筋搭接接头面积百分率按下列公式计算，且不应小于300mm。

$$l_l = \zeta_l l_a$$

式中：l_l——纵向受拉钢筋的搭接长度；

ζ_l——纵向受拉钢筋搭接长度修正系数，按表8-11取用；

l_a——受拉钢筋的锚固长度。

受拉钢筋搭接长度修正系数 ζ_l 表8-11

百分率	系数 ζ_l	百分率	系数 ζ_l	百分率	系数 ζ_l
25	1.2	51	1.404	77	1.508
26	1.208	52	1.408	78	1.512
27	1.216	53	1.412	79	1.516
28	1.224	54	1.416	80	1.52
29	1.232	55	1.42	81	1.524
30	1.24	56	1.424	82	1.528
31	1.248	57	1.428	83	1.532
32	1.256	58	1.432	84	1.536
33	1.264	59	1.436	85	1.54
34	1.272	60	1.44	86	1.544
35	1.28	61	1.444	87	1.548
36	1.288	62	1.448	88	1.552
37	1.296	63	1.452	89	1.556
38	1.304	64	1.456	90	1.56
39	1.312	65	1.46	91	1.564
40	1.32	66	1.464	92	1.568
41	1.328	67	1.468	93	1.572
42	1.336	68	1.472	94	1.576
43	1.344	69	1.476	95	1.58
44	1.352	70	1.48	96	1.584
45	1.36	71	1.484	97	1.588
46	1.368	72	1.488	98	1.592
47	1.376	73	1.492	99	1.596
48	1.384	74	1.496	100	1.6
49	1.392	75	1.5		
50	1.4	76	1.504		

8.0.52 钢筋代换非原结构设计人员做不了了

规范规定：

当进行钢筋代换时，除应符合设计要求的构件承载力、最大力下的总伸长率、裂缝宽度验算以及抗震规定以外，尚应满足最小配筋率、钢筋间距、保护层厚度、钢筋锚固长度、接头面积百分率及搭接长度等构造要求。

规范上述要求意味着非原设计人员不能进行钢筋代换，因为裂缝宽度计算需要建模，不同模型计算结果相差甚远，手工计算，需要知道这个构件的设计荷载，因此，非原结构设计人员不具备钢筋代换之裂缝宽度验收的客观条件。

8.0.53　钢筋合力

不同直径、不同根数钢筋截面积、不同强度等级的钢筋合力见表8-12，可供钢筋等强度代换时直接取用。

不同直径、不同根数钢筋截面积（mm²）、不同强度等级的钢筋合力（kN）　　表 8-12

直径	项　目		钢筋根数								
			1	2	3	4	5	6	7	8	9
12	截面积		113	226	339	452	565	679	792	905	1018
	HPB235	210	24	48	71	95	119	143	166	190	214
	HPB300	270	31	61	92	122	153	183	214	244	275
	HRB335	300	34	68	102	136	170	204	238	271	305
	HRB400	360	41	81	122	163	204	244	285	326	366
	HRB500	435	49	98	148	197	246	295	344	394	443
14	截面积		154	308	462	616	770	924	1078	1232	1385
	HPB235	210	32	65	97	129	162	194	226	259	291
	HPB300	270	42	83	125	166	208	249	291	333	374
	HRB335	300	46	92	139	185	231	277	323	369	416
	HRB400	360	55	111	166	222	277	333	388	443	499
	HRB500	435	67	134	201	268	335	402	469	536	603
16	截面积		201	402	603	804	1005	1206	1407	1608	1810
	HPB235	210	42	84	127	169	211	253	296	338	380
	HPB300	270	54	109	163	217	271	326	380	434	489
	HRB335	300	60	121	181	241	302	362	422	483	543
	HRB400	360	72	145	217	290	362	434	507	579	651
	HRB500	435	87	175	262	350	437	525	612	700	787
18	截面积		254	509	763	1018	1272	1527	1781	2036	2290
	HPB235	210	53	107	160	214	267	321	374	428	481
	HPB300	270	69	137	206	275	344	412	481	550	618
	HRB335	300	76	153	229	305	382	458	534	611	687
	HRB400	360	92	183	275	366	458	550	641	733	824
	HRB500	435	111	221	332	443	553	664	775	886	996
20	截面积		314	628	942	1257	1571	1885	2199	2513	2827
	HPB235	210	66	132	198	264	330	396	462	528	594
	HPB300	270	85	170	254	339	424	509	594	679	763
	HRB335	300	94	188	283	377	471	565	660	754	848
	HRB400	360	113	226	339	452	565	679	792	905	1018
	HRB500	435	137	273	410	547	683	820	957	1093	1230
22	截面积		380	760	1140	1521	1901	2281	2661	3041	3421
	HPB235	210	80	160	239	319	399	479	559	639	718
	HPB300	270	103	205	308	411	513	616	718	821	924
	HRB335	300	114	228	342	456	570	684	798	912	1026
	HRB400	360	137	274	411	547	684	821	958	1095	1232
	HRB500	435	165	331	496	661	827	992	1158	1323	1488

直径	项 目	钢筋根数								
		1	2	3	4	5	6	7	8	9
25	截面积	491	982	1473	1963	2454	2945	3436	3927	4418
	HPB235　210	103	206	309	412	515	619	722	825	928
	HPB300　270	133	265	398	530	663	795	928	1060	1193
	HRB335　300	147	295	442	589	736	884	1031	1178	1325
	HRB400　360	177	353	530	707	884	1060	1237	1414	1590
	HRB500　435	214	427	641	854	1068	1281	1495	1708	1922

8.0.54　钢筋不得瘦身

合格原材料按规范规定拉伸后的直径对比见表 8-13。

合格原材料按规范规定拉伸后的直径对比　　表 8-13

原材料		拉伸后下限直径		原材料		拉伸后下限直径	
标称直径	原材料直径	HPB235 级 HPB300 级	HRB335 级 HRB400 级 HRB500 级	标称直径	原材料直径	HPB235 级 HPB300 级	HRB335 级 HRB400 级 HRB500 级
10	10.3	10.10	—	6.5	6.8	6.67	6.77
	10.2	10.00	—		6.7	6.57	6.67
	10.1	9.90	—		6.6	6.47	6.57
	10	9.81	9.95		6.5	6.37	6.47
	9.9	9.71	9.85		6.4	6.28	6.37
	9.8	9.51	9.65	6.5, 6	6.3	6.18	—
	9.7	9.41	9.55		6.2	6.08	—
	9.6	—	9.45		6.1	5.98	6.07
	9.5	—	9.35		6	5.88	5.97
	9.4	—	9.25		5.9	5.79	5.87
	9.3	—	9.15	6	5.8	5.69	5.77
	9.2	—	8.26		5.7	5.59	5.67
8	8.3	8.14	—		5.6	—	5.57
	8.2	8.04	—		5.5	—	5.47
	8.1	7.94	8.06	5.5	5.8	5.69	—
	8	7.84	7.96		5.7	5.59	—
	7.9	7.75	7.86		5.6	5.49	—
	7.8	7.65	7.76		5.5	5.39	—
	7.7	7.55	7.66		5.4	5.30	—
	7.6	—	7.56		5.3	5.20	—
	7.5	—	7.46		5.2	5.10	—
	7.4	—	7.36				
	7.3	—	7.26				

注：实际直径是根据国家标准 GB 1499.1—2007 和 GB 1499.2—2007 的合格标准列出的 9.6、7.7 和 5.8 分别是 HRB335 级、HRB 400 级、HRB 500 级直径 10、8、6 带肋钢筋的内径。

设拉前原材直径为 D，拉后加工材直径为 d

$$拉前总体积 ＝ 拉后总体积$$

光圆钢筋，可拉长 4%。

$$1 \times D \times D \times \underline{3.14 \div 4} = 1.04 \times d \times d \times \underline{3.14 \div 4}$$

$$D \times D = 1.04 \times d \times d$$

$$d \times d = D \times D \div 1.04$$

$$d = D \div \sqrt{1.04} = D \div 1.0198 = 0.98D$$

$$\ne 0.96D(拉长\ 8.5\%)$$

带肋钢筋，可拉长 1%。

$$d = D \div \sqrt{1.01} = D \div 1.005 = 0.995D$$

$$\ne 0.99D(拉长\ 2\%)$$

8.0.55　钢筋端节点扣减（图 8-64）

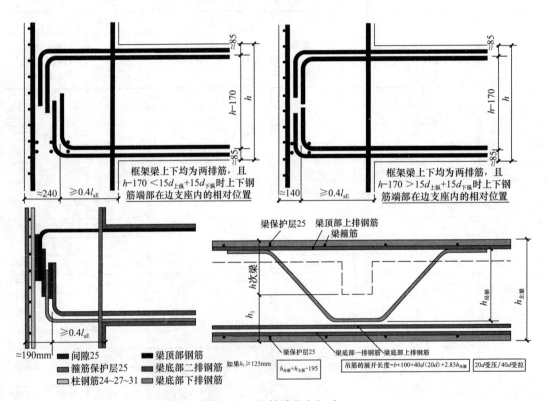

图 8-64　钢筋端节点扣减

$h_c - \max \{l_{W1} - 90\text{mm}, l_{W2} - 140\text{mm}, l_{W3} - 190\text{mm}, l_{W4} - 240\text{mm}, l_{W5} - 290\text{mm}\} \geqslant 0.4l_{aE}$

内支座 $= \max \{l_{aE}, 0.5h_c + 5d\}$

8.0.56　箍筋长度计算公式（图 8-65、图 8-66）

《混凝土结构工程施工规范》GB 506666—2011 第 5.3.5 条 2 款光圆钢筋的弯弧内直径不应小于钢筋直径的 2.5 倍；所以，HPB300 级光面钢筋

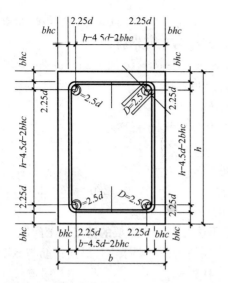

图 8-65　箍筋长度计算（一）（HPB300 级）

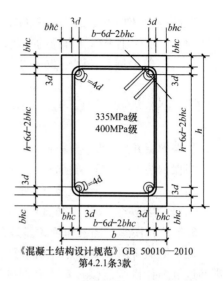

《混凝土结构设计规范》GB 50010—2010
第4.2.1条3款

图 8-66　箍筋长度计算（二）

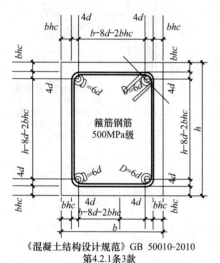

《混凝土结构设计规范》GB 50010-2010
第4.2.1条3款

图 8-67　箍筋长度计算（三）

箍筋展开长度 $=2b+2h-8bhc+20d-4\times4.5d+3.5d$
$\qquad \times3.1415927\times(3\times90+2\times135)/360$
$\qquad =2b+2h-8bhc+2d+16.5d$
$\qquad =2b+2h-8bhc+18.5d$
（外皮此处 $+23.2d$）

当保护层 $bhc=25$，箍筋直径 $=6$，<u>下料长度 $=$</u>
<u>$2b+2h-59$</u>

当保护层 $bhc=25$，箍筋直径 $=8$，<u>下料长度 $=$</u>
<u>$2b+2h-52$</u>

当保护层 $bhc=25$，箍筋直径 $=10$，<u>下料长度 $=$</u>
$2b+2h-200+185$ <u>$=2b+2h-15$</u>

当保护层 $bhc=25$，箍筋直径 $=12$，<u>下料长度 $=$</u>
<u>$2b+2h+22$</u>

《混凝土结构工程施工规范》GB 50666—2011 第 5.3.5 条 3 款 335MPa 级、400MPa 级带肋钢筋的弯弧内直径不应小于钢筋直径的 4 倍；所以，335MPa 级、400MPa 级带肋

箍筋展开长度 $=2b+2h-8bhc+20d-4\times6d+5d$
$\qquad \times3.1415927\times(3\times90+2\times135)/360$
$\qquad =2b+2h-8bhc-4d+23.6d$
$\qquad =2b+2h-8bhc+19.6d$

当保护层 $bhc=25$，箍筋直径 $=6$，6.5 <u>下料长度 $=2b+2h-52$</u>

当保护层 $bhc=25$，箍筋直径 $=8$，<u>下料长度 $=2b+2h-43$</u>

当保护层 $bhc=25$，箍筋直径 $=10$，<u>下料长度 $=2b+2h-4$</u> $=2b+2h$

当保护层 $bhc=25$，箍筋直径 $=12$，<u>下料长度 $=2b+2h+35$</u>

《混凝土结构工程施工规范》GB 506666—2011 第 5.3.5 条 4 款 500MPa 级带肋钢筋的弯弧内直径不应小于钢筋直径的 6 倍；所以，500MPa 级带肋钢筋

$$箍筋展开长度 = 2b + 2h - 8bhc + 20d - 4 \times 8d + 7d \times 3.1415927$$
$$\times (3 \times 90 + 2 \times 135)/360$$
$$= 2b + 2h - 8bhc - 12d + 33d$$
$$= 2b + 2h - 8bhc + 21d(外皮此处 + 25.8d)$$

当保护层 $bhc = 25$，箍筋直径 $= 6$，<u>下料长度 $= 2b + 2h - 44$</u>

当保护层 $bhc = 25$，箍筋直径 $= 8$，<u>下料长度 $= 2b + 2h - 32$</u>

当保护层 $bhc = 25$，箍筋直径 $= 10$，<u>下料长度 $= 2b + 2h - 200 + 210 = 2b + 2h + 10$</u>

当保护层 $bhc = 25$，箍筋直径 $= 12$，<u>下料长度 $= 2b + 2h + 52$</u>

8.0.57 图集、图书和绝大多数钢筋翻样都不注意的一个重要的箍筋加密问题

规范把框架顶层端节点看成一个 90°折角梁，在外折角处要求 KL 纵向钢筋与 KZ 纵向钢筋进行绑扎搭接连接，具体有两种连接：一是柱外侧钢筋到顶水平拐 90°与梁钢筋连接，另外一种是梁上部钢筋到梁端柱外侧钢筋的内侧 90°下拐 $1.7l_{aE}$ 进行连接。既然是连接，那么《混凝土结构设计规范》GB 50010—2010 要求钢筋在连接范围内进行箍筋加密。18 层以下住宅大多采用框架-剪力墙结构，其中的框架部分梁柱的截面都不大，一般都 ≤500mm，层高在 2900mm 居多，箍筋的抗震加密区按柱长边尺寸、$H_n/6$ 和 500mm 三控也就是 500mm。见图 8-68 所示。

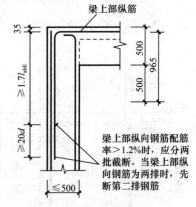

图 8-68　梁、柱纵向钢筋搭接接头沿节点外侧直线布置

设钢筋采用 HRB400 级带肋钢筋，混凝土强度等级 C25。顶层端节点梁入柱连接柱箍筋增加加密区如表 8-14 所示。

顶层端节点梁入柱连接柱箍筋增加加密区长度（mm）　　　　表 8-14

抗震等级	l_{aE}	d	$1.7l_{aE}$	增加加密区	$1.7l_{aE} + 20d$	增加加密区
一、二级	46	16	1251	286	1571	606
	46	18	1408	443	1768	803
	46	20	1564	599	1964	999
	46	22	1720	755	2160	1195
	46	25	1955	990	2455	1490
三级	42	16	1142	177	1462	497
	42	18	1285	320	1645	680
	42	20	1428	463	1828	863
	42	22	1571	606	2011	1046
	42	25	1785	820	2285	1320
四级	40	16	1088	123	1408	443
	40	18	1224	259	1584	619
	40	20	1360	395	1760	795
	40	22	1496	531	1936	971
	40	25	1700	735	2200	1235

8.0.58　外伸梁钢筋构造

外伸梁第一排纵向钢筋多于两根时，两根角筋伸至端部（扣减保护层）90°下弯≥12d且至梁底（扣减保护层），第一排其余钢筋45°（60°）弯下。

外伸梁第二排纵向钢筋如果弯下45°（60°）之后，沿梁底钢筋方向的前行段<10d，则在0.75l处截断，不下弯，因为沿梁底钢筋方向的前行段<10d时，45°（60°）下弯在理论上不起任何作用，弯了也是白搭。

图8-69中的1/2理论上指的不是钢筋根数，而是第一排钢筋的截面积，只有当钢筋牌号、直径都相同时，才是根数。

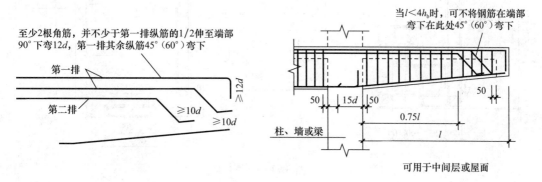

图8-69　外伸梁构造

8.0.59　平法不能解决的问题

G101平法与构造图集只有墙梁板柱，没有穷尽钢筋混凝土全部构件的构造，拿到施工图，还有飘窗侧板、飘窗下底板、飘窗上顶板、空调室外机隔板、屋面排气孔盖板、阳台栏板、楼梯栏板、各种线条等小构件，用平法标注解决不了问题，构造也是千变万化，平法无法需要直接通过施工图进行钢筋计算和施工。如图8-70～图8-73所示。

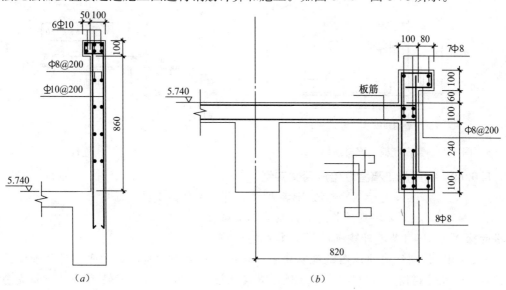

（a）　　　　　　　　　　　　　（b）

图8-70　阳台栏板、线条

（a）阳台栏板；（b）立面线条

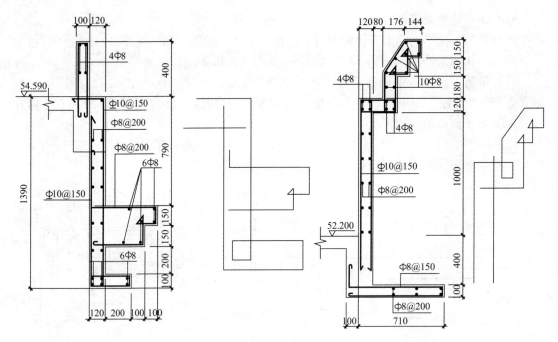

图 8-71　线条

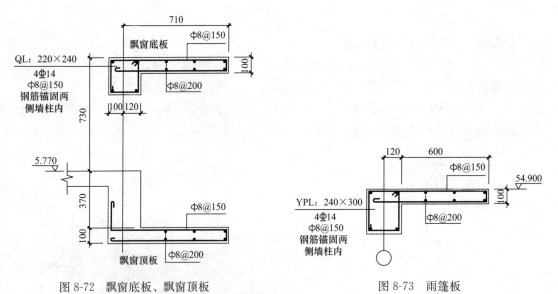

图 8-72　飘窗底板、飘窗顶板

图 8-73　雨篷板

8.0.60　钢筋施工事宜联恰应用文实例

关于 XX 都汇 2B 期框架梁支座上部第三排钢筋
延伸长度拟按照第二排取值 $l_n/4$ 的汇报

尊敬的徐 X 小姐：（某境外建筑师事务所项目建筑师）

XX 都汇 2B 期结构设计图纸说明要求，按照《混凝土结构施工图平面整体表示方法制图规则和构造详图》（03G101-1）（现浇混凝土框架、剪力墙、框架-剪力墙、框支剪力墙结构）施工，该图集规定框架梁支座上部第一排延伸至 $l_n/3$，第二排延伸至 $l_n/4$。但是对第三排延伸至何处图集没有给出规定。

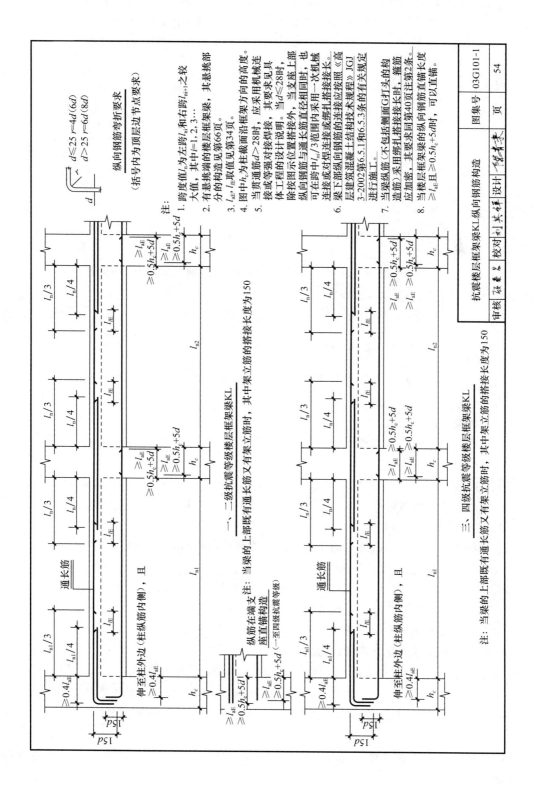

纵向钢筋弯折要求
（括号内为顶层边节点要求）

$d \leq 25$ $r = 4d$ $(6d)$
$d > 25$ $r = 6d$ $(8d)$

注:

1. 跨度值l_n为左跨l_{ni}和右跨l_{ni+1}之较大值，其中$i=1,2,3\cdots$
2. 有悬挑端的楼层框架梁，其悬挑部分的构造见第66页。
3. l_{aE}、l_a取值见第34页。
4. 当贯通筋采用搭接时，其要求见图。
5. 图中钢筋连接接长，当支座上部纵向钢筋与通长筋直径相同时，也可在跨中$l_{ni}/3$范围内采用一次机械连接或焊接或绑扎搭接。除按图示位置搭接外，当$d \leq 28$时，纵向钢筋的连接应按照《高层建筑混凝土结构技术规程》JGJ3-2002第6.5.1和6.5.3条的有关规定进行施工。
6. 当贯通筋直径$d > 28$时，应采用机械连接或对焊连接。
7. 当纵筋（不包括侧面G打头的构造纵筋）采用绑扎搭接接长时，箍筋应加密，其要求同第40页过第2条。
8. 当楼层框架梁纵向钢筋直锚长度$\geq 0.5h_c + 5d$时，可以直锚。

图中h_c为柱截面沿框架方向的高度。

$\geq 0.5h_c + 5d$ $\geq 0.5h_c + 5d$ h_c

$l_n/4$ l_{JE} $l_n/3$ l_{JE} $l_n/3$ l_{JE} $l_n/3$ l_{JE} $l_n/4$

通长筋

伸至柱外边（柱纵筋内侧），且
$\geq 0.4l_{aE}$
$\geq 0.5h_c + 5d$
$\geq l_{aE}$
h_c
l_{n1}

纵筋在端支座注:
座直锚构造 当梁的上部既有通长筋又有架立筋时，其中架立筋的搭接长度为150
（一至四级抗震等级）

一、二级抗震等级楼层框架梁KL

$\geq 0.5h_c + 5d$ $\geq 0.5h_c + 5d$ h_c

$l_n/4$ l_{JE} $l_n/3$ l_{JE} $l_n/3$ l_{JE} $l_n/3$ l_{JE} $l_n/4$

通长筋

伸至柱外边（柱纵筋内侧），且
$\geq 0.4l_{aE}$
$\geq 0.5h_c + 5d$
$\geq l_{aE}$
h_c
l_{n1}

三、四级抗震等级楼层框架梁KL

注: 当梁的上部既有通长筋又有架立筋时，其中架立筋的搭接长度为150

$15d$
$15d$

我们拟依照以往工程的一般做法，地下室顶板Ⓑ轴线以北的各塔楼和地下室顶板框架梁支座上部凡是存在第三排配筋的，均参照第二排延伸至 $l_n/4$。

特此汇报，如无不当，我们就继续将第三排钢筋的延伸长度按第二排延伸至 $l_n/4$。

抄送：某建筑设计研究院、某地产商工程部

某某建设集团有限公司 XX 都汇 2B 期

总承包工程项目部　金 XX

2009-3-3

境外建筑师批复

不反对。　　　徐 X　　　2009-3-7

关于请求澄清某某工程填充墙构造柱纵向钢筋配筋大小的函

致某设计院：

某某某工程各塔楼关于内隔墙、外围护墙、阳台和女儿墙构造柱的结构设计说明如下：

8. 填充墙：

填充墙的砌筑按图集《框架轻质填充墙构造图集》西南 05G701（四）执行，并满足下列要求：

（1）构造柱设置原则：

内隔墙的下列部位应设置构造柱，其构造详西南 05G701（四）第 26～28，30 页。

a、内隔墙转角处；

b、相邻隔墙或框架柱的间距大于 5m 时，墙段内增设构造柱，间距应≤3m；

c、门洞≥2m 的洞口两侧。

d、悬墙端部、电梯井四角。

外围护墙的下列部位应设置构造柱，其构造详西南 05G701（四）第 30 页。

a、内外墙交接处，外墙转角处；

b、相邻隔墙或框架柱的间距大于 4m 时，墙段内增设构造柱，间距应≤2.5m；

c、窗洞≥3m 的窗下墙中部及窗洞口两侧，间距≤2.0m。

阳台栏板上构造柱的设置原则详西南 05G701（四）第 36 页，间距≤2.0m。

女儿墙上构造柱的设置原则详西南 05G701（四）第 37 页。

构造柱截面墙厚×200mm，配 4Φ14 纵筋，Φ6.5@200 箍筋。

对这段说明，我们认为：内隔墙构造柱的截面尺寸和配筋构造均遵循 05G701（四）第 26～28、30 页的要求；外围护墙构造柱的截面尺寸和配筋构造均遵循 05G701（四）第 30 页的要求；

即构造柱截面设置遵循 30 页的节点 1～6，配筋 4Φ10＋Φ6@200，阳台构造柱一并遵循。

仅仅是女儿墙的构造柱在 05G701（四）第 37 页图集没有给出纵向钢筋的直径，才需要按照该说明的 4φ14 纵筋执行，因为参与各方认识不一致，请予澄清并确认。

顺颂商祺！

某某建设集团有限公司某某某总承包工程项目部

2009-6-4

附件1：西南地区建筑标准设计通用图05G701（四）　第26页（省略）
附件2：西南地区建筑标准设计通用图05G701（四）　第27页（省略）
附件3 西南地区建筑标准设计通用图05G701（四）　第28页（省略）
附件4：西南地区建筑标准设计通用图05G701（四）　第29页

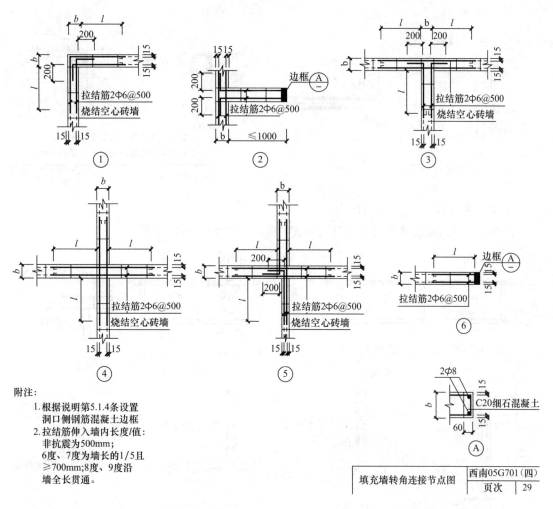

附注：
1. 根据说明第5.1.4条设置
   洞口侧钢筋混凝土边框
2. 拉结筋伸入墙内长度l值：
   非抗震为500mm；
   6度、7度为墙长的1/5且
   ≥700mm；8度、9度沿
   墙全长贯通。

填充墙转角连接节点图	西南05G701（四）
	页次　　29

7度：墙设置构造柱后净长≤3500的，伸出700mm；墙设置构造柱后净长＞3500mm
的，伸出净长的1/5。小小构造柱竖筋才2φ8，小薄片如果配2φ14，混凝土就包裹不住
钢筋——沿钢筋裂开了。配置钢筋的目的是为了小小构造柱起到拉结增强砌体整体性的作
用，如果因为粗钢筋将混凝土小薄片劈裂了，就违背了配筋的初衷。

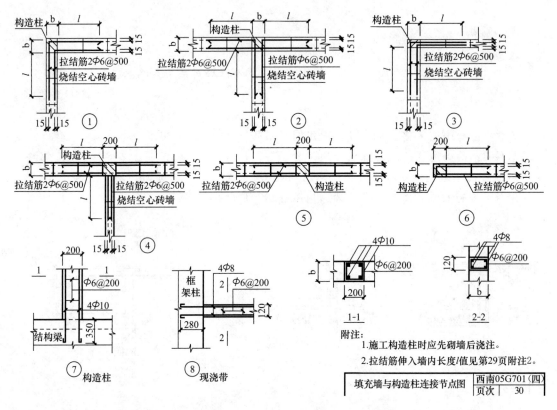

附注：
1. 施工构造柱时应先砌墙后浇注。
2. 拉结筋伸入墙内长度/值见第29页附注2。

填充墙与构造柱连接节点图	西南05G701（四）
	页次 30

本页构造柱纵向钢筋4Φ10。

附件6：西南地区建筑标准设计通用图 05G701（四） 第 36 页

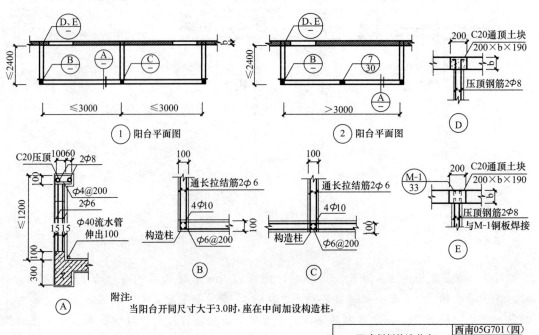

附注：
当阳台开同尺寸大于3.0时，座在中间加设构造柱。

阳台栏板构造节点	西南05G701（四）
	页次 36

本页构造柱纵向钢筋 4Φ10。

附件 7：西南地区建筑标准设计通用图 05G701（四）　第 37 页

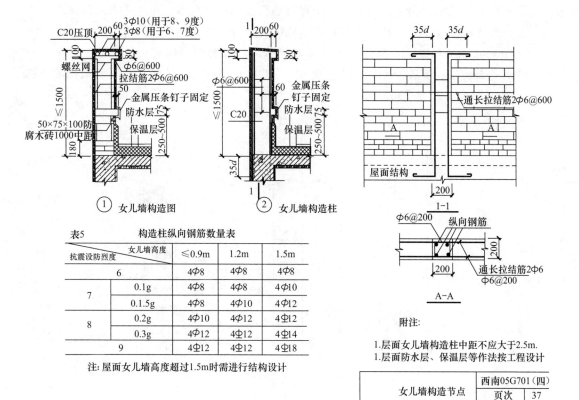

表5　构造柱纵向钢筋数量表

抗震设防烈度	女儿墙高度	≤0.9m	1.2m	1.5m
6		4Φ8	4Φ8	4Φ8
7	0.1g	4Φ8	4Φ8	4Φ10
7	0.1.5g	4Φ8	4Φ10	4Φ12
8	0.2g	4Φ10	4Φ12	4Φ12
8	0.3g	4Φ12	4Φ12	4Φ14
9		4Φ12	4Φ12	4Φ18

注：屋面女儿墙高度超过1.5m时需进行结构设计

附注：

1.层面女儿墙构造柱中距不应大于2.5m.

1.层面防水层、保温层等作法按工程设计

女儿墙构造节点	西南05G701（四）
	页次　37

本页的女儿墙构造柱的纵向钢筋标准设计未给出，应当在具体设计中明确。

附件 8：与设计第一次沟通的结果：所有的构造柱，统统配 4Φ14，特作如下补充说明。

补　充　说　明

该工程 4 层及 4 层以上各层钢筋混凝土剪力墙的竖向配筋为 Φ8@200，端部暗柱截面为 200mm×400mm，配筋如下图所示。

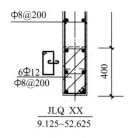

JLQ XX
9.125~52.625

剪力墙端柱的配筋为 6Φ12，共 A_s＝678mm²

其总配筋率 ＝ 678/(200×400) ＝ 0.85%

100mm 边长的构造柱，配置 4Φ14 带肋钢筋，配筋按 4Φ14，则：

$$构造柱总配筋率 = 615/(100 \times 100) = 6.15\%,$$
$$单侧配筋率高达 3.075\%$$

填充墙、分隔墙的构造柱配筋率高于剪力墙端柱钢筋配筋率，实在是无法想通。

设计的解释权被随心所欲地使用后，工地的实际情况惨不忍睹，请看：

100mm 边长的构造柱，配置 4Φ14 带肋钢筋，Φ14 的带肋钢筋的外径为 16mm，《设置钢筋混凝土构造柱多层砖房抗震技术规程》（JGJ/T 13—1994）规定构造柱的混凝土保护层为 20，当采用外径 16mm 的钢筋时，核心净宽 = $100 - 2 \times 20 - 2 \times 16 = 100 - 72 = 28$mm，请看下图。

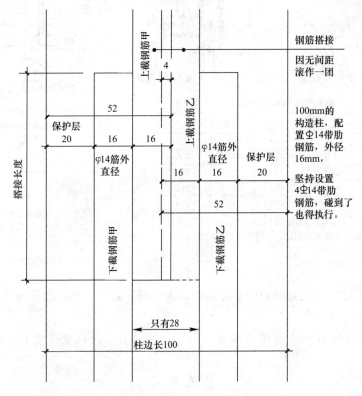

其实西南图集就是为包括成都市区在内的西南地区设计的图集，我们这样理解并且执行无疑是正确的，可是就有人还坚持要设置 4Φ14，我们深表遗憾，怎么同一个某某人，同一个某某地产，在某 A 期畅通无阻的做法，就不能在某 B 期照搬照办？

再次通过补充说明文件与原设计沟通后，设计批复：

构造柱确认采用图集的 4Φ10（2Φ8）。 某某建筑设计研究院 某某某（一级结构师） 2009.6.8

关于××安置房钢筋连接的报告

尊敬的 xx 地产工程部：

贵司牵头开发建设，我司总承包施工的××安置房工程，设计图纸未对钢筋连接给出具体要求，我们依据以往工程经验和有关设计施工规范的规定，拟定如后连接意见，请审核批准：

　　直径≤10mm，采用绑扎搭接连接；

　　直径≥12mm，柱、墙钢筋采用电渣压力焊连接；

　　12mm≤直径≤25mm，基础大底板之梁板钢筋采用闪光对焊连接＋窄间隙焊；其他梁板钢筋采用闪光对焊连接＋套筒连接；

　　直径≥28mm，钢筋采用套筒连接。

　　抄送：某某监理项目部

某某建设集团有限公司 XX 安置房

总承包工程项目部　×××

2012-3-16

经研究，同意。

　　××地产工程部　　　经理　　×××　　2013-3-18

同意建设单位意见。

　　某某监理项目部　　项目总监　　×××　　2013-3-18

附录一　钢筋截面面积及理论重量

钢筋的公称直径、公称截面面积及理论重量　　　　附表1

公称直径(mm)	不同根数钢筋的公称截面面积(mm²)									单根钢筋理论重量(kg/m)
	1	2	3	4	5	6	7	8	9	
6	28.3	57	85	113	142	170	198	226	255	0.222
8	50.3	101	151	201	252	302	352	402	453	0.395
10	78.5	157	236	314	393	471	550	628	707	0.617
12	113.1	226	339	452	565	678	791	904	1017	0.888
14	153.9	308	461	615	769	923	1077	1231	1385	1.21
16	201.1	402	603	804	1005	1206	1407	1608	1809	1.58
18	254.5	509	763	1017	1272	1527	1781	2036	2290	2.00 (2.11)
20	314.2	628	942	1256	1570	1884	2199	2513	2827	2.47
22	380.1	760	1140	1520	1900	2281	2661	3041	3421	2.98
25	490.9	982	1473	1964	2454	2945	3436	3927	4418	3.85 (4.10)
28	615.8	1232	1847	2463	3079	3695	4310	4926	5542	4.83
32	804.2	1609	2413	3217	4021	4826	5630	6434	7238	6.31 (6.65)
36	1017.9	2036	3054	4072	5089	6107	7125	8143	9161	7.99
40	1256.6	2513	3770	5027	6283	7540	8796	10053	11310	9.87 (10.34)
50	1963.5	3928	5892	7856	9820	11784	13748	15712	17676	15.42 (16.28)

注：括号内为预应力螺纹钢筋的数值。

1m 板宽配筋面积表　　　　附表2

间距	钢筋直径(mm)																						
	6	6.5	68	6.58	8	810	10	1012	12	1214	14	1416	16	1618	18	1820	20	2022	22	2225	25	2528	28
40	707	830	982	1043	1257	1610	1963	2395	2827	3338	3848	4437	5027	5694	6362	7108	7854	8679	9503	10888	12272	13833	15394
45	628	737	873	927	1117	1431	1745	2129	2513	2967	3421	3944	4468	5061	5655	6318	6981	7714	8447	9678	10908	12296	13683
50	565	664	785	834	1005	1288	1571	1916	2262	2670	3079	3550	4021	4555	5089	5686	6283	6943	7603	8710	9817	11066	12315
55	514	603	714	759	914	1171	1428	1742	2056	2428	2799	3227	3656	4141	4627	5169	5712	6312	6912	7918	8925	10060	11195
60	471	553	654	695	838	1073	1309	1597	1885	2225	2566	2958	3351	3796	4241	4739	5236	5786	6336	7258	8181	9222	10263
61	464	544	644	684	824	1056	1288	1571	1854	2189	2524	2910	3296	3734	4172	4661	5150	5691	6232	7139	8047	9071	10094
62	456	535	633	673	811	1039	1267	1545	1824	2154	2483	2863	3243	3674	4104	4586	5067	5599	6131	7024	7917	8924	9931
63	449	527	623	662	798	1022	1247	1521	1795	2119	2443	2817	3191	3615	4039	4513	4987	5510	6034	6913	7792	8783	9774
64	442	518	614	652	785	1006	1227	1497	1767	2086	2405	2773	3142	3559	3976	4442	4909	5424	5940	6805	7670	8646	9621
65	435	511	604	642	773	991	1208	1474	1740	2054	2368	2731	3093	3504	3915	4374	4833	5341	5848	6700	7552	8513	9473
70	404	474	561	596	718	920	1122	1369	1616	1907	2199	2536	2872	3254	3635	4062	4488	4959	5430	6221	7012	7904	8796
75	377	442	524	556	670	859	1047	1278	1508	1780	2053	2367	2681	3037	3393	3791	4189	4629	5068	5807	6545	7378	8210
80	353	415	491	522	628	805	982	1198	1414	1669	1924	2219	2513	2847	3181	3554	3927	4339	4752	5444	6136	6916	7697
85	333	390	462	491	591	758	924	1127	1331	1571	1811	2088	2365	2680	2994	3345	3696	4084	4472	5124	5775	6510	7244

间距	钢筋直径（mm）																						
	6	6.5	68	6.58	8	810	10	1012	12	1214	14	1416	16	1618	18	1820	20	2022	22	2225	25	2528	28
90	314	369	436	464	559	716	873	1065	1257	1484	1710	1972	2234	2513	2827	3159	3491	3857	4224	4839	5454	6148	6842
95	298	349	413	439	529	678	827	1009	1190	1405	1620	1868	2116	2398	2679	2993	3307	3654	4001	4584	5167	5824	6482
100	283	332	393	417	503	644	785	958	1131	1335	1539	1775	2011	2278	2545	2843	3142	3471	3801	4355	4909	5533	6158
110	257	302	357	379	457	585	714	871	1028	1214	1399	1614	1828	2071	2313	2585	2856	3156	3456	3959	4462	5030	5598
120	236	277	327	348	419	537	654	798	942	1113	1283	1479	1676	1898	2121	2369	2618	2893	3168	3629	4091	4611	5131
125	226	265	314	334	402	515	628	767	905	1068	1232	1420	1608	1822	2036	2275	2513	2777	3041	3484	3927	4427	4926
130	217	255	302	321	387	495	604	737	870	1027	1184	1365	1547	1752	1957	2187	2417	2670	2924	3350	3776	4256	4737
135	209	246	291	309	372	477	582	710	838	989	1140	1315	1489	1687	1885	2106	2327	2571	2816	3226	3636	4099	4561
140	202	237	280	298	359	460	561	684	808	954	1100	1268	1436	1627	1818	2031	2244	2480	2715	3111	3506	3952	4398
150	188	221	262	278	335	429	524	639	754	890	1026	1183	1340	1518	1696	1895	2094	2314	2534	2903	3272	3689	4105
155	182	214	253	269	324	416	507	618	730	861	993	1145	1297	1469	1642	1834	2027	2240	2452	2810	3167	3570	3973
160	177	207	245	261	314	403	491	599	707	834	962	1109	1257	1424	1590	1777	1963	2170	2376	2722	3068	3458	3848
165	171	201	238	253	305	390	476	581	685	809	933	1076	1219	1380	1542	1723	1904	2104	2304	2639	2975	3353	3732
170	166	195	231	245	296	379	462	564	665	785	906	1044	1183	1340	1497	1672	1848	2042	2236	2562	2887	3255	3622
175	162	190	224	238	287	368	449	548	646	763	880	1014	1149	1302	1454	1625	1795	1984	2172	2489	2805	3162	3519
180	157	184	218	232	279	358	436	532	628	742	855	986	1117	1265	1414	1580	1745	1929	2112	2419	2727	3074	3421
185	153	179	212	226	272	348	425	518	611	722	832	959	1087	1231	1376	1537	1698	1876	2055	2354	2653	2991	3328
190	149	175	207	220	265	339	413	504	595	703	810	934	1058	1199	1339	1496	1653	1827	2001	2292	2584	2912	3241
195	145	170	201	214	258	330	403	491	580	685	789	910	1031	1168	1305	1458	1611	1780	1949	2233	2517	2838	3158
200	141	166	196	209	251	322	393	479	565	668	770	887	1005	1139	1272	1422	1571	1736	1901	2178	2457	2767	3079
205	138	162	192	204	245	314	383	467	552	651	751	866	981	1111	1241	1387	1532	1693	1854	2124	2395	2699	3004
210	135	158	187	199	239	307	374	456	539	636	733	845	957	1085	1212	1354	1496	1653	1810	2074	2337	2635	2932
215	132	154	183	194	234	300	365	446	526	621	716	826	935	1059	1184	1322	1461	1615	1768	2026	2283	2574	2864
220	129	151	178	190	228	293	357	436	514	607	700	807	914	1035	1157	1292	1428	1578	1728	1980	2231	2515	2799
225	126	147	175	185	223	286	349	426	503	593	684	789	894	1012	1131	1264	1396	1543	1689	1936	2182	2459	2737
230	123	144	171	181	219	280	341	417	492	581	669	772	874	990	1106	1236	1366	1509	1653	1893	2134	2406	2677
235	120	141	167	178	214	274	334	408	481	568	655	755	856	969	1083	1210	1337	1477	1618	1853	2089	2355	2620
240	118	138	164	174	209	268	327	399	471	556	641	740	838	949	1060	1185	1309	1446	1584	1815	2045	2305	2566
245	115	135	160	170	205	263	321	391	462	545	628	724	821	930	1039	1160	1282	1417	1552	1778	2004	2258	2513
250	113	133	157	167	201	258	314	383	452	534	616	710	804	911	1018	1137	1257	1389	1521	1742	1963	2213	2463
255	111	130	154	164	197	253	308	376	444	524	604	696	788	893	998	1115	1232	1361	1491	1708	1925	2170	2415
260	109	128	151	160	193	248	302	369	435	514	592	683	773	876	979	1094	1208	1335	1462	1675	1888	2128	2368
265	107	125	148	157	190	243	296	362	427	504	581	670	759	859	960	1073	1186	1310	1434	1643	1852	2088	2324
270	105	123	145	155	186	239	291	355	419	495	570	657	745	844	942	1053	1164	1286	1408	1613	1818	2049	2281
275	103	121	143	152	183	234	286	348	411	486	506	645	731	828	925	1034	1142	1262	1382	1584	1785	2012	2239
280	101	119	140	149	180	230	280	342	404	477	550	634	718	813	909	1015	1122	1240	1358	1555	1753	1976	2199
295	96	112	133	141	170	218	266	325	383	453	522	602	682	772	863	964	1065	1177	1289	1476	1664	1876	2087
300	94	111	131	139	168	215	262	319	377	445	513	592	670	759	848	948	1047	1157	1267	1452	1636	1844	2053
305	93	109	129	137	165	211	258	314	371	438	505	582	659	747	834	932	1030	1138	1246	1428	1609	1814	2019
310	91	107	127	135	162	208	253	309	365	431	497	573	649	735	821	917	1013	1120	1226	1405	1583	1785	1986
315	90	105	125	132	160	204	249	304	359	424	489	563	638	723	808	903	997	1102	1207	1383	1558	1757	1955

间距	钢筋直径（mm）																						
	6	6.5	68	6.58	8	810	10	1012	12	1214	14	1416	16	1618	18	1820	20	2022	22	2225	25	2528	28
320	88	104	123	130	157	201	245	299	354	417	481	555	628	712	795	888	982	1085	1188	1361	1534	1729	1924
325	87	102	121	128	155	198	242	295	348	411	474	546	619	701	783	875	967	1068	1170	1340	1510	1703	1895
330	86	101	119	126	152	195	238	290	343	405	466	538	609	690	771	862	952	1052	1152	1320	1487	1677	1866

注：间距 70mm 以下不用于墙板配筋，只用于箍筋代换。

附录二　钢筋检测要求

钢筋原材料检测项目、参数要求及依据　　　　　　　　　　　　　　　　　附表 3

名称（复试项目）	主要检测参数		取样依据
热轧光圆钢筋	拉伸（屈服强度、抗拉强度、断后伸长率）		《钢筋混凝土用钢 第 1 部分：热轧光圆钢筋》GB 1499.1
	弯曲性能		
热轧带肋钢筋	拉伸（屈服强度、抗拉强度、断后伸长率）		《钢筋混凝土用钢 第 2 部分：热轧带肋钢筋》GB 1499.2
	弯曲性能		
碳素结构钢低合金高强度结构钢	拉伸（屈服强度、抗拉强度、断后伸长率）	复试条件：《钢结构工程施工质量验收规范》GB 50205 相关规定	《钢及钢产品 力学性能试验取样位置及试样制备》GB/T 2975 《碳素结构钢》GB/T 700 《低合金高强度结构钢》GB/T 1591
	弯曲		
	冲击		
钢筋混凝土用余热处理钢筋	拉伸（屈服强度、抗拉强度、伸长率）		《钢筋混凝土用余热处理钢筋》GB 13014
	冷弯		
冷轧带肋钢筋	拉伸（抗拉强度、伸长率）		《冷轧带肋钢筋混凝土结构技术规程》JGJ 95
	弯曲或反复弯曲		
冷轧扭钢筋	拉伸（抗拉强度、延伸率）		《冷轧扭钢筋混凝土构件技术规程》JGJ 115
	冷弯		
预应力混凝土用钢绞线	最大力		《预应力混凝土用钢绞线》GB/T 5224
	规定非比例延伸力		
	最大力总伸长率		

注：根据《建筑工程检测试验技术管理规范》JGJ 190—2010 编制

钢筋连接检测项目、检测参数要求及依据　　　　　　　　　　　　　　　　　附表 4

检测试验项目	主要检测试验参数	取样依据	备注
机械连接工艺检验	抗拉强度	《钢筋机械连接通用技术规程》JGJ 107	
机械连接现场检验			
钢筋焊接工艺检验	抗拉强度	《钢筋焊接及验收规程》JGJ 18	
	弯曲		适用于闪光对焊，气压焊接头
闪光对焊	抗拉强度		
	弯曲		
气压焊	抗拉强度		
	弯曲		适用于水平连接筋
电弧焊、电流压力焊、预埋件钢筋 T 形接头	抗拉强度		
网片焊接	抗剪力		热轧带肋钢筋
	抗拉强度		冷轧带肋钢筋
	抗弯力		

注：根据《建筑工程检测试验技术管理规范》JGJ 190—2010 编制

作 者 简 介

一丁本名唐才均，上海人。1965年7月加盟中建四局在遵义大三线建设实践中开始建筑工程施工历练。毕业于同济大学工业与民用专业，进修了清华大学结构理论专业研究生主导课程。能设计、会施工、善于科学研究、精通项目法管理和工程经济技术决策。

专业特长：BIM运用技术，钢筋混凝土结构高、大、难、奇、新、特构造措施和施工技术，土木工程大跨超高结构施工技术研究，大体积土方开挖工程安全技术研究，既有房屋鉴定加固和改造，房地产开发，工业与民用建筑的设计、施工和监理，环保园林景观艺术工程的设计、施工与监理；擅长焦化废水处理；精通氟橡胶生产专业专用机械设备和生产工艺，拥有多项专利，是我国氟橡胶制造业为数不多的领跑者之一。

参与辽南海城营口地震框架、内框架结构和多层砖结构楼房的震害调查和重建家园工作，参与内蒙古和林格尔震害调查，执笔了该次地震震害报告，参加了1976年龙门山发震断裂带沿线一批重点工矿区的震前房屋抗震普查和加固，为这些重点工矿区在遭遇到1976年平武松潘大地震影响时的地震经济损失减少到最低限度略献了绵薄之力，参与唐山大地震多高层混凝土框架结构震害调查工作，主编我国第一本、世界第三本《工业与民用建筑抗震鉴定标准》，具体负责多层砖结构楼房、框架、内框架、砖柱厂房和空旷房屋、生土建筑、烟囱、水塔等章节，主导了抗震墙面积率用表，协编了穿斗木骨架房屋、编制了该标准条文说明和送审报告，1977年由原国家基本建设委员会批准颁发，荣获国家计委颁发的《国家工程建设优秀标准规范奖》。

20世纪80年代初主持了祖国大陆第一个超高层建筑结构——北京国际饭店结构模型抗震实验研究，设计研制了实体模型，进行了脉动、张释、击振和模拟地震振动台多项实验，为祖国大陆第一批超高层建筑钢筋混凝土结构在尚无规范可依条件的抗震设计提供了地震水平作用在各抗侧力部件间如何进行分配提供了意见。

1998年一次通过国家一级注册结构工程师资格考试。